21世纪高等院校计算机网络工程专业系列教材

Linux网络操作系统
项目化教程（第2版）

赖国明 主 编
王 震 龚亚东 何晓薇 副主编

清华大学出版社
北京

内 容 简 介

本书以项目的形式,较为全面地讲解了 Linux 网络操作系统的基础知识、网络服务器的配置与管理及 Linux 环境下的 Shell 和 C 编程基础。

全书以 Red Hat Enterprise Linux 6.5 版本为实验平台,项目内容丰富,操作过程详细;从项目选择上注重实际应用,以实际的网络服务器应用和 Linux 编程作为教程的内容,具有较强的实用性和可操作性;每个项目的内容都有详细深入的分析,通过项目的上机实践操作,可以加深对相应知识的理解,提高读者的学习效果和动手能力。

本书可以作为高等院校计算机及相关专业学生 Linux 网络操作系统课程的教材,也可以作为网络服务器管理员、系统管理员、Linux 编程人员和 Linux 爱好者的参考书。

本书封面贴有清华大学出版社防伪标签,无标签者不得销售。
版权所有,侵权必究。举报: 010-62782989,beiqinquan@tup.tsinghua.edu.cn。

图书在版编目(CIP)数据

Linux 网络操作系统项目化教程/赖国明主编. —2 版. —北京: 清华大学出版社,2022.1
21 世纪高等院校计算机网络工程专业系列教材
ISBN 978-7-302-59459-8

Ⅰ. ①L… Ⅱ. ①赖… Ⅲ. ①Linux 操作系统－高等学校－教材 Ⅳ. ①TP316.85

中国版本图书馆 CIP 数据核字(2021)第 219220 号

责任编辑: 刘向威　常晓敏
封面设计: 何凤霞
责任校对: 焦丽丽
责任印制: 宋　林

出版发行:	清华大学出版社
网　　址:	http://www.tup.com.cn, http://www.wqbook.com
地　　址:	北京清华大学学研大厦 A 座　　邮　编: 100084
社 总 机:	010-62770175　　邮　购: 010-83470235
投稿与读者服务:	010-62776969, c-service@tup.tsinghua.edu.cn
质量反馈:	010-62772015, zhiliang@tup.tsinghua.edu.cn
课件下载:	http://www.tup.com.cn,010-83470236

印 装 者: 三河市龙大印装有限公司
经　　销: 全国新华书店
开　　本: 185mm×260mm　　印　张: 20.5　　字　数: 502 千字
版　　次: 2016 年 1 月第 1 版　2022 年 1 月第 2 版　　印　次: 2022 年 1 月第 1 次印刷
印　　数: 1~1500
定　　价: 59.00 元

产品编号: 093034-01

前 言

在计算机服务器领域,Linux 操作系统以其安全、稳定、开源、占用资源少等特性而越来越得到广泛应用。我国目前也正在积极推进 Linux 操作系统的应用普及,大力促进以 Linux 内核为基础,具有自主知识产权的软件产业发展。

一方面,随着嵌入式系统的不断普及与发展,Linux 操作系统的市场发展趋势越来越好,我国对 Linux 人才的需求日益增多;而另一方面,由于 Linux 操作系统没有 Windows 操作系统普及,许多高校对 Linux 的课程开设不足,甚至没有开设 Linux 相关课程,造成我国 Linux 人才相对匮乏。可见,培养 Linux 操作系统管理专业技术方向的人才日趋重要和紧迫。

Linux 操作系统的发行版本众多,每个版本都有其特色和优点。Linux 发行版本大体上可以分为两类:一类是商业公司维护的发行版本,如 Red Hat Linux;另一类是社区组织维护的发行版本,如 Debian Linux。当前流行的发行版本套件有 Red Hat Linux、SUSE Linux、Ubuntu、红旗 Linux 等。

Red Hat 是目前较成功的商业 Linux 操作系统发行商,属于 Linux 商业界的龙头企业。Red Hat Linux 是发展较早、使用人数众多的著名 Linux 操作系统。Red Hat Linux 有两个发行版本:一个是由红帽公司赞助、社区维护和驱动的个人版 Fedora;另一个是商业版的 Red Hat Enterprise Linux(RHEL),由 Red Hat 公司专门开发和维护。CentOS 是 RHEL 的社区克隆版本,本书以 Red Hat Enterprise Linux 6.5 为实验平台。

为满足培养应用型技术人才的目标和要求,编写简单实用、通俗易懂、可操作性强、项目引导的教程是当务之急。Linux 知识点多,学生难以在有限的时间内全面掌握所有的知识内容。编者结合多年来的 Linux 教学实践与探索,整理出 Linux 的通用原理和实用技术作为核心教学内容,以项目的方式详细介绍 Linux 网络操作系统的应用技术,以及各种网络服务器配置与管理。本书具有以下特点。

(1) 选题实用,内容翔实。本书响应教育部应用型本科的教学需求,以项目驱动的方式编写;针对应用型高校教学改革的实际要求和课时安排,在内容选取上以求实为原则,不求面面俱到,但求实用够用;理论与实际结合,对每个知识点都先进行详细的理论讲解,然后进行相应的操作(配置)实践。

(2) 定位精准,结构合理。本书在内容安排上从易到难,先基础,后应用。以培养应用技能为主要目的,依据学生的学习与认知规律来构建内容框架,章节安排合理,层次分明、逻辑性强,每个项目又是后继内容的铺垫。

(3) 图文并重,步骤详细。每个知识点讲解详细,文字说明和图形演示相结合,操作过程完整清晰。通过文字描述和操作过程的图示,让学生易学易用,方便操作。

(4) 联系实际,项目实践。本书以工程实践为基础,将理论知识融于项目实践过程中,通过完成项目中的各个任务,学生既学会了相应的理论知识,同时也掌握了项目的操作实践。

本书编者均长期从事计算机教学和实践工作,有丰富的理论知识和实践经验,有较强的实践操作能力。本书为满足新工科教育对嵌入式和物联网工程技术人员在 Linux 和 Shell 编程方面必备技能的要求和行业应用的需要,在第 1 版 Linux 操作系统应用和服务管理的基础上增加 Linux 环境编程相关知识,包括 Linux Shell 编程和 Linux C 编程。本书由惠州学院计算机科学与工程学院赖国明教授担任主编,惠州学院计算机科学与工程学院王震博士、肇庆学院计算机科学与软件学院龚亚东副教授、广东科学技术职业学院计算机工程学院何晓薇老师共同参与编写,具体分工如下:何晓薇负责项目 1 的编写,龚亚东负责项目 2、项目 3 和教学大纲的编写,王震负责项目 12 的编写,赖国明教授负责本书的整体构思与设计及项目 4~11 的编写。

本书可以作为高等学校计算机科学与技术、物联网技术、软件工程、计算机网络技术、网络系统管理、计算机信息管理、计算机应用技术专业及相关电子专业学生的教学用书,也可以作为从事计算机网络工程设计、网络管理与维护、计算机应用技术等工程技术人员的参考书,同时还可以作为网络技术培训的教材或计算机爱好者的自学教材。

虽然编者做了努力,但由于水平有限,编写时间紧迫,书中难免有不足和疏漏之处,敬请各位同行和广大读者指正。

本书的出版得到惠州学院教授、博士科研启动项目"特定应用片上网络异构路由器体系结构关键问题研究"(No.2017JB005)、惠州学院 2019 年校级重点专业"计算机科学与技术"(No.PX-3119849)、广东省重点专业"计算机科学与技术"(No.PX-25191019)、2020 年惠州学院省级教学团队"计算机组成原理"教学团队(No.PX-23201736)、惠州学院校级优秀教学团队"计算机组成原理"教学团队质量工程项目的资助,在此表示感谢!

本书所有实验过程都经过编者上机验证,为方便广大老师备课,本书免费提供完整的电子教案,有需要的老师可以从清华大学出版社网站下载。

编　者

2021 年 8 月

目 录

项目1 理解操作系统概念与 RHEL 6.5 安装实训 1
    1.1 认识操作系统 1
        1.1.1 操作系统的概念 1
        1.1.2 操作系统的功能 2
        1.1.3 操作系统的发展史 3
        1.1.4 操作系统的分类 5
    1.2 认识 Linux 操作系统 7
        1.2.1 Linux 操作系统的概念 7
        1.2.2 Linux 操作系统的历史 7
        1.2.3 Linux 的特点 9
        1.2.4 Linux 的系统结构 10
        1.2.5 Linux 的版本 12
    1.3 Linux 操作系统的安装实训 13
        1.3.1 安装 VMware 虚拟机 14
        1.3.2 Linux 磁盘分区 24
        1.3.3 多重启动和 GRUB 25
        1.3.4 安装基础 RHEL 6.5 操作系统 26
        1.3.5 配置安装后的 RHEL 6.5 37
    项目小结 40

项目 2 Linux 基础操作 41
    2.1 Linux 的启动、登录与退出 41
        2.1.1 RHEL 6.5 的启动流程 41
        2.1.2 Linux 的运行级别 42
        2.1.3 登录和退出 Linux 操作系统 43
    2.2 Linux 常用命令实训 45
        2.2.1 Linux 命令的格式与特点 45
        2.2.2 目录操作命令 46
        2.2.3 文件操作命令 48
        2.2.4 系统信息命令 57

  2.2.5 进程管理命令 …………………………………………………………… 61
  2.2.6 其他常用命令 …………………………………………………………… 66
 2.3 熟练 Vi 编辑器的使用 ……………………………………………………………… 70
  2.3.1 启动与退出 Vi 编辑器 ………………………………………………… 70
  2.3.2 Vi 的命令模式及命令按键说明 ……………………………………… 71
  2.3.3 Vi 的插入模式及命令按键说明 ……………………………………… 72
  2.3.4 Vi 的末行模式及命令按键说明 ……………………………………… 72
  2.3.5 Vi 的可视化模式和查询模式 ………………………………………… 73
  2.3.6 使用 Vi 编辑器编写 Hello World！程序 …………………………… 74
 2.4 Linux 软件包管理 …………………………………………………………………… 75
  2.4.1 理解 RPM 相关知识 …………………………………………………… 75
  2.4.2 使用 RPM 安装和管理软件 …………………………………………… 77
项目小结 ………………………………………………………………………………………… 82

项目 3 Linux 的用户和组的管理 …………………………………………………………… 83

 3.1 理解用户和组的基本概念 …………………………………………………………… 83
  3.1.1 理解用户账户和组群账户 ……………………………………………… 83
  3.1.2 Linux 的用户分类 ……………………………………………………… 84
  3.1.3 用户和组群的关系 ……………………………………………………… 85
 3.2 理解用户配置文件并掌握用户管理命令 …………………………………………… 85
  3.2.1 理解用户配置相关文件 ………………………………………………… 85
  3.2.2 用户账户管理命令 ……………………………………………………… 91
 3.3 理解组配置文件并掌握组管理命令 ………………………………………………… 95
  3.3.1 理解组群配置文件 ……………………………………………………… 95
  3.3.2 组群管理命令 …………………………………………………………… 96
 3.4 图形化用户和组群管理 ……………………………………………………………… 99
项目小结 ………………………………………………………………………………………… 99

项目 4 Linux 的磁盘管理 …………………………………………………………………… 101

 4.1 理解磁盘分区与文件系统 …………………………………………………………… 101
  4.1.1 Linux 磁盘分区与文件系统概述 ……………………………………… 101
  4.1.2 分区的创建与格式化 …………………………………………………… 106
  4.1.3 熟悉其他磁盘操作命令 ………………………………………………… 111
 4.2 磁盘配额管理 ………………………………………………………………………… 114
  4.2.1 理解磁盘配额 …………………………………………………………… 114
  4.2.2 磁盘配额设置 …………………………………………………………… 115
 4.3 逻辑卷的管理 ………………………………………………………………………… 118
  4.3.1 理解 LVM 的相关概念 ………………………………………………… 118
  4.3.2 物理卷、卷组和逻辑卷的建立 ………………………………………… 120

4.3.3　管理逻辑卷 LVM ……………………………………………………… 124
　4.4　软件磁盘阵列 RAID ……………………………………………………………… 126
　　　4.4.1　理解 RAID 基本知识 ……………………………………………… 126
　　　4.4.2　创建与挂载 RAID …………………………………………………… 129
　项目小结 ……………………………………………………………………………………… 134

项目 5　Linux 网络配置与测试 …………………………………………………… 135

　5.1　熟悉相关网络配置文件 ………………………………………………………… 135
　　　5.1.1　TCP/IP 网络基本知识 ……………………………………………… 135
　　　5.1.2　Linux 网络配置文件 ………………………………………………… 139
　5.2　网络基本配置命令 ………………………………………………………………… 143
　　　5.2.1　配置主机名 …………………………………………………………… 144
　　　5.2.2　配置网络接口 ………………………………………………………… 144
　　　5.2.3　使用图形化方法配置网络 …………………………………………… 148
　5.3　熟悉网络测试命令 ………………………………………………………………… 151
　　　5.3.1　ping 命令 ……………………………………………………………… 151
　　　5.3.2　traceroute 命令 ……………………………………………………… 152
　　　5.3.3　netstat 命令 …………………………………………………………… 153
　　　5.3.4　arp 命令 ……………………………………………………………… 155
　项目小结 ……………………………………………………………………………………… 156

项目 6　DHCP 服务器的配置与管理 …………………………………………… 157

　6.1　理解 DHCP 的原理 ……………………………………………………………… 157
　　　6.1.1　DHCP 概述 …………………………………………………………… 157
　　　6.1.2　DHCP 的工作原理 …………………………………………………… 158
　　　6.1.3　熟悉 DHCP 的主配置文件 …………………………………………… 160
　6.2　安装和配置 DHCP 服务器 ……………………………………………………… 165
　　　6.2.1　DHCP 服务的安装 …………………………………………………… 165
　　　6.2.2　配置 DHCP 服务器 …………………………………………………… 166
　6.3　配置 DHCP 客户端 ……………………………………………………………… 168
　　　6.3.1　Linux 客户端设置 …………………………………………………… 168
　　　6.3.2　Windows 客户端设置 ………………………………………………… 169
　项目小结 ……………………………………………………………………………………… 172

项目 7　DNS 服务器的配置与管理 ……………………………………………… 173

　7.1　理解域名空间和 DNS 原理 ……………………………………………………… 173
　　　7.1.1　域名空间 ……………………………………………………………… 173
　　　7.1.2　DNS 服务器的分类 …………………………………………………… 176
　　　7.1.3　DNS 的查询模式和地址解析过程 …………………………………… 177

7.2 安装 DNS 软件、理解 DNS 的配置文件 …… 178
    7.2.1 安装 BIND 软件包 …… 178
    7.2.2 认识 DNS 的配置文件 …… 180
7.3 DNS 服务器配置 …… 186
    7.3.1 配置主 DNS 服务器 …… 186
    7.3.2 配置辅助 DNS 服务器 …… 193
    7.3.3 配置缓存 DNS 服务器 …… 195
    7.3.4 配置转发 DNS 服务器 …… 197
7.4 配置 DNS 客户端 …… 198
    7.4.1 Windows 客户端配置 …… 198
    7.4.2 Linux 客户端配置 …… 198
7.5 测试 DNS 服务器 …… 199
    7.5.1 使用 BIND 检测工具检测配置文件 …… 199
    7.5.2 测试 DNS 服务器工具 …… 201
    7.5.3 使用 dig 工具测试 DNS 服务器 …… 202
项目小结 …… 203

项目 8 FTP 服务器的配置与管理 …… 204

8.1 了解 FTP 服务相关知识 …… 204
    8.1.1 FTP 服务简介 …… 204
    8.1.2 FTP 工作原理 …… 206
    8.1.3 FTP 用户类型 …… 206
    8.1.4 常用 FTP 软件简介 …… 207
8.2 安装 vsftpd、了解 vsftpd 配置文件 …… 208
    8.2.1 安装 vsftpd 软件 …… 208
    8.2.2 启停和测试 vsftpd 服务 …… 209
    8.2.3 认识 FTP 配置文件 …… 211
8.3 配置 vsftpd 服务器 …… 216
    8.3.1 vsftpd 常规设置项 …… 216
    8.3.2 vsftpd 匿名用户配置 …… 218
    8.3.3 vsftpd 本地用户配置 …… 219
    8.3.4 vsftpd 虚拟用户配置 …… 222
8.4 客户端访问 FTP 服务器 …… 225
    8.4.1 通过命令行访问 FTP 服务器 …… 225
    8.4.2 通过浏览器访问 FTP 服务器 …… 226
    8.4.3 通过专用图形化工具访问 FTP 服务器 …… 227
项目小结 …… 229

项目 9　Web 服务器的配置与管理 230

9.1　理解 Web 服务和 Web 服务的工作原理 230
9.1.1　Web 服务概述 230
9.1.2　Web 服务的工作原理 231
9.1.3　Apache 简介 231

9.2　安装 Apache、了解 Apache 主配置文件 233
9.2.1　安装 Apache 233
9.2.2　启停和测试 Apache 234
9.2.3　认识 Apache 目录结构和主配置文件 234

9.3　配置 Apache 238
9.3.1　配置常规 Apache 238
9.3.2　配置虚拟主机 241

项目小结 246

项目 10　邮件服务器配置与管理 247

10.1　理解邮件服务的基本知识 247
10.1.1　电子邮件的基本概念 247
10.1.2　电子邮件的工作原理 248
10.1.3　Sendmail 和 Dovecot 简介 249

10.2　安装电子邮件软件、了解电子邮件配置文件 250
10.2.1　安装 Sendmail 软件 250
10.2.2　安装 Dovecot 软件 250
10.2.3　了解 Sendmail 配置文件 251
10.2.4　了解 Dovecot 配置文件 254

10.3　配置邮件服务器 256
10.3.1　配置简单邮件服务器 Sendmail 256
10.3.2　配置 POP3 和 IMAP4 的 Dovecot 服务 258
10.3.3　邮件服务器的测试 259

项目小结 263

项目 11　Linux Shell 编程 264

11.1　Shell 概述 264
11.1.1　认识 Shell 264
11.1.2　Shell 编程和 Shell 脚本程序结构 266

11.2　Shell 编程基础 268
11.2.1　Shell 中的变量和功能性语句 268
11.2.2　Shell 中的分支语句 274
11.2.3　Shell 中的循环语句 276

11.2.4　Shell 中的函数 …………………………………… 281

项目小结 …………………………………………………………… 284

项目 12　Linux C 编程基础 …………………………………… 285

12.1　Linux 下 C 语言概述 …………………………………… 285

12.2　Linux C 编译器 GCC 的使用 …………………………… 287

　　12.2.1　GCC 编译器概述 …………………………………… 287

　　12.2.2　GCC 编译流程分析 ………………………………… 288

　　12.2.3　GCC 代码优化 ……………………………………… 290

12.3　Linux 调试器 GDB 的使用 ……………………………… 291

　　12.3.1　GDB 简介及常用命令 ……………………………… 291

　　12.3.2　GDB 使用实例 ……………………………………… 293

12.4　make 工程管理器 ……………………………………… 298

　　12.4.1　工程管理器 make 概述和 Makefile 文件 ………… 299

　　12.4.2　Makefile 规则 ……………………………………… 301

　　12.4.3　Makefile 变量 ……………………………………… 302

　　12.4.4　Makefile 文件的应用实例 ………………………… 304

12.5　Linux C 程序设计实例 ………………………………… 309

　　12.5.1　socket 网络编程基础知识 ………………………… 309

　　12.5.2　基于 socket 聊天应用的服务端程序 ……………… 312

　　12.5.3　基于 socket 聊天应用的客户端程序 ……………… 315

项目小结 …………………………………………………………… 317

参考文献 ………………………………………………………… 318

项目 1 理解操作系统概念与 RHEL 6.5 安装实训

项目目标
- 理解操作系统的概念、功能、分类。
- 了解 Linux 操作系统的发展、特点和版本。
- 理解 Linux 操作系统的体系结构。
- 理解 Linux 操作系统的磁盘分区与多重启动。
- 掌握 VMware 虚拟机的安装。
- 掌握在 VMware 虚拟机上安装 RHEL 6.5。

本章首先简要介绍操作系统(operating system,OS)基本知识,包括操作系统的概念、功能、发展历史、分类等,介绍常用的操作系统,并引入 Linux 操作系统。其次,介绍 Linux 操作系统的简介,介绍什么是 Linux,Linux 的特点、历史和体系结构。然后,介绍 VMware 虚拟机知识,并安装 VMware 虚拟机。最后,在 VMware 虚拟机上详细介绍 Red Hat Enterprise Linux 6.5(简称 RHEL 6.5)的安装,为后面章节的学习准备实验条件。

1.1 认识操作系统

一个完整的计算机系统包括硬件子系统和软件子系统,而根据冯·诺依曼原理,计算机的硬件子系统包括运算器、控制器、存储器、输入设备和输出设备五大组成部分,其中运算器和控制器集成在一块芯片上,称为中央处理器(central processing unit,CPU)。现代计算机的系统是由协同工作的处理器、主存、辅助存储器(简称辅存)、网络接口、显卡、声卡和各种输入/输出(input/out,I/O)设备组成的。计算机系统是在 CPU 控制下各个组成部分协同工作,共同完成用户各项需求。响应用户需求的过程十分复杂,并且特别关键,编写和监督管理上述各个部件、涉及底层功能的程序是相当困难的一件事,对程序员的能力要求极高。操作系统将涉及硬件底层的控制等关键部分进行封装,为程序员提供一个通用的、相对简单和能驱动各种硬件工作的软件接口,同时为普通用户提供了一个操作和使用计算机的平台。

1.1.1 操作系统的概念

一个典型的计算机系统的体系架构如图 1-1 所示,从图中可以看出,操作系统是在计算机裸机硬件上加载的第一层次的软件,其他各种各样的应用程序都是在操作系统的支撑下完成各种特定的功能。操作系统是用户操作计算机的平台和接口,在现代计算机体系结构中起着关键的作用。但是要精确地给出操作系统的定义并非易事,针对看待操作系统的角度不同,使用操作系统的目的不同,操作系统就有不同的表现特征,不同的人也就有不同定义。下面给出两种不同的操作系统的定义。

图 1-1 计算机系统的体系架构

定义 1:所谓操作系统,就是为方便用户使用计算机,充分发挥计算机的硬件和软件资源的使用效率而开发出来的程序及相关文档的集合,它是用户与计算机的接口。

定义 2:所谓操作系统,就是一组控制和管理计算机硬件和软件资源,协调计算机的各种动作,合理地组织工作流程及方便用户操作的程序集合。

定义 1 从用户的角度给出操作系统的定义,而定义 2 从系统的角度给出操作系统的定义,不管何种不同的定义,都要从下面几点来理解和掌握操作系统的定义。

(1) 操作系统的目的之一是方便用户使用计算机,为用户操作计算机提供操作平台和接口。

(2) 操作系统的另一个目的是合理地管理和控制计算机系统的软硬件资源,充分发挥计算机系统软硬件资源的使用效率。

(3) 操作系统在本质上是一组程序和相关文档的集合,也就是一种软件。

1.1.2 操作系统的功能

从上面操作系统的定义和目的可以看出,操作系统是要充分发挥计算机软硬件资源的使用效率和方便用户使用计算机,为用户提供操作平台和接口。操作系统是对计算机系统进行管理、控制和协调的程序集合。而计算机的硬件系统包括处理机、存储器、I/O 设备,软件资源包括各种文档、数据和程序等文件。因此,操作系统的基本功能包括处理机管理、存储器管理、设备管理、作业管理和文件管理五大功能。

1. 处理机管理功能

处理机是计算机系统中宝贵和最重要的核心资源,是制约整个计算机系统性能的重要器件,因此,处理机的性能是否被充分发挥关系到整个计算机系统的性能。处理机的管理是操作系统最核心的部分,操作系统的主要任务之一就是要合理有效地管理处理机,使其尽可能发挥其最大功效,提高处理机的使用效率。

现代的操作系统都以进程的形式来实现处理机管理功能,处理机管理功能主要体现在进程的创建、撤销,并按照一定的算法规则来调度进程,分配其所需的资源,对处理机的时间进行分配,管理和控制各个用户的多个进程的协调运行,确保进程之间的正确通信。

2. 存储器管理功能

存储器是计算机中用来存放程序和数据的容器,是仅次于处理器的另一个宝贵的硬件资源。计算机的存储器包括内存储器(简称内存)和外存储器(简称外存),这里的存储器管理功能主要是指内存的管理,其主要任务是提供一种有效的内存管理手段,提供优质的控制、存取功能,保证多道程序能够良好地并发运行,而不会相互干扰,提高内存的使用效率。存储器管理功能包括内存分配、内存回收、内存保护、地址映射和虚拟存储等功能。内存分配分为静态分配和动态分配两种方式，常见的内存管理包括分区管理、分页管理、分段管理和段页式管理等几种方法。虚拟内存技术是在主存储器不够大的情况下，使用硬盘上的特定区域空间来扩充内存容量，是当今主流的一种存储器技术。

3. 设备管理功能

严格来说，计算机的主机只包含处理器和主存储器，其他部分都称为外围设备（简称外设）。在计算机系统中，通常把处理器和主存储器之外的部分统称为外设。现代的计算机系统有着种类繁多的外设，涉及机械、电子、光学、磁场、声音和自动控制等诸多学科，功能和原理各不相同，因此，操作系统必须提供设备管理的功能，让用户能方便、高效地使用各种外设。

设备管理的主要作用是使用统一的方式控制、管理和访问各种外设，其任务就是为用户提供设备的独立性，使用户在使用设备时不需要了解设备的工作方式和具体参数，只需调用设备名即可。设备管理的主要功能是接收、分析和处理用户提出的 I/O 请求，为用户分配所需的 I/O 设备，提高设备的利用率。根据设备管理模块的功能要求，设备管理功能可以分为设备分配、缓冲管理、设备处理和虚拟设备等。

4. 作业管理功能

每个用户请求计算机系统完成的一个独立的操作称为作业，用户使用计算机系统时，首先接触的就是作业管理功能。用户向计算机提交任务，用户就是通过操作系统的作业管理功能所提供的界面对计算机进行操作。作业管理的功能就是使用户能方便地使用计算机，在系统内部对用户进行控制并安排用户作业的运行，实现用户和计算机进行交互，在用户和计算机系统之间建立桥梁作用。具体地讲，作业管理的工作有以下几个。

（1）向计算机通知用户的到来，对用户要求的任务进行登记、调度、运行。

（2）向用户提供操作计算机的界面和提示信息，接收用户输入的程序、数据和请求，同时向用户反馈计算机的运行结果。

（3）操作系统的作业管理功能包括用户界面管理、资源管理、用户管理、作业调度等。

5. 文件管理功能

文件管理是指操作系统对信息资源的管理，操作系统负责存取和管理信息的部分称为文件系统。计算机中存放的、处理的、流动的都是信息，这些信息可以是程序或数据。由于计算机的内存空间有限，而且无法长期永久保存信息，因此，这些信息通常以文件的形式存储在磁盘等辅存中，只有在需要时才调入内存运行。文件是在逻辑上具有完整意义的一组相关信息的有序集合，每个文件都有一个文件名。不同用户的信息存储在共同的媒介上，如何对这些文件进行分类，如何保护不同用户的文件信息的安全，如何将各种文件与不同的用户相关联，如何将文件的不同逻辑结构和辅助存储介质的物理存储结构相关联，这些都是文件管理的主要任务。用户不用关心文件如何存放在外存等相关细节，只需要通过文件名就可以实现按名存取。在多道程序产生前，文件系统就是计算机管理的主要部分，现代操作系统都提供了文件管理机制，其主要功能就是以友好的界面来提供高效的文件管理，提供文件的存取、共享和保护手段。文件管理机制还能有效地管理外存空闲区域，提供外存空间的分配和回收空闲空间，提供目录管理机制来快速定位文件，这也是操作系统不可或缺的组成部分。

1.1.3 操作系统的发展史

操作系统并不是与计算机硬件一起诞生的，操作系统是随着计算机的发展而不断发展的,在早期计算机诞生的初期并没有操作系统的概念,随着计算机的发展,它是在人们使用计算机的过程中,为了满足两大需求:提高资源利用率、增强计算机系统性能,伴随着计算机技术本身及其应用的日益发展,而逐步地形成和完善起来的,随着用户的需要和硬件的发展变化而不断发展,本节介绍操作系统的发展历程。

1. 人工操作阶段

以 1946 年诞生的 ENIAC 为代表的第一代电子计算机硬件采用电子管为主要元器件,体积庞大,用十进制计算,每秒运算 5000 次,操作员通过控制台的各种开关来指挥各个部件的运行。在这个时期,没有系统软件,使用机器语言和汇编语言编程,所有的程序和数据都是以穿孔卡片人工操作的方式来输入的,将输入的程序和数据存储到存储器的某个具体位置,然后通知运算器运行程序并处理数据,通知输出设备将运算结果打印成纸带。这种的人工操作方式有两个严重的问题:第一,计算机由一个用户独占,只有当前用户完成其工作,下一个用户才能使用它;第二,CPU 的利用率低,在人工操作方式中,用户在安装卡片、启动输入设备进行输入时,CPU 只有等待输入设备输入数据后才能工作,机器的运行速度受到人工速度的极大制约,因此 CPU 的利用率极低。由于早期的计算机硬件价格非常昂贵,人们希望计算机尽可能地处于运行状态,让 CPU 尽可能地处于饱满运行状态,提高 CPU 的利用率,这样才不会浪费资源。其解决办法就是尽可能减少人工干预,让计算机做更多的事情,这样就出现了早期的单道批处理系统。

2. 单道批处理系统

20 世纪 50 年代中后期,出现了以晶体管为主要元器件的计算机,计算机的性能进一步提高,功耗和发热量大为减少,晶体管计算机可以长时间地运行来解决科学和工程计算问题。编程人员使用汇编语言和 FORTRAN 语言来编写专门用于完成批量作业处理的特殊程序,这些程序被称为单道批处理系统。为了减少人工参与,操作人员对要在计算机上运行的程序进行组织,按程序执行步骤进行分类,把运行步骤基本相同的程序组织成为一批,操作人员利用一个特殊的输入设备将编程人员交付的多个作业卡片输入磁带机上,然后将磁带机连接到计算机的主机上准备运行,余下的工作由专用的监控程序来完成,最后由操作人员将磁带机取下,到专门的输出设备上逐一地打印不同程序的输出结果,并交给用户。这种一次性输入、处理和输出多个作业的批处理方式使输入设备、输出设备和 CPU 并行操作,能够在一定程度上减少 CPU 的等待时间,可提高 CPU 的利用率和系统的吞吐量。但是 I/O 设备是机械设备,而 CPU 是电子器件,其速度远比机械设备快,CPU 不可避免地要等待 I/O 设备,CPU 的时间造成浪费。如何解决 CPU 电子速度与 I/O 机械设备的不匹配问题,采用的方法就是让计算机的主机同时连接多台 I/O 设备,增加计算机的工作量,就产生了多道批处理系统。

3. 多道批处理系统

20 世纪 60 年代,随着电子技术的发展,出现了以中、小规模集成电路为主要元器件的第三代计算机,为多道批处理系统提供了很好的硬件基础。在多道批处理系统中,作业同样按批次来组织,但内存的不同区域中存放着多个批次的不同作业。当处理器在调用一批作业运行时,若发现由于输入或输出而产生等待,监督程序就引导处理器去执行另一道批程序,让处理器总是处于工作状态,存储器上存放的程序越多,处理器的利用率就越高,多道批处理系统可以使主机的利用率达到最高。在多道批处理系统中,用户无法干预计算机的运行。但是,用户希望能够方便地干预自己程序的运行,用户就不再通过磁带机与主机隔离,而是通过 I/O 设备直接与主机相连,就出现了联机多道程序系统。

4. 联机多道程序系统

在联机多道程序系统中,用户从自己的终端上与主机进行交互,在存储器中的不同区域存放着不同用户的程序,处理器按照一定的规则调度不同的程序来运行,对不同的用户进行反应,编程人员可以与计算机进行交互,能及时地对自己的程序进行调整。联机多道程序系统控制着计算机设备和用户终端,它要面对不同的用户进行处理器时间的安排和内存空间的划分、管理,协调用户在运行程序时发生的各种冲突。这种联机多道程序系统就称为操作系统。

1.1.4 操作系统的分类

操作系统是架构在底层硬件裸机上的第一层软件系统,硬件的功能是靠操作系统来实现的,操作系统的设计原则如下。

(1) 尽可能地提高系统效率。

(2) 尽可能高的系统吞吐能力。

(3) 尽可能快的系统响应时间。

但这 3 个原则是相互矛盾的,无法同时满足这 3 个原则,不同的操作系统有不同的倾向性,只能以某一个原则为主,兼顾另外的设计原则。根据操作系统设计原则的倾向性,可以把操作系统分成三大类:多道批处理操作系统、分时操作系统和实时操作系统。

1. 多道批处理操作系统

20 世纪 60 年代中期,在前述的批处理系统中,引入多道程序设计技术后形成多道批处理操作系统(简称批处理操作系统)。多道批处理系统按用户作业的类型不同分成若干批次,将不同批次的作业都存放于存储器中,每批次作业顺序处理,如果当前程序需要输入、输出,就调用另一批次作业运行,从而提高处理器的利用率。

多道批处理操作系统有以下两个特点。

(1) 多道,操作系统内可同时容纳多个作业。这些作业放在外存中,组成一个后备队列,操作系统按一定的调度原则每次从后备作业队列中选择一个或多个作业进入内存运行,运行作业结束、退出运行和后备作业进入运行均由操作系统自动实现,从而在操作系统中形成一个自动转接的、连续的作业流。

(2) 成批,在操作系统运行过程中,不允许用户与其作业发生交互作用,即作业一旦进入操作系统,用户就不能直接干预其作业的运行。

批处理操作系统追求的目标是提高操作系统的资源利用率和系统吞吐量,以及作业流程的自动化。批处理操作系统的一个重要缺点是不提供人机交互能力,给用户使用计算机带来不便。

2. 分时操作系统

由于 CPU 速度不断提高和采用了分时技术,一台计算机可同时连接多个用户终端,而每个用户可在自己的终端上联机使用计算机,好像自己独占机器一样。

所谓分时技术,就是把处理器的运行时间分成很短的时间片,按时间片轮流把处理器分配给各联机作业使用。若某个作业在分配给它的时间片内不能完成其计算,则该作业暂时中断,把处理器让给另一作业使用,等待下一轮时再继续其运行。由于计算机速度很快,作业运行轮转得很快,给每个用户的印象是:好像他独占了一台计算机。而每个用户可以通过自己的终端向操作系统发出各种操作控制命令,在充分的人机交互情况下,完成作业的运行。

分时操作系统的特点如下。

(1) 多路性。若干用户同时使用一台计算机。从微观上看是各用户轮流使用计算机;从宏观上看是各用户并行工作。

(2) 交互性。用户可根据操作系统对请求的响应结果,进一步向操作系统提出新的请求。这种能使用户与操作系统进行人机对话的工作方式,明显地有别于批处理操作系统,因而,分时操作系统又被称为交互式操作系统。

(3) 独立性。用户之间可以相互独立操作,互不干扰。操作系统保证各用户程序运行的完整性,不会发生相互混淆或破坏现象。

(4) 及时性。操作系统可对用户的输入及时做出响应。分时操作系统性能的主要指标之一是响应时间,它是指从终端发出命令到操作系统予以应答所需要的时间。

分时操作系统的主要目标:对用户响应的及时性,即不会使用户等待每个命令的处理时间过长。

多用户分时操作系统是当今计算机操作系统中最普遍使用的一类操作系统。分时操作系统的用户能及时与主机进行交互,但其响应时间只是在一个平常操作系统可以接受的范围内,但是现实中很多特殊的领域对计算机的响应要求十分严格,超出了分时操作系统的服务范围,这就出现了实时操作系统。

3. 实时操作系统

虽然多道批处理操作系统和分时操作系统能获得较令人满意的资源利用率和系统响应时间,但却不能满足实时控制与实时信息处理两个应用领域的需求。于是就产生了实时操作系统,即操作系统能够及时响应随机发生的外部事件,并在严格的时间范围内完成对该事件的处理。

1) 实时操作系统的分类

实时操作系统在一个特定的应用中常作为一种控制设备来使用,实时操作系统可分成以下两类。

(1) 实时控制操作系统。当计算机用于飞行器飞行、导弹发射等的自动控制时,要求计算机能尽快处理测量系统测得的数据,及时地对飞机或导弹进行控制,或将有关信息通过显示终端提供给决策人员。或者用于轧钢、石化等工业生产过程控制时,也要求计算机能及时处理由各类传感器送来的数据,然后控制相应的执行机构。

(2) 实时信息处理操作系统。当计算机用于预订飞机票、查询有关航班、航线、票价等事宜时,或者用于银行系统、情报检索系统时,都要求计算机能对终端设备发来的服务请求及时予以正确的回答。此类对响应及时性的要求稍弱于第一类。

2) 实时操作系统的特点

实时操作系统的主要特点如下。

(1) 及时响应。每条信息接收、分析处理和发送的过程必须在严格的时间限制内完成。

(2) 高可靠性。需采取冗余措施,双机系统前后台工作,也包括必要的保密措施等。

实时操作系统是为了满足特殊用户在响应时间上的特殊要求,利用中断驱动、执行专门的处理程序,是具有高可靠性的操作系统,这类操作系统广泛地应用于军事、工业控制、金融证券、交通运输等领域。

1.2 认识 Linux 操作系统

在操作系统的发展过程中,出现了各种各样的实用操作系统,Linux 操作系统就是这种实用操作系统之一的优秀操作系统,本节以 Red Hat Linux(简称 RHEL)为基础,主要介绍 Linux 操作系统的起源、特点,以及 RHEL 6.5 的安装过程、系统引导工具 GRUB 的使用方法和 RHEL 的启动流程。

1.2.1 Linux 操作系统的概念

Linux 是一套基于 GNU 和 GPL(GNU general public lience)声明的免费开源和自由传播的类 UNIX 操作系统,是一个基于 POSIX(portable operation system interface of UNIX)和 UNIX 的多用户、多任务、支持多线程和多 CPU 的操作系统,它只运行在基于 Intel x86 系列的 CPU 的计算机上。Linux 最早是由芬兰赫尔辛基大学计算机科学系二年级的学生开发的,林纳斯·托瓦兹(Linus Torvalds,如图 1-2 所示)开发的,他最初的目的是设计一个代替 Minix,可应用于 x86 系列的计算机操作系统,且具有全部 UNIX 功能的操作系统。Linux 是一个真正的多用户、多任务操作系统,它具有良好的兼容性、高度的稳定性和强大的可移植性,它具有高效的开发环境和世界公认最好的语言编译器。

图 1-2 林纳斯·托瓦兹

1.2.2 Linux 操作系统的历史

Linux 操作系统的诞生、发展和成长过程始终依赖着 5 个重要支柱:UNIX 操作系统、Minix 操作系统、GNU 计划、POSIX 标准和 Internet 网络。

商业软件因其坚固的商业壁垒和源代码不开放而对计算机科技的进步和发展造成了巨大的障碍。为了改变这种状况,Richard M. Stallman 在 1984 年创立了自由软件基金会(free software foundation,FSF)组织及 GNU 项目计划,发表 GNU GPL 声明,并不断地编写、创建 GNU 程序。1987 年 6 月,Richard M. Stallman 完成了 11 万行代码的开放编译器,为 Linux 的发展做出了重大的贡献。1991 年,GNU 计划已经开发出了许多工具软件,GNU C 编译器已经出现,GNU 的操作系统核心 HURD 一直处于实验阶段,没有任何可用性,实质上也没能开发出完整的 GNU 操作系统,但是 GNU 奠定了 Linux 用户基础和开发环境。

1991 年初,林纳斯·托瓦兹开始在一台 386sx 兼容机上学习 Minix 操作系统。1991 年 4 月,林纳斯·托瓦兹开始酝酿并着手编写自己的操作系统。

1991 年 7 月 3 日,第一个与 Linux 有关的消息是在 comp.os.minix 上发布的(当时还不存在 Linux 这个名称)。1991 年 10 月 5 日,林纳斯·托瓦兹在 comp.os.minix 新闻组上发布消息,正式向外宣布 Linux 内核的诞生。1991 年 11 月,林纳斯·托瓦兹正式发布了

Linux 内核(0.11 版)且在 comp. os. minix 上发布说自己已经成功地将 BASH 移植到了 Minix 上。

1993 年,100 余名程序员参与了 Linux 内核代码编写/修改工作,其中核心组由 5 人组成,此时 Linux 0.99 的代码大约有 10 万行,用户大约有 10 万。

1994 年 3 月,Linux 1.0 发布,代码量为 17 万行,当时是按照完全自由免费的协议发布的,随后正式采用 GPL 协议。

1995 年 1 月,Bob Young 创办了 Red Hat(红帽)公司,以 GNU/Linux 为核心,集成了 400 多个源代码开放的程序模块,研发出了一种冠以品牌的 Linux,即 Red Hat Linux,称为 Linux 发行版,并在市场上出售。

1996 年 6 月,Linux 2.0 内核发布,此内核有大约 40 万行代码,并可以支持多个处理器。此时的 Linux 已经进入了实用阶段,全球大约有 350 万人使用。

1998 年 2 月,以 Eric Raymond 为首的一批年轻的"老牛羚骨干分子"终于认识到 GNU/Linux 体系的产业化道路的本质,并非什么自由哲学,而是市场竞争的驱动,创办了 Open Source Initiative(开放源代码促进会),在互联网世界里展开了一场历史性的 Linux 产业化运动。

2001 年 1 月,Linux 2.4 发布,它进一步地提升了 SMP 系统的扩展性,同时它也集成了很多用于支持桌面系统的特性:USB、PC 卡(PCMCIA)的支持、内置的即插即用等功能。

2003 年 12 月,Linux 2.6 版内核发布,相对于 2.4 版内核 2.6 在对系统的支持上都有很大的变化。

Linux 操作系统从 1991 年诞生到现在已经 30 年了,在这 30 年的发展历史中有以下几个重要里程碑。

(1) 1991 年:林纳斯·托瓦兹在赫尔辛基大学编写 Linux 操作系统,并公开发布了 Linux 内核 0.11 版。

(2) 1992 年:林纳斯·托瓦兹经过一年的工作,第一个完整的 Linux 发行版 Softlanding Linux System 公开发布,提供 TCP/IP(transmission control protocal/internet protocol,传输控制协议/互联网协议)支持和 X Window。

(3) 1993 年:第一个商业 Linux 发行版诞生——Slackware Linux,这也是目前还在继续开发的最老的 Linux 发行版。

(4) 1994 年 3 月:林纳斯·托瓦兹发布 Linux 1.0,该内核版本包含 176 250 行代码,Linux 转向 GPL 版权协议。

(5) 1995 年:Linux 1.0 版内核发布。

(6) 1996 年:Linux 2.0 版内核发布。

(7) 1999 年:Linux 2.2 版内核发布,简体中文发行版的 Linux 相继问世。中国科学院软件研究所基于自由软件 Linux 的自主操作系统,1999 年 8 月发布了红旗 Linux 1.0 版。

(8) 2002 年:GNOME 基金会在渥太华 Linux 讨论会上发布了 GNOME 桌面和开发者平台 2.0 版本 GNOME 2.0。

(9) 2003 年:Linux 2.6 版内核发布,支持多处理地对空配置和 64 位计算。

(10) 2004 年:Canonical 发布了 Ubuntu 4.1,该发行版的特点是注重用户体验。

(11) 2008 年:KDE 4.0 发布,KDE 和 GNOME 等桌面系统使 Linux 更像是一个 Mac

或 Windows 之类的操作系统，提供完善的图形用户界面。

（12）2011 年：Linux 3.0 版内核发布。

（13）2012 年：Linux 3.6 版内核发布。

1.2.3 Linux 的特点

Linux 是一种自由、开放和免费的操作系统，其发展速度非常迅猛，在全世界广泛流行，这与 Linux 所具有的特性是分不开的，Linux 具有如下特性。

1. 自由开放和免费性

Linux 是一种免费的、自由软件的操作系统，获得 Linux 操作系统非常方便，大部分软件可以免费从网络上下载，它是开放源代码的，爱好者可以根据自己的需要，自由修改、复制和在 Internet 上发布程序源码，使用者不用担心不公开源码的系统预留"后门"。

2. 可靠的系统安全性

Linux 采用了许多安全技术措施，包括对读写进行权限控制、带保护的子系统、审计跟踪、核心授权等。Linux 是基于开放标准与开放源代码的操作系统，提供了更多的错误发现和修正机制，开源操作系统可以让操作者知道问题在哪里，而主动去修补漏洞，而不是被动地等待软件厂商的公告。

3. 极好的多平台性

虽然 Linux 主要在 x86 平台上运行，但 Linux 能在 x86、MIPS、PowerPC、SPARC、Alpha 等主流的体系结构平台上运行。

4. 极高的系统稳定性

UNIX 操作系统的稳定性是众所周知的，Linux 是基于 UNIX 规范而开发的类 UNIX 操作系统，完全符合 POSIX 标准，具有与 UNIX 相似的程序接口和操作方式，继承了 UNIX 稳定、高效、安全等特点。安装了 Linux 的主机的连续运行时间通常以年计算，系统连续运行很长的时间都不会死机，也不会出现 Windows 的蓝屏现象。

5. 真正的多用户多任务

目前虽然许多操作系统支持多任务，但只有少数的操作系统能提供真正的多任务能力。Linux 充分利用任务切换和管理机制，是真正意义上的多用户、多任务操作系统，允许多个用户同时执行不同的程序，且能给紧急的任务安排较高的优先级。

6. 友好的用户界面

Linux 同时具有字符界面和图形界面。在字符界面用户可以通过键盘输入相应的指令来高效地进行操作。同时，Linux 还提供了类似 Windows 图形界面的 X Window 操作系统，用户可以使用鼠标方便、直观、快捷地进行操作。Linux 图形界面技术已经十分成熟，其强大的功能和灵活的配置界面毫不逊色于 Windows。

7. 强大的网络功能

Linux 在通信和网络功能方面优于其他操作系统，因为 Linux 是通过 Internet 进行开发的，具有先进的网络特征和完善的网络支持能力。Linux 拥有世界上最快的 TCP/IP 驱动程序，支持 TCP/IP、SLIP（serial line Internet protocol，串行线路网际协议）和 PPP（point-to-point protocol，点到点协议）等多种网络协议和网络文件系统、远程登录等功能。Linux 可以轻松地与 TCP/IP、LAN Manager、Novell Netware 及 Windows 网络集成在一起。

8. 强大的软件开发支持

Linux 支持一系列的软件开发，它是一个完整的软件开发平台，支持大多数主流的程序设计语言，如 C、C++、FORTRAN、Ada、Pascal、Delphi、Java、PHP、SmallTalk/X、汇编语言等。

1.2.4 Linux 的系统结构

Linux 系统一般由内核 kernel、命令解释 shell、文件系统和实用工具 4 个主要部分组成，内核、shell 和文件系统一起形成了基本的操作系统结构，它们使用户可以运行程序、管理文件并使用系统。Linux 的系统结构如图 1-3 所示。

1. 内核 kernel

内核是操作系统的核心，是运行程序和管理如磁盘、打印机等硬件设备的核心程序，它负责管理系统的进程、内存、设备驱动程序、文件和网络系统等基本功能，决定着系统的性能和稳定性，如果内核发生问题，整个计算机系统就可能崩溃。

Linux 内核的源代码主要是用 C 语言编写的，采用模块化结构，主要模块包括内存管理、进程管理、设备管理、驱动程序、文件系统、网络通信及系统调用等，如图 1-4 所示。

图 1-3 Linux 的系统结构

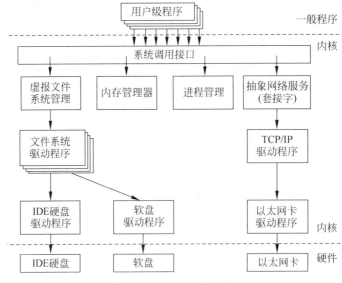

图 1-4 Linux 内核结构

2. 命令解释 shell

shell 是系统的用户界面，提供了用户与内核进行交互操作的一种接口。shell 在操作系统内核与用户之间提供了操作界面，它负责接收用户输入的命令并对其进行解释，然后把它送入内核去执行，是一个命令解释器。

另外，shell 编程语言具有普通编程语言的很多特点，如具有循环结构和分支结构等，使用这种编程语言编写的 shell 程序与其他应用程序具有同样的效果。

Linux 中具有多种不同版本的 shell，目前主要有下列版本的 shell。

（1）Bourne shell 是贝尔实验室开发的版本。

（2）BASH 是 GNU 的 Bourne again shell，是 GNU 操作系统上默认的 shell，大部分 Linux 的发行套件使用的都是这种 shell。

（3）Korn shell：是对 Bourne again shell 的发展，在大部分内容上与 Bourne again shell 兼容。

（4）C shell：是 Sun 公司 shell 的 BSD 版本。

3. 文件系统

文件系统是文件存放在磁盘等存储设备上的组织方法，和 UNIX 操作系统一样，Linux 操作系统将独立的文件系统组合成了一个层次化的树状结构，并且由一个单独的实体代表这一文件系统。Linux 将新的文件系统通过一个称为"挂装"或"挂上"的操作将其挂装到某个目录上，从而让不同的文件系统结合成为一个整体。Linux 操作系统的一个重要特点是它支持许多不同类型的文件系统。Linux 操作系统能支持多种目前流行的文件系统，如 EXT 2、EXT 3、FAT、FAT 32、VFAT、Minix 和 ISO 9660，从而可以方便地和其他操作系统交换数据。Linux 支持许多不同的文件系统，并且将它们组织成了一个统一的虚拟文件系统。虚拟文件系统(vitual file system，VFS)隐藏了各种硬件的具体细节，把文件系统操作和不同文件系统的具体实现细节分离开来，为所有的设备提供了统一的接口，VFS 提供了多达数十种不同的文件系统。VFS 可以分为逻辑文件系统和设备驱动程序。逻辑文件系统指 Linux 所支持的文件系统，如 EXT 2、FAT 等，设备驱动程序指为每种硬件控制器所编写的设备驱动程序模块。

Linux 常用的文件系统类型有以下几种。

（1）EXT 2——早期 Linux 中常用的文件系统。

（2）EXT 3——EXT 2 的升级版，带日志功能。

（3）RAMFS——内存文件系统，速度很快。

（4）NFS——网络文件系统，由 Sun 公司发明，主要用于远程文件共享。

（5）MS-DOS——MS-DOS 文件系统。

（6）VFAT——Windows 95/98 操作系统采用的文件系统。

（7）FAT——Windows XP 操作系统采用的文件系统。

（8）NTFS——Windows NT/XP 操作系统采用的文件系统。

（9）HPFS——OS/2 操作系统采用的文件系统。

（10）PROC——虚拟的进程文件系统。

（11）ISO9660——大部分光盘采用的文件系统。

（12）ufsSun——操作系统采用的文件系统。

（13）NCPFS——Novell 服务器采用的文件系统。

（14）SMBFS——Samba 的共享文件系统。

（15）XFS——由 SGI 开发的、先进的日志文件系统，支持超大容量文件。

(16) JFS——IBM 的 AIX 使用的日志文件系统。

(17) ReiserFS——基于平衡树结构的文件系统。

(18) UDF——可擦写的数据光盘文件系统。

4. 实用工具

标准的 Linux 操作系统一般有一套称为实用工具的应用程序集，包括文本编辑器、编程语言、X Window、办公套件、Internet 工具和数据库等。

实用工具可以分为以下 3 类。

(1) 编辑器——用于编辑文件，主要有 Ex、Ed、Vi、Vim 和 Emacs 等行编辑或全屏编辑器。

(2) 过滤器——用于接收数据并过滤数据，Linux 过滤器读取从用户文件或其他方式输入的数据，检查和处理数据，然后输出结果，从而过滤了数据。

(3) 交互程序——用户与机器的接口。Linux 是一个多用户程序，必须与所有用户保持联系，允许用户发送消息或接收其他用户的消息，消息的发送有一对一方式和一对多的广播通信两种方式。

1.2.5 Linux 的版本

Linux 的版本分为内核版本和发行版本两种。

1. 内核版本

Linux 的核心就是其内核，它是运行程序和管理磁盘和打印机等硬件设备的核心程序，提供了一个在裸机与应用程序之间的抽象层。内核的主要功能包括进程管理、内存管理、配置和管理 VFS、提供网络接口及支持进程间的通信。

内核的开发和规范一直由林纳斯·托瓦兹领导的开发小组控制，版本是唯一的，且不断地在升级。Linux 的内核版本有一定的规则，可以使用 uname-r 命令查看内核版本，其格式为 major.minor.patch-build.descr。其中，major 为主版本号，一般只有结构性变化时才变更；minor 为次版本号，新增功能时才变更，一般奇数表示开发版，偶数表示稳定版；patch 表示对此版本的修订次数或补丁包数；build 表示编译次数；descr 表示当前版本的特殊描述信息。例如，最新的红帽子 RHEL 6.5 的内核版本号为 3.10.0-123.el7.x86_64。

2. 发行版本

只有内核而没有应用软件的操作系统是无法使用的，一个完整的操作系统不仅具有内核，还包括一系列为用户提供各种服务的外围应用程序。许多个人、组织、社团和企业开发了基于 GNU/Linux 的发行版，他们将 Linux 的内核、源代码和外围应用软件及文档包装起来，提供一系统的安装界面、系统设置和管理工具来构成一个完整操作系统的发行版本。Linux 系统的发行版本其实就是 Linux 内核与外围实用软件程序及文档组成的一个软件包。相对于操作系统内核版本，Linux 发行版本的版本号随发布者的不同而不同，且与 Linux 系统内核的版本号相对独立。一般人们所说的 Linux 操作系统就是指这些发行版本。

Linux 发行版本大体上可以分为两类：一类是商业公司维护的发行版本，如 Red Hat Linux；另一类是社区组织维护的发行版本，如 Debian Linux。现在最流行的发行版本套件有红帽子 Red Hat、SUSE、Ubuntu(乌班图)、红旗等。下面简要介绍这些发行版本。

1）红帽子 Red Hat

红帽子 Red Hat 的网址为 http://www.redhat.com。

Red Hat 是目前最成功的商业 Linux 操作系统发行商,是 Linux 商界的龙头企业。Red Hat Linux 有两个发行版本：一个是由红帽子公司赞助、社区维护和驱动的个人版 Fedora；另一个是商业版的 Red Hat Enterprise Linux(简称 RHEL),由 Red Hat 公司专门开发和维护,而 CentOS 是 RHEL 的社区克隆版。本书以 Red Hat Enterprise Linux 6.5 为操作系统平台。

2）SUSE

SUSE 的网址是 http://www.suse.com。

SUSE Linux 原来是德国的 SUSE Linux AG 公司发行维护的 Linux 发行版,是属于此公司的注册商标。在欧洲最为流行的 Linux 发行套件,在全世界范围中也享有较高声誉,2004 年 SUSE 公司被 Novell 公司收购。Novell 公司改进 SUSE Linux,创建了一些企业用或高级桌面应用的 Linux 版本,包括 SUSE Linux Enterprise Server（SLES）、Novell Open Enterprise Server、Novell Linux Desktop 等,Novell Linux Desktop 系列的新产品以后改称为 SUSE Linux Enterprise Desktop。

3）Ubuntu(乌班图)

Ubuntu 的网址是 http://www.ubuntu.com。

Ubuntu 是一个以桌面应用为主的 Linux 操作系统,其名称来自非洲南部祖鲁语或豪萨语的"ubuntu"一词,意思是"人性""我的存在是因为大家的存在",是非洲传统的一种价值观,类似华人社会的"仁爱"思想。Ubuntu 基于 Debian 发行版和 GNOME 桌面环境,与 Debian 的不同在于它每 6 个月会发布一个新版本。Ubuntu 的目标在于为一般用户提供一个最新的、同时又相当稳定的主要由自由软件构建而成的操作系统。Ubuntu 具有庞大的社区力量,用户可以方便地从社区获得帮助。

Ubuntu 基于 Debian GNU/Linux,支持 x86、amd64（即 x64）和 PPC 架构,由全球化的专业开发团队(Canonical Ltd)打造的开源 GNU/Linux 操作系统。为桌面虚拟化提供支持平台。Ubuntu 对 GNU/Linux 的普及特别是桌面普及做出了巨大贡献,由此使更多人共享开源的成果与精彩。

4）红旗

红旗 Linux 的网址是 http://www.chinaredflag.cn。

红旗 Linux 是由北京中科红旗软件技术有限公司开发的一系列 Linux 发行版,包括桌面版、工作站版、数据中心服务器版、HA 集群版和红旗嵌入式 Linux 等产品。红旗 Linux 的主要特色是完善的中文支持,与 Windows 相似的用户界面,界面十分美观,操作起来也非常简单,是中国较大、较成熟的 Linux 发行版之一。

1.3 Linux 操作系统的安装实训

在对操作系统的概念和 Linux 操作系统有了较好的认识之后,下面开始介绍在 VMware 虚拟机上安装 Red Hat Enterprise Linux 6.5 的详细过程。首先介绍 VMware 虚拟机的安装过程，然后介绍 Linux 的磁盘分区结构和 GRIB 多重启动，最后在 VMware 虚拟机上安装和配置 RHEL 6.5。

1.3.1　安装 VMware 虚拟机

1. VMware 介绍

VMware 是一个"虚拟 PC"软件公司，提供服务器、桌面虚拟化的解决方案，是全球桌面到数据中心虚拟化解决方案的领导厂商，总部设在美国加利福尼亚州帕罗奥多市。全球不同规模的客户依靠 VMware 来降低成本和运营费用、确保业务持续性、加强安全性并走向绿色环保。VMware 在虚拟化和云计算基础架构领域处于全球领先地位，所提供的经客户验证的解决方案可通过降低复杂性及更灵活、敏捷地交付服务来提高 IT 效率。VMware 使企业可以采用能够解决其独有业务难题的云计算模式。VMware 提供的方法可在保留现有投资并提高安全性和控制力的同时，加快向云计算的过渡。

VMware 最著名的产品为 ESX 服务器，安装在裸服务器上的强大服务器，系列产品升级更名为 vSphere 系列，最新产品为 vSphere 5.5。是 VMware 的企业级产品，该产品一直遥遥领先于微软 Hyper-V 和思杰 Xen。VMware 是构建大企业数据中心的不二之选，其架构也是云计算的底层，中国很大一部分商业银行、保险公司、电信公司及政府部门都在使用。

VMware 第二大产品为 VMware Workstation 虚拟机，它是一个在 Windows 或 Linux 计算机上运行的应用程序，模拟一个基于 x86 的标准 PC 环境。这个环境和真实的计算机操作系统一样，都有芯片组、CPU、内存、显卡、声卡、网卡、硬盘、光驱、串口、并口、USB 控制器、SCSI 控制器等设备，提供这个应用程序的窗口就是虚拟机的显示器。

在使用上，这台虚拟机和真正的物理主机没有太大的区别，一切操作都跟一台真正的计算机一样，都需要分区、格式化、安装操作系统、安装应用程序和软件。

VMware 提供了 3 种工作模式，它们是 bridged（桥接模式）、host-only（主机模式）和 NAT（网络地址转换模式）。要想在网络管理和维护中合理应用它们，就应该先了解这 3 种工作模式。

1) bridged 模式

在这种模式下，VMware 虚拟出来的操作系统就像是局域网中的一台独立的主机，它可以访问网内任何一台机器。在 bridged 模式下，需要手工为虚拟系统配置 IP 地址、子网掩码，而且还要和宿主机器处于同一网段，这样虚拟系统才能和宿主机器进行通信。同时，由于这个虚拟系统是局域网中的一个独立的主机系统，那么就可以手工配置它的 TCP/IP 信息，以实现通过局域网的网关或路由器访问互联网。使用 bridged 模式的虚拟系统和宿主机器的关系，就像连接在同一个集线器上的两台计算机。要想让它们相互通信，就需要为虚拟系统配置 IP 地址和子网掩码，否则就无法通信。如果想利用 VMware 在局域网内新建一个虚拟服务器，为局域网用户提供网络服务，就应该选择 bridged 模式。

2) host-only 模式

在某些特殊的网络调试环境中，要求将真实环境和虚拟环境隔离开，这时就可以采用 host-only 模式。在 host-only 模式中，所有的虚拟系统都是可以相互通信的，但虚拟系统和真实的网络是被隔离开的。

提示：在 host-only 模式下，虚拟系统和宿主机器系统是可以相互通信的，相当于这两台机器通过双绞线互连。

在 host-only 模式下，虚拟系统的 TCP/IP 配置信息（如 IP 地址、网关地址、DNS 服务器等），都是由 VMnet 1（host-only）虚拟网络的 DHCP（dynamic host configuration protocol，动态主机配置协议）服务器来动态分配的。如果想利用 VMware 创建一个与网内其他机器相隔离的虚拟系统，进行某些特殊的网络调试工作，可以选择 host-only 模式。

3）NAT 模式

NAT 模式就是让虚拟系统借助 NAT（network address translation，网络地址转换）功能，通过宿主机器所在的网络来访问公网。也就是说，使用 NAT 模式可以实现在虚拟系统中访问互联网。NAT 模式下的虚拟系统的 TCP/IP 配置信息是由 VMnet 8（NAT）虚拟网络的 DHCP 服务器提供的，无法进行手工修改，因此虚拟系统也就无法和本局域网中的其他真实主机进行通信。采用 NAT 模式最大的优势是虚拟系统接入互联网非常简单，不需要进行任何其他的配置，只需要宿主机器能访问互联网即可。如果想利用 VMware 安装一个新的虚拟系统，在虚拟系统中不用进行任何手工配置就能直接访问互联网。

2. VMware 虚拟机安装和配置

下面详细介绍 VMware Workstation 11 的安装和创建虚拟机的方法与步骤。

可以从 http://www.vmware.com/cn/products/work station/workstation-evaluation 下载 VMware Workstation 11 软件，然后双击下载的文件 vmware_workstation.exe 来启动 VMware 安装向导。

（1）启动安装向导后出现加载 VMware Workstation 11 界面，如图 1-5 所示。然后自动出现"欢迎使用 VMware Workstation 安装向导"界面，如图 1-6 所示。

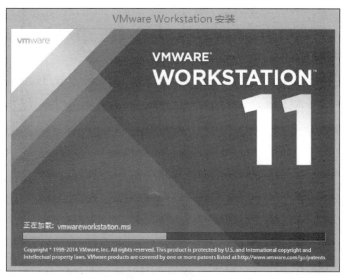

图 1-5　加载 VMware Workstation 11

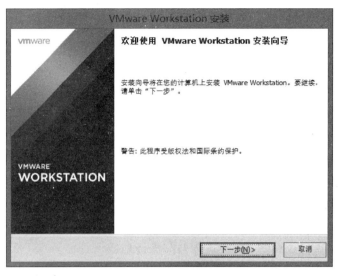

图 1-6　欢迎使用 VMware Workstation 安装向导

（2）单击"下一步"按钮，出现确认"许可协议"界面，如图 1-7，用户只有选中"我接受许可协议中的条款。"单选按钮后，才可以单击"下一步"按钮。

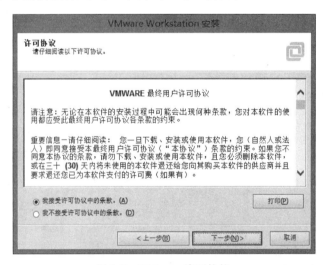

图 1-7　VMware 许可协议

（3）出现选择"安装类型"界面，如图 1-8 所示，VMware 有"典型"和"自定义"两种安装类型，一般选择"典型"安装类型，单击"下一步"按钮。

（4）出现选择"安装文件夹"界面，如图 1-9 所示，用户可以默认把 VMware 安装在 C:\Program Files(x86)\VMware\VMware Workstation\ 文件夹，也可以单击"更改"按钮选择安装文件夹。这里直接单击"下一步"按钮进行默认安装。

（5）出现 VMware"软件更新"界面，如图 1-10 所示，如果选择 VMware 软件自动更新，则 VMware 产品操作在应用程序启动时能够在线检查已安装软件是否存在最新版本，自动完成软件更新，否则，可以通过应用程序菜单中的"检查更新"选项来手动完成。这里选中"启动时检查产品更新"复选框，然后单击"下一步"按钮。

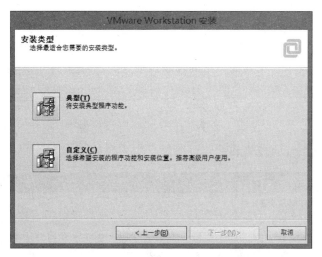

图 1-8　选择安装类型

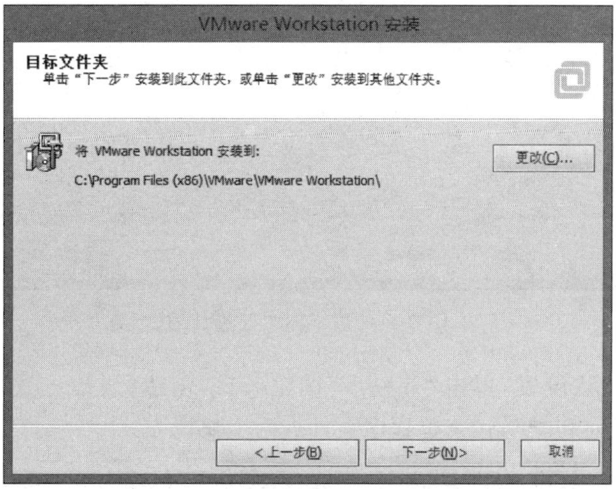

图 1-9　选择 VMware 安装文件夹

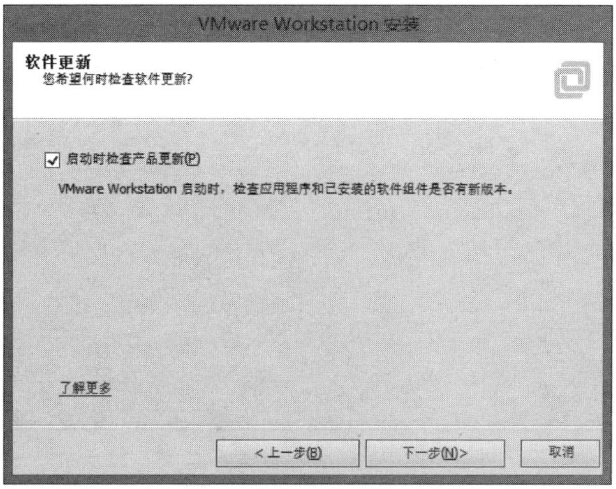

图 1-10　选择软件更新

理解操作系统概念与 *RHEL 6.5* 安装实训

(6)出现"用户体验改进计划"界面,如图1-11所示,VMware非常重视客户的参与,希望借助客户的反馈打造业界最优秀的虚拟化软件。通过支持机构和社区论坛、运行beta程序和可用性测试、开展调查及其他类型的现场调研等方式收集客户反馈。用户体验改进计划有助于更好地了解客户对应用程序的使用情况。VMware利用这些信息来改善产品的质量、可靠性和性能。该计划为自愿参与,可以随时退出。如果选择加入用户体验改进计划,计算机将向VMware发送匿名信息,其中可能包括产品/虚拟机的配置、使用情况和性能数据,以及宿主机系统的规格和配置信息。

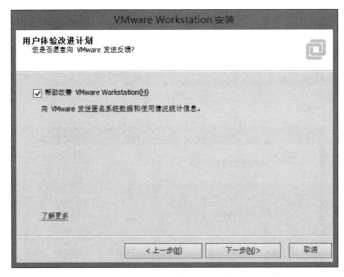

图1-11 用户体验改进计划

(7)这里保留默认设置,单击"下一步"按钮,出现创建"快捷方式"界面,如图1-12所示,默认选择创建桌面和"开始"菜单程序文件夹两个快捷方式。

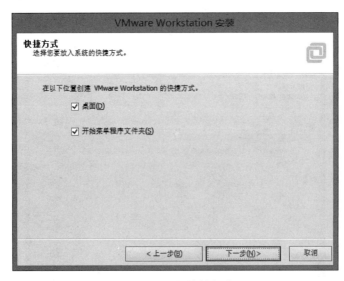

图1-12 选择快捷方式

（8）单击"下一步"按钮，完成安装的设置工作，此时出现如图 1-13 所示的"已准备好执行请求的操作"界面。

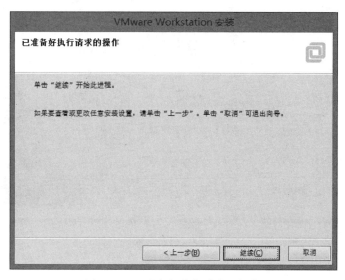

图 1-13　已准备好执行请求的操作

（9）单击"继续"按钮，安装程序自动复制所需的文件，并执行后继安装任务，期间还要输入产品密钥，并最后完成安装，如图 1-14 所示。

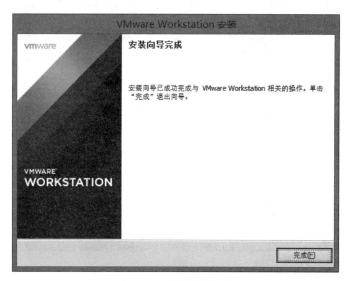

图 1-14　完成安装向导

安装完成后，在桌面上会出现 VMware Workstation 图标，双击该图标启动 VMware Workstation，打开如图 1-15 所示的虚拟机窗口。

3. 在 VMware 中创建虚拟机

在 VMware Workstation 中搭建实验环境，首先要创建新的虚拟机，具体操作步骤如下。

（1）在如图 1-15 所示的 VMware Workstation 窗口中单击"创建新的虚拟机"图标或选

图 1-15　虚拟机窗口

择"文件"→"新建虚拟机"选项，弹出"新建虚拟机向导"对话框，如图 1-16 所示。可以选择"典型(推荐)"或"自定义(高级)"两种配置类型。这里选中"自定义(高级)"单选按钮，然后单击"下一步"按钮。

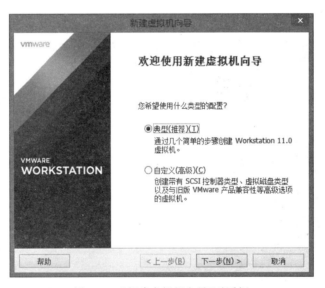

图 1-16　"新建虚拟机向导"对话框

(2) 出现"选择虚拟机硬件兼容性"界面。VMware Workstation 所创建的虚拟机保证向下兼容，在高版本的 VMware Workstation 中建立的虚拟机可以打开较低版本建立的虚拟机，反之则不能，这里按默认在"硬件兼容性"下拉列表中选择 Workstation 11.0 选项，如图 1-17 所示。

(3) 单击"下一步"按钮，出现选择"安装客户机操作系统"界面，其中有"安装程序光盘""安装程序光盘镜像文件(iso)""稍后安装操作系统"3 个选项，如图 1-18 所示。这里选中"稍后安装操作系统"单选按钮，然后单击"下一步"按钮。

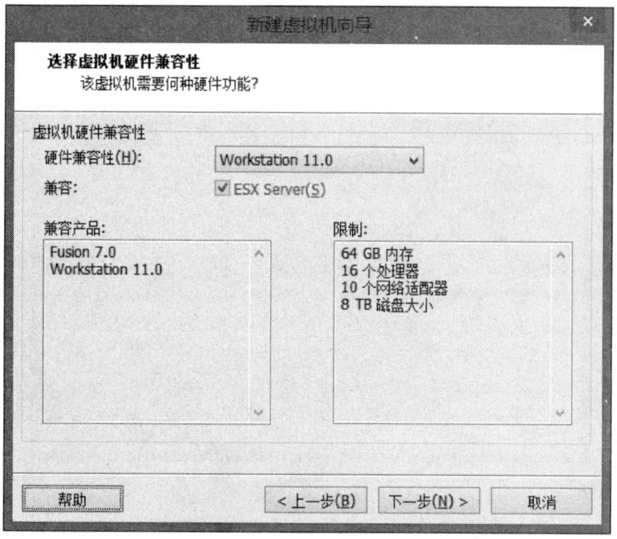

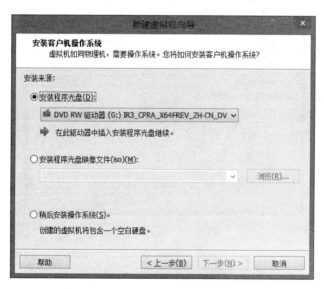

图1-17 选择虚拟机硬件兼容性

图1-18 安装客户机操作系统

（4）在出现的如图1-19所示的"选择客户机操作系统"界面，选中Linux单选按钮，在"版本"下拉列表中选择"Red Hat Enterprise Linux 6 64位"选项，单击"下一步"按钮。

（5）在出现的如图1-20所示的"命名虚拟机"界面中，输入虚拟机名称RHEL6.5，并选择虚拟机的存储位置，单击"浏览"按钮，选择位置为E:\redhat\RHEL6.5，然后单击"下一步"按钮。

（6）在出现的如图1-21所示的"指定磁盘容量"界面中，可以设置虚拟机最大磁盘大小，单位为GB，并设置虚拟磁盘存储为单个文件或拆分为多个文件。用户可以根据实际情况来设置虚拟机的磁盘大小和文件存储种类，这里设置为40GB，并设置存储虚拟机为单个文件，方便复制虚拟机，然后单击"下一步"按钮。

理解操作系统概念与RHEL 6.5安装实训

图 1-19 选择客户机操作系统

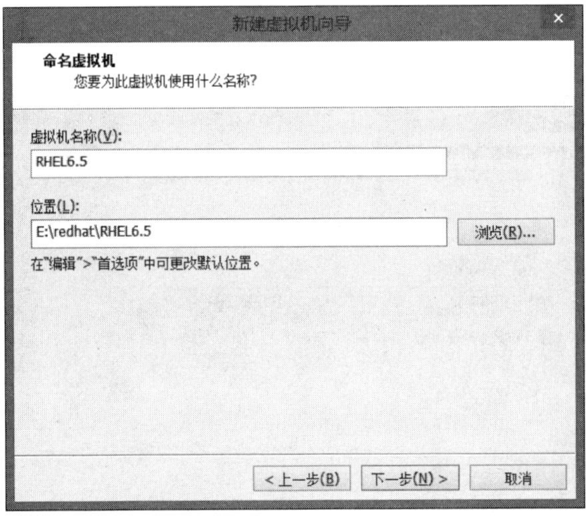

图 1-20 命名虚拟机

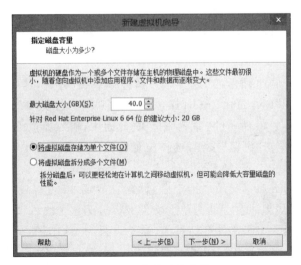

图 1-21 指定磁盘容量

(7)最后出现"已准备好创建虚拟机"对话框,其中显示出了已经设置的虚拟机配置情况,如图 1-22 所示。单击"完成"按钮,完成虚拟机的创建工作。

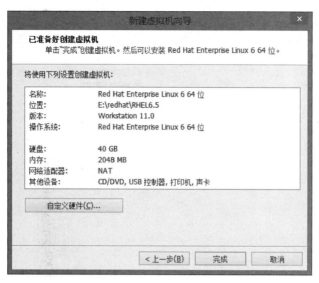

图 1-22　已准备好创建虚拟机

(8)完成虚拟机的创建之后,可以选择如图 1-23 所示的"开启此虚拟机"选项来运行此虚拟机。

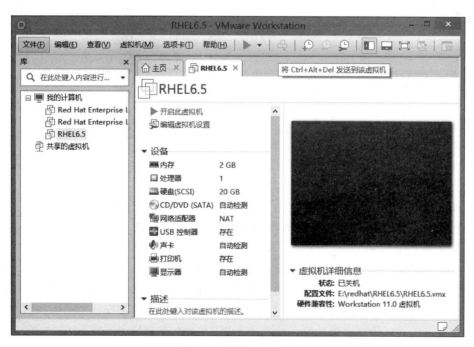

图 1-23　虚拟机运行窗口

(9)在使用虚拟机时,要使用 ISO 映像文件来安装虚拟机的 RHEL 6.5 操作系统,在如图 1-23 所示的窗口选择"编辑虚拟机设置"选项,在弹出的"虚拟机设置"对话框中选择

"硬件"选项卡,在"设备"中选择 CD/DVD 选项,在"连接"选项组中选中"使用 ISO 映像文件"单选按钮,然后单击"浏览"按钮选择 RHEL 6.5 的镜像文件,如图 1-24 所示。

图 1-24 "虚拟机设置"对话框

1.3.2 Linux 磁盘分区

在安装完成 VMware 虚拟机后就可以进行 RHEL 6.5 操作系统的安装,在介绍 Linux 操作系统安装之前,先要了解 Linux 磁盘分区结构,下面介绍 Linux 磁盘分区的相关知识。

1. 磁盘分区简介

若把整个磁盘比作一座房子,则磁盘分区就相当于房子里的房间,一般磁盘要划分出若干磁盘分区来。与 Windows 一样,Linux 磁盘分区有主分区、扩展分区和逻辑分区 3 种类型。主分区主要用于操作系统的引导,一块磁盘最多可以划分出 4 个主分区。逻辑分区的引入是为了解决只能划分 4 个主分区的问题,只有当主分区的数量小于 4 个时才可以创建扩展分区,且一块磁盘只能有一个扩展分区。扩展分区是不能用于存储数据的,只有在扩展分区中划分逻辑分区才能存储数据。从理论上讲,在扩展分区中可以不受限制地创建多个逻辑分区,但在 Red Hat Linux 中,一块 IDE 硬盘最多支持 63 个分区。

Linux 中大多数计算机硬件是以文件的形式来进行管理的,Linux 的所有设备均表示为/dev 目录中的一个文件。在/dev 目录中,以 hd 开头的设备表示 IDE 硬盘,以 sd 开头的设备表示 SCSI 硬盘。设备名的第三个字母若为 a 表示第一块硬盘,为 b 表示第二块硬盘,以此类推。硬盘的分区则用数字来表示，1～4表示主分区或扩展分区，从5开始表示逻辑分区编号，如/dev/sda1表示第一块SCSI硬盘的第一个分区。

2. Linux硬盘分区方案

在安装RHEL 6.5时，需要在硬盘上建立Linux分区，通常情况下，至少要为Linux建立以下两个分区。

(1) /分区(根分区)：一套Linux操作系统只有一个根目录，Linux将大部分的系统文件和用户文件保存在根分区上，一般根分区要足够大。

(2) swap分区(交换分区)：该分区是Linux用来实现虚拟内存功能的，一般大小为计算机物理内存的2倍，但物理内存大于1GB时，该分区为1GB就够了。

在Linux操作系统中，没有与Windows操作系统一样把磁盘分区当成逻辑盘C盘或D盘等一样来使用，在Linux安装完成后，会在根分区中创建出许多系统默认的目录，如/boot、/root、/dev及/home等，而把硬盘划分出来的分区当成目录使用，利用mount挂载命令把分区挂载到称为挂载点的目录下才可以使用。Linux操作系统安装默认的主要目录如下。

(1) /——根目录，Linux下的所有内容都从根目录开始。

(2) /boot——Linux的引导目录，存放系统的启动文件和一些内核文件。

(3) /root——Linux超级用户root用户的家目录。

(4) /etc——Linux操作系统配置文件的存放目录。

(5) /home——Linux普通用户的家目录，每个普通用户的配置文件、桌面及相关数据都存放在该目录下相应用户名下。

(6) /dev——Linux下设备文件存放目录。

(7) /bin——Linux下一般用户使用的命令文件存放的目录。

(8) /sbin——此目录存放只有超级用户root能够使用的命令文件。

(9) /usr——系统默认安装软件的位置，相当于Windows的Program Files目录。

(10) /lib——Linux操作系统的库文件目录。

(11) /var——Linux操作系统用于存放一些经常变化的文件如系统日志、电子邮件等。

(12) /media——某些版本的Linux使用此目录来挂载CD/DVD等移动媒介。

(13) /opt——第三方面可选工具的安装目录。

(14) /tmp—— Linux操作系统的临时文件存放日录。

(15) /lost+found——存放操作系统意外关机或崩溃时产生的碎片文件。

这里给出一个磁盘分区方案，假设虚拟机有一个40GB的SCSI硬盘，即/dev/sda，虚拟机的内存为1024MB，则把磁盘划分出/根分区为20GB、swap分区为2048MB，另外划分出一个10GB的主分区/dev/sda2，用于挂载/home分区，剩下的10GB未划分空间备用，可用于磁盘分区练习和磁盘配额练习。

1.3.3 多重启动和GRUB

GRUB(grand unified boot loader)是一个多重操作系统启动的引导程序，很多时候一台计算机中会安装多个不同的操作系统，GRUB可以在多个操作系统共存时让用户选择引导哪个系统，从而实现多个操作系统的多重启动。

引导程序是驻留在硬盘第一个扇区主引导记录 MBR 的程序，一般计算机开机自检后，BIOS 将控制权交给 MBR 的引导程序，它负责载入操作系统内核 kernel，并把控制权转交给内核 kernel，由 kernel 继续完成剩余的启动过程，直至 Linux 显示用户登录界面。GRUB 是一个功能强大的多系统引导程序，专门处理 Linux 与其他操作系统的多重引导问题。它支持大硬盘、开机画面和菜单式选择，能够引导 Linux、Windows、Solaris、OS/2 等多种操作系统，是大多数 Linux 发行版本默认的引导程序。如果用户安装了 Linux 且在开机后出现 GNU GRUB，证明安装 Linux 操作系统时已经安装了 GRUB，如果有的版本的 Linux 没有安装 GRUB，则可以使用如下命令来安装：

[root@localhost ~]# rpm-ivh grub*.rpm

安装完 GRUB 后的系统启动界面如图 1-25 所示，用户可以选择不同的启动选项。

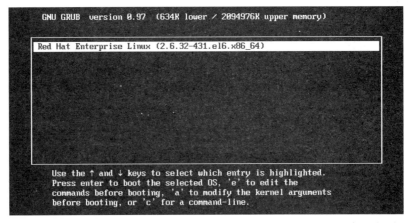

图 1-25　GRUN 启动界面

1.3.4　安装基础 RHEL 6.5 操作系统

在安装完 VMware 虚拟机和了解 Linux 磁盘分区格式后，就可以开始安装 Linux 操作系统了。下面在前面创建的 VMware 虚拟机上安装 Red Hat Enterprise Linux 6.5 操作系统。

1. 启动虚拟机，开始安装 Linux

在如图 1-23 所示的虚拟窗口中，选择"开启此虚拟机"选项来运行此虚拟机，虚拟机的启动过程与实际的物理机器开机过程类似，系统开机自检，由于系统的硬盘还没有可启动的操作系统，系统自动从光盘启动 Linux 安装光盘，出现如图 1-26 所示的 Linux 安装界面。

2. 选择安装方式

在如图 1-26 所示的界面中，有 5 个安装选项：Install or upgrade an existing system、Install system with basic video driver、Rescue installed system、Boot from local drive 和 Memory test，这里选择 Install or upgrade an existing system 选项开始安装，经过初始化后出现如图 1-27 所示的测试磁盘媒介的界面。

3. 选择安装语言，并设置键盘布局

在如图 1-27 所示的界面中，按 Tab 键，单击 Skip 按钮来跳过媒介检查，稍后出现如

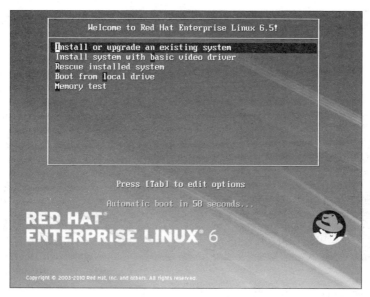

图 1-26　Linux 安装界面

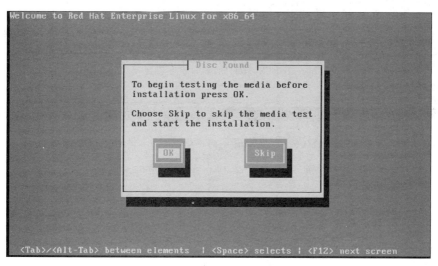

图 1-27　是否检测磁盘媒介界面

图 1-28 所示的欢迎界面，进入图形化安装向导安装阶段。单击 Next 按钮，出现如图 1-29 所示的选择安装语言界面。选择"Chinese（Simplified）（中文（简体））"选项，则以后的安装向导界面就都是中文显示了。单击 Next 按钮，出现如图 1-30 所示的键盘布局界面。一般选择"美国英语式"布局，单击"下一步"按钮，在出现的选择存储设备界面中选择"基本存储设备"选项，并单击"下一步"按钮，这时弹出如图 1-31 所示的警告界面。

4. 设置主机名和时区

在如图 1-31 所示的界面中单击"是，忽略所有数据"按钮，出现设置主机名界面，如图 1-32 所示，输入主机名或使用默认名 localhost.localdomain，这里使用默认设置，单击"下一步"按钮，出现如图 1-33 所示的设置时区界面，在中国一般选择"亚洲/上海"选项。

图 1-28　RHEL 6.5 欢迎界面

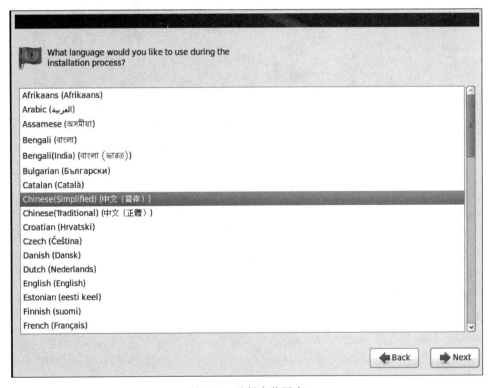

图 1-29　选择安装语言

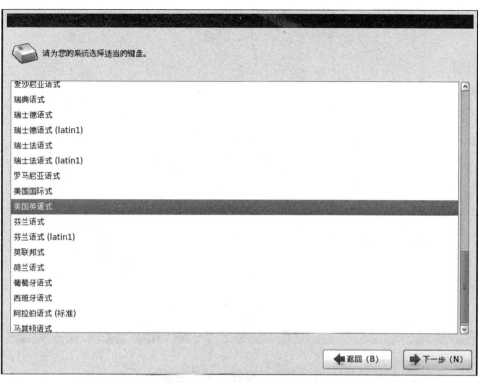

图 1-30　键盘布局

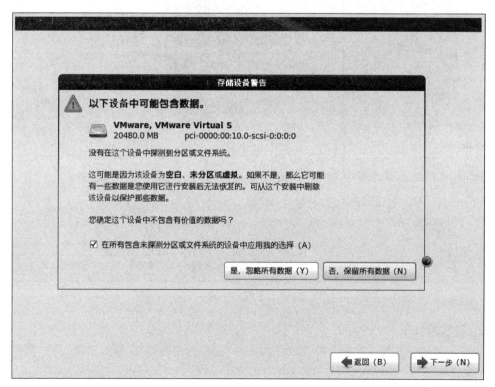

图 1-31　存储设备警告

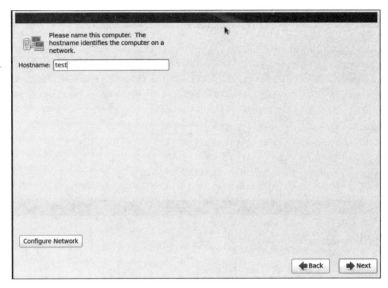

图 1-32　设置主机名

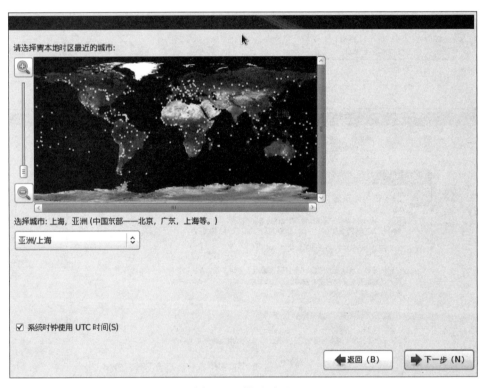

图 1-33　设置时区

5. 设置根口令

在接下来的设置根口令界面中,输入超级用户 root 的密码,两次输入必须一致,如图 1-34 所示,然后单击"下一步"按钮。

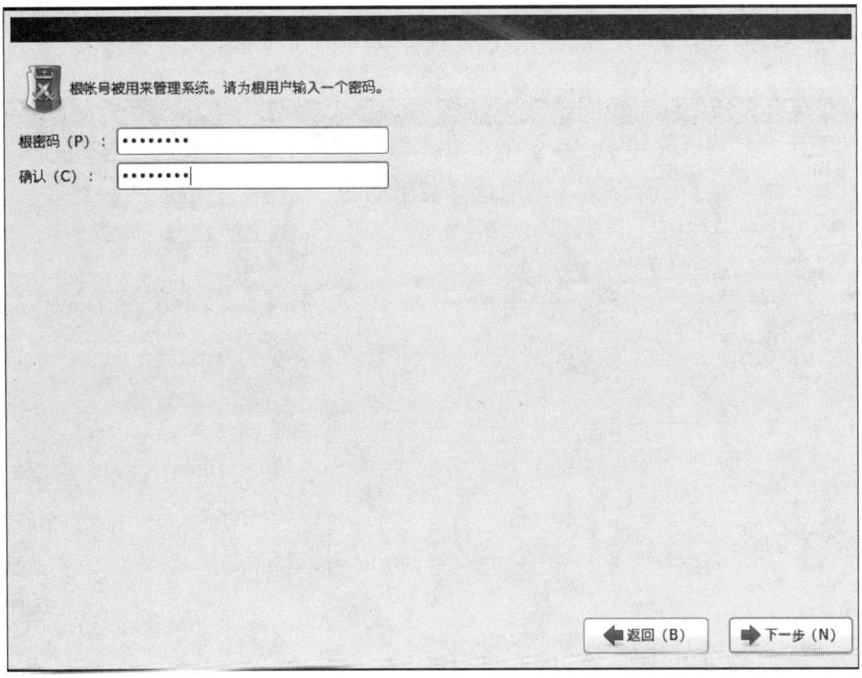

图 1-34　设置根口令

6. 选择安装类型

在 RHEL 6.5 中提供了 5 种可选的安装类型，如图 1-35 所示，这里选中"创建自定义布局"单选按钮，然后单击"下一步"按钮来创建分区。

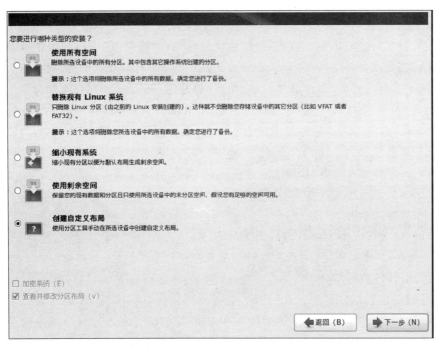

图 1-35　选择安装类型

7. 创建分区

出现"请选择源驱动器"界面,如图 1-36 所示。

图 1-36　选择源驱动器

单击"创建"按钮,在弹出的如图 1-37 所示的"生成存储"对话框中选中"标准分区"单选按钮,弹出"添加分区"对话框。首先创建"启动分区",在"挂载点"下拉列表中选择/boot 选项,磁盘文件类型选择标准的 ext4,大小设置为默认的 200MB,并选中"强制为主分区"复选框,如图 1-38 所示。其次,创建交换分区,单击"创建"按钮,在弹出的"添加分区"对话框的"文件系统类型"下拉列表中选择 swap 选项,大小设置为物理内存的 2 倍,这里设置为 2048MB,如图 1-39 所示。此外,与上述方法相同,还要创建其他分区,这里不再赘述,最后规划的分区如下。

(1) swap 交换分区大小为 2GB。

(2) /boot 启动分区大小为 200MB。

(3) /根分区大小为 10GB。

(4) /home 分区大小为 20GB,如图 1-40 所示。

(5) 剩余 8GB 作为备用,用于磁盘限额和备份。

8. 设置引导装载程序

设置完成分区后,单击"下一步"按钮,会提示格式化分区警告,确定格式化后,出现如图 1-41 所示的安装引导装载程序的界面。在 RHEL 6.5 中内置的引导程序就是 GRUB。一般情况下,按默认把 GRUB 安装在主引导记录 MBR 即可。此外,若选中"使用引导装载程序密码"复选框,还可以给引导程序添加密码。这里保留默认设置,单击"下一步"按钮。

图 1-37 生成存储界面

图 1-38 创建启动分区

图 1-39　创建交换分区

图 1-40　创建家分区

图 1-41　设置 GRUB 安装位置

9. 定制安装组件

Red Hat Enterprise Linux 的默认安装是基本服务器安装,用户也可以选择不同的软件组配置,选择软件安装所需的存储库,或者进行更详细的定制安装。如图 1-42 所示,选中"桌面"单选按钮,然后单击"下一步"按钮,现在开始正式安装。Linux 首先检查安装软件包

图 1-42　定制安装组件

的依赖关系完整性,然后开始安装所需的软件包,可以看到安装进程如图1-43所示。Linux安装进程会详细显示安装进度条、包括所需总的软件包数、当前已经安装的软件包数,及当前正在安装的软件包及其说明。经过一段时间的等待,时间长短与所选的软件包多少及计算机硬件系统的性能有关,但最终会顺利完成安装,如图1-44所示,然后单击"重新引导"按钮重新启动,完成基础安装。

图1-43 实际安装进程

图1-44 完成安装

1.3.5 配置安装后的 RHEL 6.5

Red Hat Enterprise Linux 6.5 的安装与 Windows 操作系统类似，安装好后要重新启动并完成必要的后继设置，如日期设置、时间设置、安全设置、创建用户等。只有经过这些设置以后，RHEL 6.5 才能使用，下面介绍基本安装后的配置工作。

单击"重新引导"按钮后，RHEL 6.5 会重新启动，经过一小段时间的等待，会出现欢迎画面，如图 1-45 所示，然后单击"前进"按钮继续后续配置。

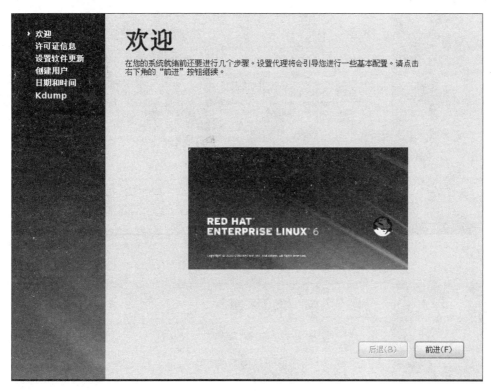

图 1-45 欢迎画面

1. 许可协议配置

Red Hat Enterprise Linux 6.5 在开始后继设置之前会显示一个许可协议，只有选中"是，我同意该许可证协议"单选按钮后才能继续后续配置，如图 1-46 所示。

2. 设置软件更新

接下来就是设置软件更新，这里可以选择连接到红帽网站进行注册或是以后注册，注册成为 Red Hat 用户才能享受它的更新服务。这里选中"不，以后再注册"单选按钮，如图 1-47 所示，并在警告界面中确认不注册。

3. 创建用户

Red Hat Enterprise Linux 6.5 是一个多用户多任务的操作系统，安装系统之后为每个用户创建用户账号并设置用户相应的权限是必不可少的过程。在安装 Linux 时会默认创建超级用户 root 账号，但 root 账号拥有太大的权限，一般在日常使用中尽量不使用 root 用户以防不慎损坏系统，而是为每个用户创建其账号并设置密码，如图 1-48 所示。

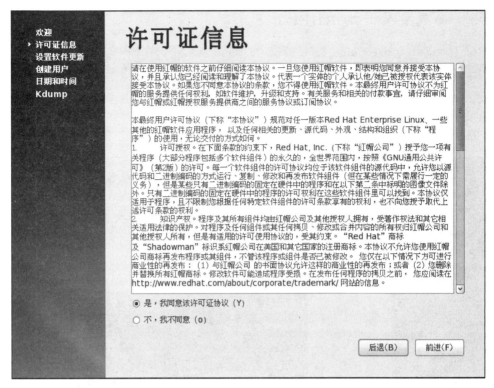

图 1-46　许可证协议

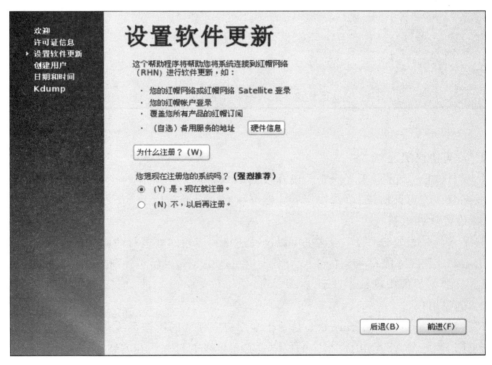

图 1-47　设置软件更新

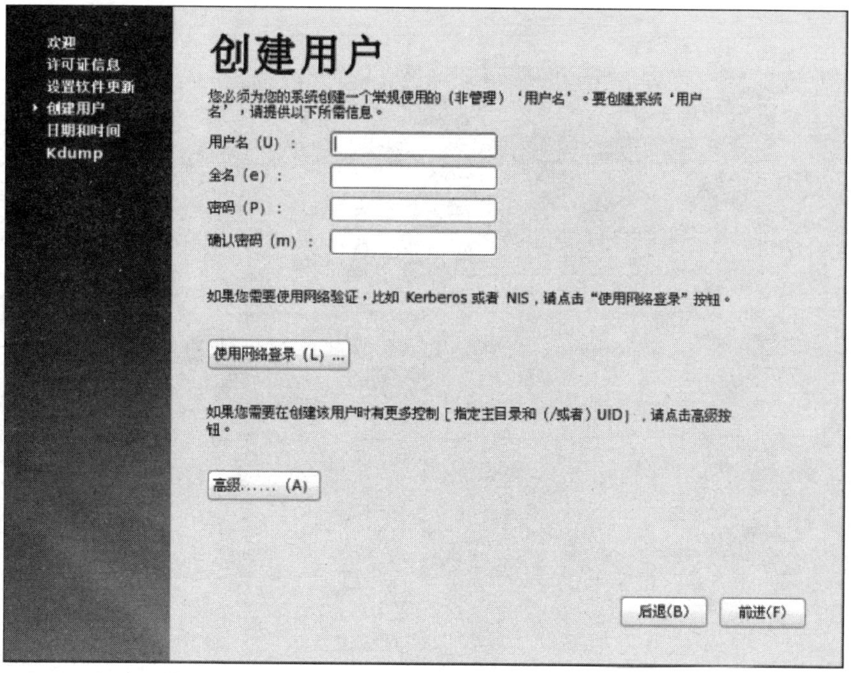

图 1-48 创建用户

4. 设置 Kdump

RHEL 提供了一个崩溃转储功能 Kdump,用于在系统发生故障时提供分析数据。默认情况下是关闭该选项,如果需要打开此项功能,则选中 Enable kdump 来启用它。由于 Kdump 会占用系统内存,所以一般关闭它。设置后出现的登录界面如图 1-49 所示,输入用户名和密码就可以登录系统,出现系统的桌面如图 1-50 所示。

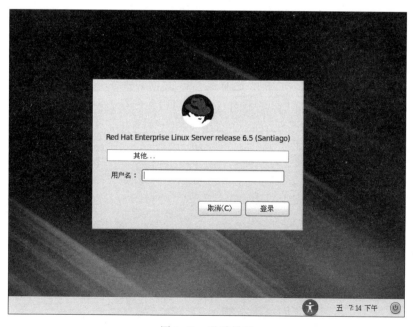

图 1-49 登录界面

图 1-50　系统桌面

项 目 小 结

学习 Linux 操作系统,首先应该对操作系统的基本概念和功能分类有所了解。为了熟悉操作系统的相关知识,本项目首先介绍操作系统的概念、功能、发展和分类。其次,介绍本书主要使用的 Linux 操作系统,详细介绍了 Linux 的发展、结构和版本,Linux 是一种发展很快、功能强大的操作系统,是大、中型企业服务器首选的操作系统,所以本书以 Red Hat Enterprise Linux 6.5 为例介绍 Linux 操作系统的使用。然后,介绍了 VMware 虚拟机的安装、创建虚拟机的操作过程。最后,在创建的虚拟机上详细介绍 Red Hat Enterprise Linux 6.5 操作系统的安装和配置过程。

项目 2　Linux 基础操作

项目目标
- 熟悉 Linux 操作系统的启动流程、登录和退出。
- 熟悉 Linux 操作系统的 shell 终端和命令特点。
- 熟悉 Linux 的目录、文件、进程等常用的基本操作。
- 熟悉 Vi 编辑器的使用。
- 熟悉 Linux 软件包的管理。

本项目主要介绍 Linux 的基本操作,首先介绍并了解 Linux 的启动过程、登录、退出;然后重点介绍 Linux 目录操作、文件操作、进程管理等基本操作命令。

2.1　Linux 的启动、登录与退出

2.1.1　RHEL 6.5 的启动流程

每次开机时系统会自动进行自检操作,然后加载操作系统并完成启动,这是用户使用计算机必经的阶段,下面来介绍 Linux 的详细启动流程。

1. 开机自检、BIOS 初始化阶段

打开计算机的电源后,计算机首先加载基本 I/O 系统 BIOS 进行自检,即所谓的 POST (powdr-on self test),计算机进行一些如内存、键盘、显卡等必要的测试,保证系统正常。其详细过程是首先加载 BIOS 程序,通过 BIOS 程序的运行来加载 CMOS 的信息,并根据 CMOS 的设定值取得主机的硬件配置信息如系统时间、启动设备等。在读取这些信息后,BIOS 进行开机自检 POST,然后执行硬件的初始化工作,按 CMOS 的开机启动顺序进行开机设备的数据读取,读入并执行第一个开机启动设备 MBR 中的 BootLoader 程序,在 RHEL 6.5 系统上就是 GRUB 引导程序。

2. 启动加载器 GRUB

BIOS 找到启动设备后,接下来就是去执行 MBR 引导程序,MBR 位于硬盘的 0 柱面,0 磁道 1 扇区,由主引导程序、磁盘分区表和磁盘有效标志(55AA)3 部分组成,在总共 512B 的 MBR 中留给引导程序的空间仅有 466B。目前的操作系统的内核没有办法挤在这么小的空间内,又能让 BIOS 可以顺利地启动存储于其他位置的操作系统内核,所以人们就编写一个小小的引导程序(bootstrap)存储到启动扇区的前 446B 空间内,然后由它来加载存储到其他位置的操作系统。GRUB 在引导过程中读取/boot/grub/grub.conf 配置文件,根据配置文件的内容来加载相应操作系统的内核,进入内核引导阶段。

3. 内核引导阶段

由引导程序读取内核文件后,由内核负责操作系统启动的前期工作,首先将内核解压缩到主存中,Linux 内核会以自己的功能来重新检测一次硬件,检测硬件与加载驱动程序,内核才开始接管 BIOS 后的工作,然后将根分区以只读的方式挂载,并进一步加载系统的初始化进程 init。

4. init 进程阶段

init 进程是 Linux 操作系统中运行的第一个进程,其进程号(PID)永远为 1,它的主要功能就是准备软件执行的环境,包括系统的主机名、网络配置、文件系统格式、语言及其他服务的启动。该进程读取 init 的配置文件/etc/inittab,根据配置文件设定的开机运行级别 runlevel 来执行相应的启动程序,启动相应的服务,并进入指定的系统运行级别。

RHEL 6.5 系统上的/etc/inittab 文件与以前的版本有很大的不同,从 Linux 6 开始,它只能设置运行级别,其他的功能由新的启动服务 upstart 来代替,upstart 根据系统的相应配置启动相应的服务,执行用户自定义的开机启动脚本。

5. 终端或 X-Window 界面加载

在完成系统所有的服务启动后,Linux 接下来就会启动根据运行级别来启动终端或 X-Window 界面来让用户登录,用户输入账号和密码进行登录,完成系统的启动过程。

2.1.2 Linux 的运行级别

Linux 在启动过程会读取配置文件/etc/inittab 来决定系统的运行级别,运行级别是指操作系统正在运行的功能级别。inittab 文件描述系统启动时和正常运行时所运行的进程。但 RHEL 6.5 系统上/etc/inittab 文件与以前的版本有很大的不同,从 Linux 6 开始,它只能设置运行级别。我们可以使用 cat /etc/inittab 命令来查看 inittab 的内容,如图 2-1 所示。

在图 2-1 中,指定默认的运行级别为 5,这里使用 runlevel 命令来查看系统的当前运行级别如下:

```
[root@localhost ~]# runlevel
N 5
```

可以看到,当前的运行级别为 5 级,可以使用 init 命令,后面跟着运行级别数字作为参数来转换系统的运行级别如下:

```
[root@localhost ~]# init 3
[root@localhost ~]# runlevel
5 3
```

在 Linux 操作系统中,系统的运行级别有 0~6 共 7 个运行级别,在 inittab 文件中,"id:"指定系统的默认运行级别,各个运行级别的含义如下。

(1) 运行级别 0——停机,若将运行级别改为 0,系统开机后将会自动关机,所以不要把系统和默认运行级别设为 0,否则系统无法启动。

(2) 运行级别 1——单用户模式,只有 root 用户可以在控制台上登录系统进行系统维护,其他用户不允许使用主机。

(3) 运行级别 2——字符界面多用户模式,该模式下具有网络连接,但没有网络文件系

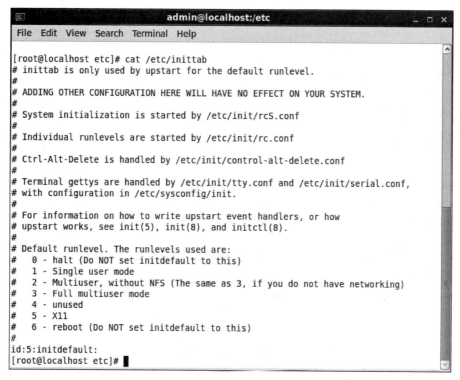

图 2-1 inittab 文件内容

统(network file system,NFS),不能使用 NFS。

(4)运行级别 3——字符界面完全多用户模式,是多数服务器默认的运行模式。

(5)运行级别 4——未分配,属于保留的运行级别。

(6)运行级别 5——图形界面的完全多用户模式,系统初始化为 X-Window 界面,系统开机后会进入图形登录界面,并进入桌面操作环境。

(7)运行级别 6——重新启动,在该模式下,系统开机后会自动重新启动,所以,不要把系统的默认运行级别设置为 6,否则系统不能正常启动。

2.1.3 登录和退出 Linux 操作系统

1. 登录 Linux 操作系统

Linux 操作系统有很强的安全性的多用户系统,用户只有在登录界面下输入账号和密码,登录系统后才能根据权限来使用系统。根据系统的运行级别,其有以下两种登录方式。

(1)图形界面登录。RHEL 6.5 的默认运行级别是 5,其登录界面就是图形登录界面,如图 2-2 所示。输入用户名和密码即可登录系统,并进入 GNOME 桌面。

(2)文本登录模式:如果系统运行级别为 1、2 或 3,系统启动后进入文本登录模式,如图 2-3 所示。在 localhost login:密码后面输入用户名按并按 Enter 键,系统提示输入口令,在 password:后面输入用户相应的密码,密码正确即可进入系统(注意:在 password:后面输入的密码没有显示,只要没有输入错误,输完密码后按 Enter 键即可)。如果密码错误,系统会提示 login incorrect,重新提示 login 来重新输入用户。登录完成后,在命令行下输入 init 5 或 startx 可以进入图形界面。

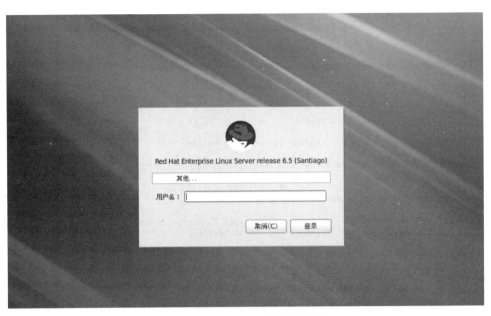

图 2-2　RHEL 6.5 图形登录界面

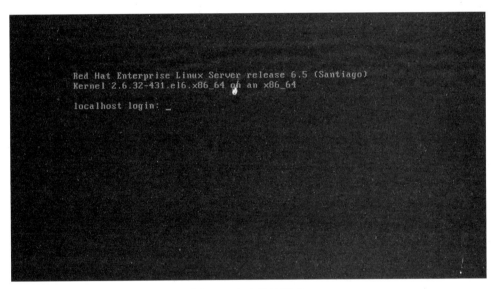

图 2-3　文本登录模式

2. 退出 Linux 操作系统

在关机之前,要先退出系统。退出 Linux 操作系统时,要根据所采用的是图形界面还是文本界面选择不同的退出方法。

(1) 在图形模式下,执行"系统"→"关机"命令来退出系统。

(2) 在文本模式下,在命令行输入 logout 或 shutdown -r now 也可以退出系统。

2.2 Linux 常用命令实训

Linux 虽然有图形操作界面,但其强大的功能和广泛应用模式还是 shell 模式,熟练掌握 shell 下的常用命令对于掌握 Linux 至关重要,本节主要介绍常用 Linux 命令。

2.2.1 Linux 命令的格式与特点

1. Linux 命令的格式

Linux 操作系统中常用的命令行格式如下:

command [options] [arguments]

其中,命令(command)、选项(options)和参数(arguments)之间用空格隔开,command 是命令字,即命令名称,linux 命令行界面中使用的命令字,唯一确定一个命令。options 是命令选项,根据命令的不同,选项 option 的个数和内容也不同。根据要实现的命令功能不同,选项的个数和内容也不同,大多数命令选项可以组合使用,命令选项有短格式和长格式的。短格式就是单个英文字母,选项是使用"-"符号(半角减号符)引导开始选项,字母可以是大写也可以是小写。多个选项 options 可以共用一个"-",如 ls-l-a 与 ls-la 相同,长格式的命令选项使用英义单词表示,选项前用"--"(两个半角减号符)引导开始,如--help。argument 是命令参数,命令参数是命令处理的对象,通常情况下可以是文件名、目录或用户名,文件名说明从哪里获得输入或把输出送至哪里,如果命令没有提供参数,则从标准输入(一般是键盘)接收数据,输出结果显示在标准输出(即显示器)上。选项(options)和参数(arguments)都是可选的,但具有完全不同的意义。选项指定这条指令的执行方式,一个工具(或者说一个命令)通常有多种运行方式,可以在多重环境下运行。指令的选项的作用就是指定指令以何种方式来运行;而参数是指令操作的字符串所代表的数据源,可以是文件、目录、IP 地址、设备名等任何对象,但通常参数应是具有实际意义的字符串。

2. Linux 命令的特点

Linux 命令具有如下特点。

(1) shell 的命令行下的终端提示符会随着登录的用户不同而显示不同的提示符,超级用户的提示符是 #;一般用户的提示符是 $。

(2) Linux 操作系统中的命令是区分字母大小写的。

(3) Linux 操作系统中的命令具有自动补齐功能,即只输入命令的前几个字母,然后按 Tab 键,系统自动补齐该命令,若匹配的命令不止一个,则显示出所有匹配的命令或文件。

(4) 利用向上箭头↑或向下箭头↓,可以查看曾经执行的历史命令,选择需要的历史命令按 Enter 键可以再次执行该命令。

(5) 在一个命令行上可以输入并执行多个命令,多个命令之间用分号来分隔,如 cd /etc; cat inittab。

(6) 如果命令行太长,可以使用反斜杠"\"将一个较长的命令分成多行,以增加命令的可读性。输入"\"后,shell 自动显示提示符">"表示正在等待输入长命令的后续部分。

(7) 在命令后面跟"&"符号表示该命令以后台的方式运行,以释放控制台或终端来运行其他命令。

注意：为方便读者，本书中所有命令行中用户输入的命令和参数均为"加粗斜体"显示。

2.2.2 目录操作命令

1. pwd 命令

功能：显示当前所有工作目录。

格式：pwd。

说明：如果用户不知道系统当前所处的目录，可使用 pwd 命令来显示当前目录。

举例：

```
[root@localhost ~]# pwd
/root
```

2. cd 命令

功能：在不同的目录中切换。

格式：cd ［相对路径或绝对路径］。

说明：用户在登录系统后会处于用户的家目录（$HOME）中，如果用户想切换到其他目录，就可以使用 cd 命令来切换目录，该命令有几个特殊字符表示特定目录，"."表示当前目录，".."表示当前目录的父目录，"-"表示前一个工作目录，"~"表示当前用户的家目录。

举例：

```
[root@localhost ~]# pwd
/root
[root@localhost ~]# cd  /etc; pwd
/etc
[root@localhost etc]# cd  ..; pwd
/

[root@localhost etc]# cd  ~; pwd
/root
```

3. ls 命令

功能：显示目录内容。

格式：ls［选项］［文件名］。

说明：ls 命令用于显示指定目录的内容，其常用选项如表 2-1 所示。

表 2-1 ls 命令的常用选项

常用选项	含 义 说 明
-a	列出包括以"."开头的隐藏文件在内的所有文件及目录
-A	列出除以"."及".."开头外的所有文件和目录
-l	用长格式列出信息，包括权限、所有者、文件大小、修改时间及名称，可用 ll 命令来代替 ls -l
-p	对于目录，在目录后加上"/"的形式来表示目录，如 home/
-i	列出文件的节点（inode）号
-C	分成多列显示各行
-d	如果参数是目录，只显示目录本身，而不是列出目录下的文件

续表

常用选项	含 义 说 明
-F	显示目录下的文件和目录的名称、类型,以"/"结尾表示目录,以"*"结尾表示可执行文件,以@结尾表示符号连接,以"|"结尾表示软连接
-R	递归连同所有子目录的内容一起列出
-S	根据文件的大小排序

举例:

```
[root@localhost ~]# ls -lF
总用量 100
-rw-------. 1 root root  1576 12月 20 22:59 anaconda-ks.cfg
-rw-r--r--. 1 root root 46622 12月 20 22:59 install.log
-rw-r--r--. 1 root root 10033 12月 20 22:55 install.log.syslog
drwxr-xr-x. 2 root root  4096 12月 20 23:03 公共的/
drwxr-xr-x. 2 root root  4096 12月 20 23:03 模板/
drwxr-xr-x. 2 root root  4096 12月 20 23:03 视频/
drwxr-xr-x. 2 root root  4096 12月 20 23:03 图片/
drwxr-xr-x. 2 root root  4096 12月 20 23:03 文档/
drwxr-xr-x. 2 root root  4096 12月 20 23:03 下载/
drwxr-xr-x. 2 root root  4096 12月 20 23:03 音乐/
drwxr-xr-x. 2 root root  4096 12月 20 23:05 桌面/
[root@localhost ~]#
```

4. mkdir 命令

功能:创建目录。

格式:mkdir [选项] 目录名。

说明:mkdir 用于创建一个目录,目录名可以是相对路径或绝对路径。其常用选项如表 2-2 所示。

表 2-2 mkdir 命令的常用选项

常用选项	含 义 说 明
-p	如果要创建的目录的父目录不存在,则连父目录一起创建
-m	建立目录时,同时设置目录的权限
-v	显示执行结果信息

举例:

[root@localhost ~]#*mkdir /home/test1*   //在/home 目录下创建 test1 目录
[root@localhost ~]#*mkdir /test/test1*   //在/test 目录下创建 test1 目录,/test 不存在,出错
[root@localhost ~]#*mkdir -p /test/test1*   //在/目录下先创建 test 目录,然后在其下创
                                          //建 test1

5. rmdir 命令

功能:删除空目录。

格式:rmdir [选项] 目录名。

说明:删除指定的目录,目录名可以是相对路径或绝对路径,但所要删除的目录必须为空才能删除。其常用选项如表 2-3 所示。

表 2-3　rmdir 命令的常用选项

常用选项	含 义 说 明
-p	递归删除目录,当子目录删除后,其父目录为空时,父目录一起删除
-v	对已经删除的目录给出提示信息,显示执行结果信息

举例:删除上例创建的/home/下的 test1 目录和/test 目录。

```
[root@localhost ~]#rmdir   /home/test1    //删除/home 目录下的 test1 目录
[root@localhost ~]# rmdir  /test/         //删除/test 目录,/test 目录不空,删除出错
[root@localhost ~]# cd  /                 //切换到根目录/

[root@localhost /]#rmdir  - p  test/test1   //递归删除 test 目录下的 test1 目录,然后删
                                            //除/test 目录
```

2.2.3　文件操作命令

1. touch 命令

功能:用于改变文件或目录的访问时间及修改时间。

格式:touch [选项] 文件名或目录名。

说明:将文件或目录的访问时间和修改时间改为当前时间,如果文件名不存在,将会创建空文件,除非使用-c 或-h 选项。其常用选项如表 2-4 所示。

表 2-4　touch 命令的常用选项

常用选项	含 义 说 明
-a	只更改访问时间
-c	不创建任何文件
-d	使用指定字符串表示的时间而非当前时间
-h	只会影响符号链接本身,而非符号链接所指的目的文件
-m	只更改修改时间
-t	使用[[CC]YY] MMDDhhmm[.ss]格式时间,而非当前时间

举例:

```
[root@localhost ~]#touch testa    //如果当前目录下不存在 testa 文件,则新建空 testa 文
                                  //件,如果 testa 文件存在,则修改其访问和修改时间为当前时间
[root@localhost ~]#touch d 20141222 testa   //testa 文件的访问和修改时间为 2014 年 12 月
                                            //22 日
```

2. cat 命令

功能:显示文件内容或合并多个文件为一个文件。

格式:cat [选项] 文件名。

说明:cat 命令通常用于滚屏显示文件的内容,cat 命令的输出内容不能够分页显示,查看超过一屏的文件内容要使用 more 或 less 等其他命令。若在 cat 命令中没有指定参数,则从标准输入(键盘)获取内容,cat 命令还可以将多个文件合并为一个文件。其常用选项如表 2-5 所示。

表 2-5 cat 命令的常用选项

常用选项	含 义 说 明
-n	从 1 开始对输出的所有行编号,包括空行
-b	与-n 类似,只不过对空行不编号
-s	不输出多行空行,仅输出一行空白行
-E	在每行结束处显示 $
-T	将制表符(Tab)显示为^I

举例:

[root@localhost ~]# *cat /etc/inittab*   //显示系统初始化配置文件/etc/inittab.
[root@localhost ~]# *cat test1 test2 >test*   //将 test1 和 test2 文件的内容合并到新的文件
                                              //test
[root@localhost ~]# *cat-ns /etc/fstab*   //显示/etc/fstab 文件内容,在每行前加行号,
                                           //多于两行的空行仅显示一空行

3. more 命令

功能:逐页显示文件内容。

格式:more [选项] 文件名。

说明:more 命令常用于分屏显示文件内容,执行 more 命令后,进入 more 状态,按 Enter 键下移一行,按 Space 键下移一页,按 q 键退出。其常用选项如表 2-6 所示。

表 2-6 more 命令的常用选项

常用选项	含 义 说 明
-d	在屏幕下方提示"Press space to continue, 'q' to quit"信息
-l	取消遇到特殊字元^L 时会暂停的功能
-f	计算行数时按实际的行数,而非自动换行后的行数
-p	不以滚动的方式显示每页,而是先清屏后再显示内容
-c	与-p 相似,只是先显示内容再清除其他旧资料
-s	当遇到连续两行以上的空白行时,只显示为一行空白行
-u	不显示下引号
+num	num 是个数字,指定从文件的第 num 行开始显示
-num	用来指定分页显示时每页的行数

举例:

[root@localhost ~]# *more /etc/inittab*   //分屏显示系统初始化配置文件/etc/
                                              //inittab
[root@localhost ~]# *more -10 +3 /etc/inittab* //从第三行开始,每页 10 行分屏显示系
                                                //统初始化配置文件/etc/inittab

4. less 命令

功能:逐页显示文件内容。

格式:less [选项] 文件名。

说明:less 命令是 more 命令的改进版,more 命令只能向下翻页,less 命令可以向上、向下翻页和左右移动。执行 less 命令后进入 less 状态,按 Enter 键向下移动一行,按 Space

键向下移动一页,按 b 键向上移动一页,按 q 键退出。less 命令还支持在文本文件中进行快速查找,按/键,再输入查找内容,less 命令在文本文件中进行快速查找,并把第一个找到的目标高亮显示,less 命令的功能更加强大。其常用选项如表 2-7 所示。

表 2-7 less 命令的常用选项

常用选项	含 义 说 明
-i	搜索时忽略大小写,但搜索串中包含大写字母除外
-I	搜索时忽略大小写,但搜索串中包含小写字母除外
-f	强制打开文件,二进制文件也不提出警告
-c	从上到下刷新屏幕,而不是通过底部滚动完成刷新
-m	显示读取文件的百分比
-M	显示读取文件的百分比、行号及总行数
-N	在每行前输入行号
-s	把连续多个空白行当作一个空白行显示
-Q	在终端下不响铃

举例:

[root@localhost ~]# **less /etc/inittab**   //分屏显示系统初始化配置文件/etc/inittab.
[root@localhost ~]# **less-N /etc/inittab** //分屏显示系统初始化配置文件/etc/inittab,
                                             //在每行前显示行号.

5. mv 命令

功能:文件或目录的移动或更名。

格式:mv [选项] 源文件或目录 目标文件或目录。

说明:将源文件或目录重命名为目录文件或目录,或将源文件移到指定目录。其常用选项如表 2-8 所示。

表 2-8 mv 命令的常用选项

常用选项	含 义 说 明
-i	覆盖前询问,若目标文件或目录存在,提示是否覆盖目标文件或目录
-f	强制覆盖,无论目标文件或目录是否存在,直接覆盖目标不提示
-b	若需要覆盖文件,覆盖前先进行备份
-u	只在源文件比目标新,或目标文件不存在时才进行移动
-v	详细显示执行时的信息
-n	不覆盖已经存在的文件

举例:

[root@localhost ~]# **mv test1 /home/fest**   //移动当前目录下的 test1 文件到/home/fest/
                                              //目录下
[root@localhost ~]# **mv /home/fest/test1 /usr/test.txt**   //将/home/fest/test1 文件移动
                                                              //到/usr/目录下,并更名为新文件名 test.txt

6. rm 命令

功能:删除文件或目录。

格式：rm ［选项］文件名或目录名。

说明：rm 命令用于删除文件或目录，默认情况下，rm 不会删除目录，必须使用-r 或-R 选项才会删除目录及其下的内容。其常用选项如表 2-9 所示。

表 2-9　rm 命令的常用选项

常用选项	含 义 说 明
-f	强制删除，忽略不存在的文件，不提示确认
-i	在删除时进行确认
-I	在删除超过 3 个文件或进行递归删除前要求确认
-r	递归删除目录及其内容
-R	与-r 一样，递归删除目录及其内容
-v	详细显示进行的步骤

举例：

[root@localhost ~]# *rm /home/fest/* *　　//删除/home/fest/目录下的所有文件
[root@localhost ~]# *rm -r /home/fest/* *　　//将/home/fest/下的所有内容，包括子目录删除

7. cp 命令

功能：复制文件或目录。

格式：cp ［选项］源文件或目录　目标文件或目录。

说明：将源文件复制到目标文件，或将多个源文件复制至目标目录。其常用选项如表 2-10 所示。

表 2-10　cp 命令的常用选项

常用选项	含 义 说 明
-a	等同于-dpr，常在复制目录时使用，保留链接、文件属性等
-f	如果目标文件或目录存在，强制覆盖复制，而不提示确认
-i	如果目标文件或目录存在，提示是否覆盖已有的文件
-r	递归复制目录，即包含该目录下的各级子目录的内容
-R	与-r 一样，递归复制目录及其子目录的内容
-n	不要覆盖已经存在的文件

举例：

[root@localhost ~]# *cp test1 /home/fest/* //将当前目录下的 test1 文件复制到/home/fest/
　　　　　　　　　　　　　　　　　　　　　　　//目录下
[root@localhost ~]# *cp -r /home/* */bak* //将/home//下的所有内容包括子目录递归复制
　　　　　　　　　　　　　　　　　　　　　　//到/bak 目录中

8. ln 命令

功能：创建文件的链接。

格式：ln ［选项］ 源文件或目录　新建的链接名。

说明：为文件建立在其他路径中的访问链接，Linux 的链接有硬链接和软链接之分。硬链接是通过索引节点（Inode Index）来进行的连接，多个文件名可以指向同一个索引节点，硬链接文件完全等同于原文件，原文件名和链接文件都指向相同的物理地址，ln 命令默

认是建立硬链接。其常用选项如表 2-11 所示。

表 2-11　ln 命令的常用选项

常用选项	含 义 说 明
-b	链接时会对已存在的目标文件创建备份文件
-d 或 -F	创建指向目录的链接(只适用于超级用户),不能创建指向目录的硬链接,只能与-s 连用,创建软链接
-i	删除文件前进行确认
-L	将硬链接创建为符号链接引用
-s	创建符号链接,而不是硬链接
-n	如果目的地是一个链接到某目录的符号链接,会将该符号链接当作普通文件

举例:

```
[root@localhost ~]# ln  - sd /home/fest/  test  //在当前目录下创建一个软链接指向
                                                //home/fest/目录
[root@localhost ~]# ln  /etc/inittab  initab  //在当前目录下创建指向将/etc//下的
                                              //inittab 文件的硬链接
[root@localhost ~]# ls  /etc/inittab  initab
- rw - r - - r - -  2  root  root  884  12 月  21 21:20  /etc/inittab
- rw - r - - r - -  2  root  root  884  12 月  21 21:20  inittab
```

9. find 命令

功能:查找文件或目录。

格式:find　[路径][匹配表达式]。

说明:find 命令提供了许多查找条件,功能相当强大,允许按文件名、文件的类型、用户等条件来查找文件,该命令从[路径]指定的起始目录开始,递归地向下搜索其各子目录,查找满足条件的文件,并对其采取相关的操作。其常用选项如表 2-12 所示。

表 2-12　find 命令的常用选项

常用选项	含 义 说 明
-name filename	按文件名来查找文件
-user username	按文件属主 username 来查找文件
-group groupnam	按文件所属的组 groupnam 来查找文件
-perm mode	按文件的权限来查找文件,必须以八进制形式给出访问权限
-type filetype	按文件的类型来查找文件,f 为普通文件,c 为字符设备文件,b 为块设备文件,l 为链接文件,d 为目录,p 为管道文件
-size n	按文件的大小来查找文件,n 为文件有块数,每块等于 512 字节,带有 c 时表示文件的长度按字符计
-exec command	对匹配的文件执行 command 命令,命令的形式为"命令 { }\;"
-empty	用于查找空文件

举例:

```
[root@localhost ~]# find  /etc  -name  " * .txt" //查找在目录下的 txt 文件
[root@localhost ~]# find  /etc  - type  l        //在/etc 目录下按类型查找所有符号链接
```

```
[root@localhost ~]# find . -type f -perm u=rw -exec ls-l {} \\;//查找当前目
                                                    //录下权限u=rw的普通文件,并按长格式列出
[root@localhost ~]# find /home -empty          //查找/home目录下的空文件
```

10. locate 命令

功能：查找包含关键字的文件或目录。

格式：locate ［选项］ ［关键字］。

说明：locate 命令相当于 find -name 的功能,将文件名或目录名中包含有此关键字的路径全部显示出来。其常用选项如表 2-13 所示。

表 2-13 locate 命令的常用选项

常用选项	含 义 说 明
-d	指定资料库的路径
-b	指定搜索的数据库
-h	显示帮助信息
-e	指定查找的范围,仅显示当前存在的文件
-c	仅显示找到的个数
-n	至多显示 n 个输出
-i	忽略大小写
-r	使用正则表达式做查找条件

举例:

```
[root@localhost ~]# locate .txt           //显示包含有.txt 文件的路径
[root@localhost ~]# locate -n 12 open     //显示包含有.txt 文件的路径,至多显示12条输出
[root@localhost ~]# locate -c open        //显示出包含 open 串的个数
[root@localhost ~]# locate -ic OPEN       //忽略大小写查找包含 OPEN 文件的个数
```

11. whereis 命令

功能：查找命令的可执行文件所在的位置。

格式：whereis ［选项］ 命令名称。

说明：whereis 命令用于查找一个命令的完整路径、别名和说明文件,只能用于程序名的搜索。其常用选项如表 2-14 所示。

表 2-14 whereis 命令的常用选项

常用选项	含 义 说 明
-f	不显示文件名前的路径
-b	指定搜索二进制文件
-m	只查找说明文件
-s	只查找源代码文件
-B	只在设置的目录下查找二进制文件
-M	只在设置的目录下查找说明文件
-S	只在设置的目录下查找源代码文件
-u	查找不包含指定类型的文件

举例：

```
[root@localhost ~]# whereis  rpm              //查找 rpm 命令的位置
[root@localhost ~]# whereis  -m pstree        //查找 pstree 说明文件的位置
[root@localhost ~]# whereis  -b  reboot       //查找 reboot 命令的二进制文件的位置
```

12. which 命令

功能：显示一个命令的完整路径与别名。

格式：which 命令名称。

说明：which 命令用于查找一个命令的完整路径和别名，在用户环境 PATH 变量指定的路径中，搜索指定系统命令的位置，并且返回第一个搜索结果。其常用选项如表 2-15 所示。

表 2-15 which 命令的常用选项

常用选项	含 义 说 明
-a	显示出路径中所有匹配的位置，而不是仅第一结果
-i	从标准输入读别名列表

举例：

```
[root@localhost ~]# which  rpm         //查找 rpm 命令的位置
[root@localhost ~]# which  pstree      //查找 pstree 命令的位置
[root@localhost ~]# which  reboot      //查找 reboot 命令的位置
```

13. whatis 命令

功能：显示命令简介。

格式：whatis 命令名。

说明：whatis 命令用于获取命令的简介，它从某个程序的使用手册中抽出一行简单的介绍，帮助用户迅速了解这个命令的具体功能。

举例：

```
[root@localhost ~]# whatis  rpm        //显示 rpm 命令的简介
[root@localhost ~]# whatis ls          //显示 ls 命令的简介
[root@localhost ~]# whatis  pstree     //显示 pstree 命令的简介
```

14. diff 命令

功能：比较两个文件的不同。

格式：diff 源文件 目标文件。

说明：diff 命令一行一行地比较两个文件的不同。其常用选项如表 2-16 所示。

表 2-16 diff 命令的常用选项

常用选项	含 义 说 明
-a	将所有文件当作文本文件处理
-b	忽略空格造成的不同
-B	忽略空行造成的不同
-q	只报告不同的地方，不报告具体的不同信息
-i	忽略大小写的变化
-w	忽略所有空格
-r	递归地比较所有子目录

举例：

```
[root@localhost ~]#diff   file1   file2      //比较 file1 与 file2 的不同
[root@localhost ~]#diff  -q  file1   file2   //比较 file1 与 file2 的不同
[root@localhost ~]#diff  - iBb file1 file2   //比较 file1 与 file2 的不同,忽略大小写、空格
                                             //和空行
```

15．chmod 命令

功能：修改文件或目录的权限。

格式：chmod ［选项］模式[,模式] 文件 或 chmod ［选项］八进制模式 文件。

说明：chmod 命令的模式字符串设定相应的权限,每种模式都应属于[ugoa]*([-+=]([rwxX]*|[ugo]))+形式。其中,u 表示档案的拥有者,g 表示与该档案拥有者的同一组者,o 表示其他的人,a 表示上述三者都是；+ 表示增加权限,- 表示取消权限,= 表示唯一设定权限；r 表示可读取,w 表示可写入,x 表示可执行,X 表示只有当该档案是个子目录或该档案已经被设定过为可执行。其常用选项如表 2-17 所示。

表 2-17 chmod 命令的常用选项

常用选项	含 义 说 明
-R	以递归方式更改所有的文件及子目录
-f	去除大部分的错误信息
-v	为处理的所有文件显示诊断信息

举例：

```
[root@localhost ~]#chmod   ugo+r file1.txt //将档案 file1.txt 设为所有人皆可读取
[root@localhost ~]# chmod ug+w,o-w file1.txt file2.txt //将档案 file1.txt 与 file2.txt
             //设为该档案拥有者,与其所属同一个群体者可写入,但其他以外的人则不可以写入
[root@localhost ~]#chmod 777 file //效果与 chmod a=rwx file 相同,将 file 权限设定为所有
             //人都可读,可写,可执行
```

16．chown 命令

功能：修改文件或目录的所有者和/或所属的组。

格式：chown ［选项］［所有者][:[组]] 文件。

说明：chown 命令修改文件或目录的所有者和/或所属的组,如果没有指定所有者,则不会更改。所属组若没有指定也不会更改,但当加上":"时,GROUP 会更改为指定所有者的主要组。所有者和所属组可以是数字或名称。其常用选项如表 2-18 所示。

表 2-18 chmod 命令的常用选项

常用选项	含 义 说 明
-R	以递归方式更改所有的文件及子目录
-h	会影响符号链接本身,而非符号链接所指示的目的地(当系统支持更改符号链接的所有者时,此选项才有用)
-f	去除大部分的错误信息
-v, --verbose	为处理的所有文件显示诊断信息

举例：

[root@localhost ~]# **chown admin:root file1.txt** //将文件 file1.txt 属主改为 admin,同时也
　　　　　　　　　　　　　　　　　　　　　　　　　　　//将其属组更改为 root
[root@localhost ~]# **chown - R admin:root *** //将当前目录和子目录下的所有文件和目录
　　　　　　　　　　　　　　　　　　　　　　　　　　//的属主改为 admin,同时也将其属组更改为 root

17. tar 命令

功能：将多个文件一起保存至一个单独的磁带或磁盘归档,并能从归档中单独还原所需文件。

格式：tar ［选项］ 归档文件 源文件。

说明：tar 命令将多个文件一起保存至一个单独的磁带或磁盘归档,并能从归档中单独还原所需文件,当使用 j 或 z 选项时可以归档,同时还可以对文件进行压缩。其常用选项如表 2-19 所示。

表 2-19 chmod 命令的常用选项

常用选项	含 义 说 明
-A	将文件追加至现有的 tar 归档包中
-c	创建一个新 tar 归档包
-d	比较 tar 包中存档与当前文件的差异
-r	追加文件至 tar 归档包的末尾
-t	列出 tar 归档包的内容
-x	从 tar 归档包中解出文件
-f	使用归档文件或 ARCHIVE 设备
-j	使用 bzip2 或 bunzip2 来压缩或解压 tar 归档包,扩展名为.tar.bz2
-z	使用 gzip 或 bunzip 来压缩或解压 tar 归档包,扩展名为.tar.gz
-v	详细地列出处理的文件
--delete	从非磁带归档中删除

举例：

[root@localhost ~]# **tar - cf archive.tar foo bar**   //从文件 foo 和 bar 创建归档文件
　　　　　　　　　　　　　　　　　　　　　　　　　　　//archive.tar
[root@localhost ~]# **tar - tvf archive.tar**   //详细列举归档文件 archive.tar
[root@localhost ~]# **tar - xf archive.tar**   //展开归档文件 archive.tar
[root@localhost ~]# **tar -- delete - f archive.tar abc.txt** //从归档文件 archive.tar 中
　　　　　　　　　　　　　　　　　　　　　　　　　　　　　　　//删除文件 abc.txt

18. gzip/gunzip 命令

功能：压缩或解压缩文件。

格式：gzip ［选项］ ［文件］。

说明：chmod 命令压缩或解压缩文件,文件名为.gz,默认是压缩。这两个命令采用的是 Lempel-Ziv 算法,而不是 ZIP 算法,当没有给出文件或文件处是"-"时,从标准输入中读取。其常用选项如表 2-20 所示。

表 2-20 chmod 命令的常用选项

常用选项	含 义 说 明
-r	表示压缩时包含子目录中的内容
-t	检验压缩文件的完整性
-v	压缩时显示正在压缩的文件名和压缩比等信息
-d	解压缩,相当于 gunzip 命令
-1	表示压缩速度最快,压缩率最低
-9	表示压缩率最高,压缩速度最慢

举例:

```
[root@localhost ~]# gzip -5v file1.txt      //将 file1.txt 文件以中等压缩率进行压缩,并
                                            //显示详细信息
[root@localhost ~]# gzip -dv xt.gz          //将 file1.txt.gz 进行解压,相当于用命令
                                            //gunzip -v file1.txt.gz
```

2.2.4 系统信息命令

系统信息命令是指用来显示和设置各种系统信息的命令。

1. uname 命令

功能:显示计算机及操作系统的相关信息。

格式:uname [选项]。

说明:uname 命令显示计算机和操作系统的相关信息,包括操作系统的版本、硬件的类型、型号、名称等。其常用选项如表 2-21 所示。

表 2-21 uname 命令的常用选项

常用选项	含 义 说 明
-a	显示全部信息
-m	显示计算机的硬件架构名称
-n	输出节点上的主机名
-r	输出内核的发行号
-s	输出内核的名称
-v	输出内核版本
-i	输出硬件平台或 unknow
-p	输出处理器类型或 unknow
-o	输出操作系统名称

举例:

```
[root@localhost ~]# uname -a        //显示所有信息
[root@localhost ~]# uname -n        //显示网络节点名称
[root@localhost ~]# unme -o         //显示操作系统名称
```

2. dmesg 命令

功能:显示系统诊断信息、操作系统版本号、物理内存大小及其他信息。

格式:dmesg[选项]。

说明：dmesg 命令用于诊断和控制系统内核环形缓冲，显示系统诊断信息、操作系统版本号、物理内存大小及其他信息。其常用选项如表 2-22 所示。

表 2-22 dmesg 命令的常用选项

常用选项	含 义 说 明
-c	输出后清空环形缓冲区
-r	输出原始消息缓存
-s bufsize	使用 bufsize 大小的缓冲区来查询内核环形缓冲，默认是 16392
-n level	设置控制台日志消息级别

举例：

[root@localhost ~]# ***dmesg | more***   //分页显示所有信息

3. df 命令

功能：查看文件系统中各个分区的使用情况。

格式：df [选项]

说明：df 命令显示每个文件系统的信息，默认显示所有文件系统。其常用选项如表 2-23 所示。

表 2-23 df 命令的常用选项

常用选项	含 义 说 明
-a	显示所有文件系统信息
-i	显示 inode 信息而不是块使用量
-k	块的大小为 1KB
-l	只显示本机的文件系统
-t	只显示指定文件系统为指定类型的信息
-x	只显示非指定类型的文件系统的信息

举例：

```
[root@localhost ~]# df  //显示所有文件系统信息
Filesystem                   1K-blocks    Used   Available Use%  Mounted on
/dev/mapper/VolGroup-lv_root  36744792  3505684  31372564  11%   /
tmpfs                           953788      224    953564   1%   /dev/shm
/dev/sda1                       495844    40075    430169   9%   /boot
[root@localhost ~]# df -i
Filesystem                      Inodes    IUsed     IFree IUse%  Mounted on
/dev/mapper/VolGroup-lv_root   2334720   103573   2231147   5%   /
tmpfs                           238447        5    238442   1%   /dev/shm
/dev/sda1                       128016       39    127977   1%   /boot
```

4. hostname

功能：hostname 用来显示或设置当前系统的主机名。

格式：hostname [选项]。

说明：hostname 命令可以用来显示或设置主机名，主机名是许多网络应用程序用来标识主机的,可以显示长、短主机名及 IP 地址等。其常用选项如表 2-24 所示。

表 2-24 hostname 命令的常用选项

常用选项	含 义 说 明
-s	显示短主机名
-a	显示主机别名
-d	显示 DNS 域名
-i	显示主机的 IP 地址
-f	显示长主机名(FQDNS)
-F <文件名>	从指定文件读取主机名或 NIS 域名

举例:

[root@localhost ~]# ***hostname***
localhost.localdomain
[root@localhost ~]# ***hostname -i***
127.0.0.1 127.0.0.1
[root@localhost ~]# ***hostname -d***
[root@localhost ~]# ***hostname -a***
localhost.localdomain localhost4 localhost4.localdomain4 localhost.localdomain localhost6 localhost6.localdomain6
[root@localhost ~]# ***hostname rhelserver6.5***   //设置新主机名为 rhelserver6.5
[root@localhost ~]# ***hostname***   //显示更改后的主机名
rhelserver6.5

5. free 命令

功能:free 命令用来查看系统内存、虚拟内存的大小及使用情况。

格式:free [选项]。

说明:free 命令显示每个文件系统的信息,默认显示所有文件系统。其常用选项如表 2-25 所示。

表 2-25 free 命令的常用选项

常用选项	含 义 说 明
-b,-k,-m,-g	以字节、千字节、兆字节或吉字节显示内存信息
-l	显示详细低端、高端内存统计
-t	显示 RAM 和交换区总大小
-s	每延迟特定时间更新显示
-c	更新指定次数
-V	显示版本信息

举例:

```
[root@localhost ~]# free
             total       used       free     shared    buffers     cached
Mem:       1907576     746384    1161192          0      83996     255640
-/+ buffers/cache:     406748    1500828
Swap:      4095992          0    4095992
```

```
[root@localhost ~]# free -V
procps version 3.2.8
[root@localhost ~]# free  -t
                total       used       free     shared    buffers     cached
Mem:          1907576     746384    1161192          0      83996     255644
-/+ buffers/cache:         406744    1500832
Swap:         4095992          0    4095992
Total:        6003568     746384    5257184
```

6. date 命令

功能：date 命令用来查看系统当前的日期和时间，也可以设置系统日期时间。

格式：date [选项]。

说明：以给定的格式显示当前时间，或是设置系统日期。其常用选项如表 2-26 所示。

表 2-26　date 命令的常用选项

常用选项	含义说明
-d	显示指定字符串所描述的时间，而非当前时间
-f	类似--d，从日期文件中按行读入时间描述
-r	显示指定文件的最后修改时间
-R	以 RFC 2822 格式输出日期和时间
-s	使用指定时间格式的字符串设置系统日期
-V	显示版本信息并退出

举例：

```
[root@localhost ~]# date
2020 年 12 月 28 日 星期一 20:56:20 CST
[root@localhost ~]# date  -d 11/11/2020
2020 年 11 月 11 日 星期三 00:00:00 CST
[root@localhost ~]# date  -s  11/11/2020
[root@localhost ~]# date  122820562020
2020 年 12 月 28 日 星期一 20:56:20 CST
```

7. cal 命令

功能：cal 命令用于显示指定的月份或年份的日历。

格式：cal。

说明：cal 是 calendar 的缩写，以一周 7 天为一行显示指定的月份或年份的日历。其常用选项如表 2-27 所示。

表 2-27　cal 命令的常用选项

常用选项	含义说明
-j	显示给定月中的每天是一年中的第几天（从 1 月 1 日算起）
-y	显示整年的日历

举例：

```
[root@localhost ~]# cal
```

```
   十二月  2020
 日   一   二   三   四   五   六
         1   2   3   4   5
  7   8   9   10  11  12  13
 14  15  16  17  18  19  20
 21  22  23  24  25  26  27
 28  29  30  31
```

8. clock 命令

功能：clock 命令用于从计算机硬件获得日期和时间。

格式：clock。

说明：clock 命令查询和设置计算机硬件的时钟，Linux 时钟分为系统时钟和硬件时钟。系统时钟是指当前 Linux 内核中的时钟，硬件时间是计算机 CMOS 中的时间。其常用选项如表 2-28 所示。

表 2-28 clock 命令的常用选项

常用选项	含 义 说 明
-h	显示帮助信息
-r	读取硬件时钟并显示
-s	从硬件时钟来设置系统时钟
-w	把系统时钟保存为硬件时钟
-c	周期地比较系统的时钟与硬件 CMOS 时间
-v	将 hwclock 版本信息显示到标准输出设备
-u	硬件时钟保持为 UTC
-D	进入调试模式

举例：

```
[root@localhost ~]# clock
2020 年 12 月 28 日 星期一    09 时 49 分 59 秒    -0.342488 seconds
[root@localhost ~]# clock -r
2020 年 12 月 28 日 星期一    09 时 50 分 41 秒    -0.908928 seconds
[root@localhost ~]# clock -s
[root@localhost ~]# date
2020 年 12 月 28 日 星期一    09:51:08 CST
```

2.2.5 进程管理命令

进程是程序在一个数据集上的一次具体的执行过程，每个进程都有唯一的称为进程号的整数编号，系统通过进程号(process ID，PID)来调度和控制进程。如前所述，Linux 操作系统启动时，系统的最原始进程是 init 进程，其进程号总是 1，由 init 进程来创建系统启动所需的其他进程。Linux 操作系统是一个真正多用户、多任务的操作系统，可以同时高效地执行多个进程。为了更好地协调这些进程的执行，需要对进程进行管理。进程管理类命令用于显示、管理和控制进程。

1. ps 命令

功能：显示系统中进程的信息。

格式：ps [选项]。

说明：ps 是 process status 的缩写，命令显示系统中的进程信息，包括进程号、进程的终端、执行时间和命令等，根据选项的不同，可列出全部或部分进程，无选项时只显示从当前终端上启动的进程或当前用户的进程。其常用选项如表 2-29 所示。

表 2-29　ps 命令的常用选项

常用选项	含义说明
-a	显示当前终端的进程（包含其他用户的）
-u	按用户名显示所有进程信息
-A	显示所有进程信息
-l	以长格式方式显示信息
-e	与 -A 相同，显示所有进程信息
-f	显示进程的父进程

举例：

[root@localhost ~]# **ps -l**
F S   UID   PID PPID C PRI NI ADDR SZ WCHAN TTY   TIME CMD
0 S   0 3313 3061 0 80   0 - 27084 wait   pts/1   00:00:00 bash
4 R   0 5752 3313 0 80   0 - 27032 -   pts/1   00:00:00 ps
[root@localhost ~]# **ps -f**
UID   PID PPID C STIME TTY   TIME CMD
root   3313 3061 0 17:24 pts/1   00:00:00 /bin/bash
root   5771 3313 0 22:46 pts/1   00:00:00 ps -f

2．pstree 命令

功能：显示进程树。

格式：pstree [选项]。

说明：pstree 是 process status tree 的缩写，该命令以树状方式显示系统中进程的父子关系。其常用选项如表 2-30 所示。

表 2-30　pstree 命令的常用选项

常用选项	含义说明
-a	显示每个进程的完整命令，包含路径、参数等
-c	使用精简标识法，即不压缩雷同的子树
-h	高亮显示当前进程及其祖先
-l	不截断长行，以长列格式显示树状图
-n	输出按进程号排序
-p	显示进程号；隐含 -c
-u	显示用户名
-U	使用 UTF-8（Unicode）划线符
-V	显示版本信息
-Z	显示 SELinux 安全环境
进程号	从"进程号"开始，默认是 1（init）
用户	仅显示以该"用户"的进程为根的进程树

举例:

```
[root@localhost ~]# pstree -a
init
├─NetworkManager --pid-file=/var/run/NetworkManager/NetworkManager.pid
├─abrtd
├─acpid
├─atd
├─auditd
│  └─{auditd}
├─automount --pid-file /var/run/autofs.pid
│  ├─{automount}
│  ├─{automount}
│  ├─{automount}
│  └─{automount}
├─bluetoothd --udev
```

3. top 命令

功能:对系统处理器实时状态监视,实时监视进程的状况。

格式:top [选项]。

说明:top 命令提供了对系统处理器的实时状态监视功能,显示系统中活跃的进程列表,可以按 CPU、内存及进程的执行时间进行排序,随系统进程状态变化动态地全屏显示系统进程状态信息,若在前台运行,它将独占前台直到用户终止该命令为止,它是 Linux 下常用的系统性能分析工具。其常用选项如表 2-31 所示。

表 2-31　top 命令的常用选项

常用选项	含 义 说 明
-c	显示整个命令行,而不是只显示命令名
-d	指定每次屏幕信息刷新的时间间隔
-i	不显示任何闲置或僵死进程
-p	指定进程 ID 来监控某个进程的状态
-q	top 命令没有任何延迟地进行刷新
-s	top 命令在安全模式下运行
-S	指定累计模式
-u 或-U	监视指定用户的进程

举例:

```
[root@localhost ~]# top -u root
top - 10:32:24 up 58 min,  2 users,  load average: 0.08, 0.02, 0.01
Tasks: 185 total,   1 running, 184 sleeping,   0 stopped,   0 zombie
Cpu(s):  2.4%us,  0.3%sy,  0.0%ni, 96.6%id,  0.0%wa,  0.3%hi,  0.3%si,  0.0%st
Mem:   1907576k total,   599456k used,  1308120k free,    26448k buffers
Swap:  4095992k total,        0k used,  4095992k free,   215280k cached

  PID USER      PR  NI  VIRT  RES  SHR S %CPU %MEM    TIME+  COMMAND
 2388 root      20   0  198m  37m 9100 S  3.0  2.0   0:36.19 Xorg
 3001 root      20   0  340m  16m  11m S  1.7  0.9   0:11.18 gnome-terminal
 3393 root      20   0 15036 1308  952 R  0.7  0.1   0:00.28 top
```

```
1415 root      20   0   185m  4584  3632 S   0.3   0.2   0:07.90 vmtoolsd
2689 root      20   0   366m  30m   21m  S   0.3   1.6   0:13.37 vmtoolsd
   1 root      20   0   19356 1536  1228 S   0.0   0.1   0:10.58 init
   2 root      20   0   0     0     0    S   0.0   0.0   0:00.01 kthreadd
   3 root      RT   0   0     0     0    S   0.0   0.0   0:00.00 migration/0
   4 root      20   0   0     0     0    S   0.0   0.0   0:00.16 ksoftirqd/0
   5 root      RT   0   0     0     0    S   0.0   0.0   0:00.00 migration/0
   6 root      RT   0   0     0     0    S   0.0   0.0   0:00.01 watchdog/0
   7 root      20   0   0     0     0    S   0.0   0.0   0:04.15 events/0
   8 root      20   0   0     0     0    S   0.0   0.0   0:00.00 cgroup
   9 root      20   0   0     0     0    S   0.0   0.0   0:00.01 khelper
  10 root      20   0   0     0     0    S   0.0   0.0   0:00.00 netns
  11 root      20   0   0     0     0    S   0.0   0.0   0:00.00 async/mgr
  12 root      20   0   0     0     0    S   0.0   0.0   0:00.00 pm
  13 root      20   0   0     0     0    S   0.0   0.0   0:00.07 sync_supers
  14 root      20   0   0     0     0    S   0.0   0.0   0:00.03 bdi-default
  15 root      20   0   0     0     0    S   0.0   0.0   0:00.00 kintegrityd/0
  16 root      20   0   0     0     0    S   0.0   0.0   0:00.40 kblockd/0
  17 root      20   0   0     0     0    S   0.0   0.0   0:00.00 kacpid
  18 root      20   0   0     0     0    S   0.0   0.0   0:00.00 kacpi_notify
  19 root      20   0   0     0     0    S   0.0   0.0   0:00.00 kacpi_hotplug
  20 root      20   0   0     0     0    S   0.0   0.0   0:00.00 ata_aux
  21 root      20   0   0     0     0    S   0.0   0.0   0:00.00 ata_sff/0
```

4．pidof 命令

功能：根据确切的程序名称找出一个正在运行的程序的进程号。

格式：pidof ［选项］程序名。

说明：pidof 命令可以通过程序名称来找到其进程的 PID。其常用选项如表 2-32 所示。

表 2-32 pidof 命令的常用选项

常用选项	含 义 说 明
-s	只返回 1 个 PID
-x	同时返回运行给定程序的 shell 的 PID
-o	告诉 pidof 忽略后面给定的 PID,可以使用多个-o
-c	只返回具有相同根目录的进程的 PID

举例：

```
[root@localhost ~]# pidof -x bash
3003
[root@localhost ~]# pidof -x init
1
```

5．kill 命令

功能：该命令用来终止一个进程,向指定的进程发送信号。

格式：kill ［信号代码］ PID。

说明：kill 命令用来向另一个进程或进程组发送特定的信号以终止该进程(组),如果没有给定信号,则默认发送 TERM(终止)信号。其常用选项如表 2-33 所示。

表 2-33　kill 命令的常用选项

常用选项	含 义 说 明
-0	给当前进程组中的所有进程发送信号
-1	给所有大于 1 的进程发送信号
-9	强行终止进程
-15	默认值为 15,终止进程
-17	挂起进程
-19	将挂起进程激活
-a	终止所有进程
-l	列出所有 kill 命令所能发出的信号种类
-p	模拟发送信号,显示进程 ID,不发送信号
-s	指定发送给进程的信号,默认发送 TERM 信号

举例:

[root@localhost ~]# **kill - l**
1) SIGHUP 2) SIGINT 3) SIGQUIT 4) SIGILL 5) SIGTRAP
6) SIGABRT 7) SIGBUS 8) SIGFPE 9) SIGKILL 10) SIGUSR1
11) SIGSEGV 12) SIGUSR2 13) SIGPIPE 14) SIGALRM 15) SIGTERM
16) SIGSTKFLT 17) SIGCHLD 18) SIGCONT 19) SIGSTOP 20) SIGTSTP
21) SIGTTIN 22) SIGTTOU 23) SIGURG 24) SIGXCPU 25) SIGXFSZ
26) SIGVTALRM 27) SIGPROF 28) SIGWINCH 29) SIGIO 30) SIGPWR
(略)
[root@localhost ~]# **ps**
　　PID　TTY　　　TIME　　CMD
　　3003　pts/0　　00:00:00 bash
　　6045　pts/0　　00:00:00 ps
[root@localhost ~]# **kill - 9 3003**　　//强行终止 bash 终端进程,退出终端

6. nice 命令

功能:显示或调整进程的优先级。

格式:nice　[选项][命令[参数]…]。

说明:nice 命令以指定的优先级运行命令,这会影响相应进程的调度。如果不指定命令,程序会显示当前的优先级。优先级的范围是从最大优先级 -20 到最小优先级 19 共 40 个等级,数值越小优先级越高,默认值是 10。其常用选项如表 2-34 所示。

表 2-34　nice 命令的常用选项

常用选项	含 义 说 明
-n --adjustment=N	对优先级数值加上指定整数 N(默认为 10)
--help	显示帮助信息并退出
--version	显示版本信息并退出

举例:

[root@localhost ~]# **nice**
0
[root@localhost ~]# **nice nice**

```
10
[root@localhost ~]# nice -n 18 nice
18
```

2.2.6 其他常用命令

1. clear 命令

功能：清除字符终端的屏幕内容。

格式：clear。

2. man 命令

功能：man 命令用于列出命令的帮助手册。

格式：man ［命令名］。

说明：典型的 man 手册包含以下几部分。

（1）NAME：命令名称。

（2）SYNOPSIS：命令的概要，简要说明命令的使用方法。

（3）DESCRIPTION：详细描述命令的使用，包括各种参数选项的作用。

（4）SEE ALSO：列出可能要查看的其他相关手册页条目。

（5）AUTHOR、COPYRIGHT：作者和版权信息。

例如，man pstree 部分内容显示如下：

```
[root@localhost ~]# man
NAME
        pstree - display a tree of processes
SYNOPSIS
            pstree [-a] [-c] [-h|-Hpid] [-l] [-n] [-p] [-u] [-Z] [-A|-G|-U]
            [pid|user]
            pstree -V
DESCRIPTION
            pstree shows running processes as a tree. The tree is rooted at  either
            pid or init if pid is omitted. If a user name is specified, all process
            trees rooted at processes owned by that user are shown.
            pstree visually merges identical branches by  putting  them  in  square
            brackets and prefixing them with the repetition count, e.g.
                 init-+-getty
                      |-getty
                      |-getty
                      |-getty
```

3. alias 命令

功能：用于创建命令的别名。

格式：alias [-p] [name[=value] …]。

说明：alias 命令用于创建命令的别名，当不带任何参数时列出系统已定义的别名。

举例：

```
[root@localhost ~]# alias rb = reboot   //给命令 reboot 创建一个别名 rb
[root@localhost ~]# alias
```

```
alias cp = 'cp -i'
alias l. = 'ls -d .* --color = auto'
alias ll = 'ls -l --color = auto'
alias ls = 'ls --color = auto'
alias mv = 'mv -i'
alias rb = 'reboot'
alias rm = 'rm -i'
alias which = 'alias | /usr/bin/which --tty-only --read-alias --show-dot --show-tilde'
```

4．unalias 命令

功能：取消别名定义。

格式：unalias [-a] name [name…]。

说明：unalias 命令用于从已经创建的别名列表中删除 name 参数指定的别名，如果有选项-a，则删除所有别名。

举例：

[root@localhost ~]# **unalias rb**　　　　//删除已经创建的别名 rb

5．history 命令

功能：显示用户最近执行的命令。

格式：history [-a] name [name…]。

说明：unalias 命令用于显示历史命令列表或删除指定的历史命令，如果有选项-c，则删除全部历史命令。其常用选项如表 2-35 所示。

表 2-35　history 命令的常用选项

常用选项	含 义 说 明
-c	清除全部历史命令
-d offset	删除第 offset 条历史命令
-w	把历史命令写入历史文件
-r	从历史文件中将历史命令读出到历史命令列表中，成为当前历史命令列表

举例：

```
[root@localhost ~]# history
    1  history
    2  pstree
    3  history
[root@localhost ~]# history -c //清除全部历史命令
```

6．shutdown 命令

功能：系统关机命令。

格式：shutdown [选项] [时间] [警告信息]。

说明：shutdown 命令可以关闭所有进程，默认重启进入维护的单用户命令模式，或按用户的需要进行重新开机或关机操作，shutdown 命令只能由 root 用户运行。其常用选项如表 2-36 所示。

表 2-36　shutdown 命令的常用选项

常用选项	含 义 说 明
-r	关机后重新启动
-h	关闭系统后停机或关闭电源
-p	关闭系统后关闭电源
-c	可以取消关闭系统命令
-k	只发送警告信号，而不关闭系统
-q	除非遇到错误，否则以安静模式关机重启

举例：

[root@localhost ~]# *shutdown - h 6 "system will shutdown in 6 minutes"*
Broadcast message from root@localhost.localdomain
　　(/dev/pts/0) at 21:37 ...
The system is going down for halt in 6 minutes!
system will shutdown in 6 minutes

7. halt 命令

功能：关闭系统。

格式：halt [选项]。

说明：halt 命令先检测系统的 runlevel，若 runlevel 为 0 或 6，则关闭系统，否则调用 shutdown 命令来关闭系统。该命令不会自动关闭电源，需要人工关闭电源。其常用选项如表 2-37 所示。

表 2-37　halt 命令的常用选项

常用选项	含 义 说 明
-n	重启或停机前不调用 sync 系统调用
-f	强制关闭系统，而不是调用 shutdown 命令
-p	关闭系统后关闭电源
-d	不在 wtmp 中记录
-w	并不真正地重启或关机，只是写 wtmp 记录
-q	除非遇到错误，否则以安静模式关机重启

举例：

[root@localhost ~]# *halt - p* //关闭电源

8. reboot 命令

功能：重新开机。

格式：reboot [选项]。

说明：执行 reboot 命令让系统停止运作，并重新开机。其常用选项如表 2-38 所示。

表 2-38　reboot 命令的常用选项

常用选项	含 义 说 明
-n	重启前不调用 sync 系统调用
-f	强制关闭系统，而不是调用 shutdown 命令

续表

常用选项	含 义 说 明
-p	关闭系统后关闭电源,相当于 halt
-d	不在 wtmp 中记录
-w	并不真正重启或关机,只是写 wtmp 记录
-q	除非遇到错误,否则以安静模式关机重启

举例:

[root@localhost ~]# ***reboot*** ***-p*** //关闭电源

9. poweroff 命令

功能:重新开机。

格式:poweroff [选项]。

说明:执行 poweroff 命令让系统停止运作,并关闭电源,相当于 shutdown -h now。其常用选项如表 2-39 所示。

表 2-39 poweroff 命令的常用选项

常用选项	含 义 说 明
-n	重启前不调用 sync 系统调用
-f	强制关闭系统,而不是调用 shutdown 命令
-p	关闭系统后关闭电源,相当于 halt
-d	不在 wtmp 中记录
-w	并不真正地重启或关机,只是写 wtmp 记录
-q	除非遇到错误,否则以安静模式关机重启

举例:

[root@localhost ~]# ***poweroff*** ***-p*** //关闭电源

10. init 命令

功能:改变系统运行模式(状态)。

格式:init state。

说明:init 命令使用表示系统状态的数字作为参数,用来改变系统的状态,除关机外,不管系统处于哪一状态,都可以使用 init 命令切换到其他状态。其常用选项如表 2-40 所示。

表 2-40 init 命令的常用选项

状态 state	含 义 说 明
0	完全关闭系统
1	维护管理模式的单用户状态,只允许 root 用户访问整个系统
2	多用户状态,不支持 NFS
3	完全多用户状态,允许网络上其他系统进行远程文件共享
4	未使用
5	GUI 模式
6	关闭系统并重启
s/S	单用户模式,与 state=1 相同

举例:

[root@localhost ~]# *init 3* //进入多用户的命令行模式

2.3 熟练 Vi 编辑器的使用

Vi 是 Visual interface 的简称,它是 UNIX 中最常用的全屏文本编辑器,在 Linux 中使用增强版的 Vi 即 Vim(Vi Improved),它为用户提供了一个全屏的窗口编辑器,窗口一次可以显示一屏的编辑内容,且可以上下滚动屏幕。它可以执行输出、删除、查找、替换、块操作等众多文本操作功能,而且用户可以根据自己的需要对其进行定制,它没有菜单,只有命令。

Vim 有 5 种工作模式:命令模式、插入模式、末行模式、可视化模式和查询模式,它们之间的相互转换关系如图 2-4 所示。本节介绍 Vim 在各种模式下的使用命令。

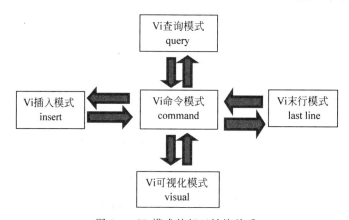

图 2-4 Vi 模式的相互转换关系

2.3.1 启动与退出 Vi 编辑器

在系统终端的提示符后输入 Vi 及想要编辑(或创建)的文件名,即可进入 Vi 编辑器,进入 Vi 编辑器后便进入了 Vi 的命令模式,可以输入 vi 命令,例如:

[root@localhost ~]# vi /etc/inittab

当然如果只输入 vi 或 vim,而不带有文件名也可以进入 Vi 编辑器,但文档暂时没有文件名,可以在保存时输入":w <文件名>"来保存文件。进入 Vi 编辑器后的工作界面如图 2-5 所示。

要想退出 Vi 编辑器,在命令模式下输入:q、:q!、:wq 或:x,即可退出 Vi 编辑器。其中,:wq 和:x 是存盘退出,而:q 命令是直接退出,如果文件已经更改,Vi 编辑器会提示保存文件,而不会退出 Vi 编辑器,这时可以使用:w 命令保存文件再使用:q 退出,或者使用:wq 或:x 命令保存退出。如果不想保存更改,可以使用:q! 命令不保存文件,强制退出,总结如下:

```
:w                  //保存文件
:wq                 //保存退出
:w  filename        //另存为 filename
```

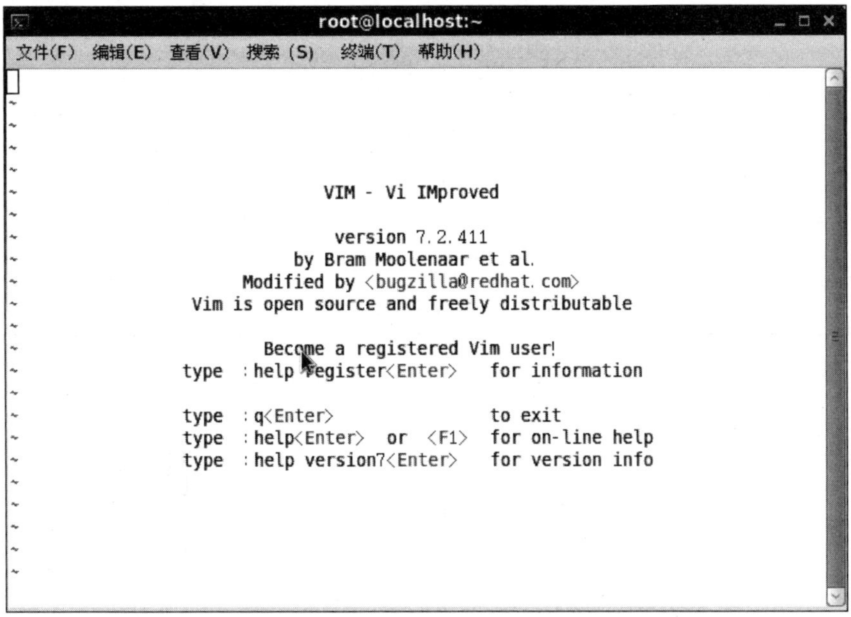

图 2-5 Vi 编辑环境界面

```
:wq    filename         //以 filename 为文件名保存并退出
:x                      //与:wq 相同,保存并退出
:q!                     //不保存,强制退出
```

2.3.2 Vi 的命令模式及命令按键说明

命令模式是用户进入 Vi 编辑器后的初始状态,在此模式中,可执行 Vi 命令让 Vi 完成不同的工作,如移动光标、删除字符或行、复制段落等。可以从命令模式切换到其他 4 种模式,也可从其他 4 种模式按 Esc 键切换到命令模式。命令模式的常用命令及说明如表 2-41～表 2-44 所示。

表 2-41 Vim 命令模式的光标移动命令

操作	说明	操作	说明
h 或 ←	将光标向左移动一格	H	将光标移动至屏幕顶端
l 或 →	将光标向右移动一格	M	将光标移动至屏幕中间
j 或 ↓	将光标向下移动一格	L	将光标移动至屏幕底端
k 或 ↑	将光标向上移动一格	w 或 W	将光标移动至下一单词
0 或 Home	将光标移动至行首	gg	将光标移动至文章的首行
$ 或 End	将光标移动至行尾	G	将光标移动至文章的尾行
PageUP 或 Ctrl+b	向上翻页	PageDown 或 Ctrl+f	向下翻页

表 2-42 Vim 命令模式的删除命令

操作	说明	操作	说明
x 或 Del	删除光标处的一个字符	d0 或 d^	删除到文件首(不含光标处字符)
nx	删除光标后的 n 个字符	ndd	从光标行开始删除后 n 行

续表

操作	说明	操作	说明
X	删除光标前的字符	d+方向键	删除文字
dd	删除当前行	dw	删除至词尾
dG	删除到文件尾	ndw	删除后 n 个词
d1G	删除到文件首	nd$	从光标当前处开始删除后 n 行
D 或 d$	删除到行尾	u	撤销上次的删除操作

表 2-43 Vim 命令模式的复制和粘贴

操作	说明	操作	说明
Y 或 yy	复制光标所在整行	y1G	复制至文件首
nyy 或 yny	复制 n 行	p	粘贴到光标后（下）面，若复制整行，则粘贴到光标所在行的下一行
y0 或 y^	复制至行首，不含光标所在字符		
y$	复制至行尾，含光标所在字符		
yw	复制一个单词	p	粘贴到光标前（上）面，若复制整行，则粘贴到光标所在行的上一行
ynw	复制 n 个单词		
yG	复制至文件尾		

表 2-44 Vim 命令模式的撤销操作命令

操作	说明	操作	说明
u	撤销上一个修改	U	撤销一行内的所有修改
Ctr+r	恢复上一个被撤销操作	.	小数点，重复执行上一个操作

2.3.3 Vi 的插入模式及命令按键说明

在命令模式下，按 a、i、o、A、I、O 键中的任意一个键即可进入插入模式，这时在屏幕的左下角会出现"--INSERT--"或"--REPLACE--"字样。在插入模式下，可对文件的内容进行编辑，可在文件中添加新的内容及修改。上述各个按键进入插入模式的含义不一样，如表 2-45 所示。

表 2-45 插入模式的命令按键说明

输入	说明	输入	说明
a	在光标之后插入内容	A	在光标当前行的末尾插入内容
i	在光标之前插入内容	I	在光标当前行的开始插入内容
o	在光标所在行的下面新增一行	O	在光标所在行的上面新增一行

2.3.4 Vi 的末行模式及命令按键说明

在命令模式下输入":"即可进入末行模式，该模式主要用来进行一些编辑的辅助功能，如字符串查找、替换和保存文件等操作。若完成了输入的命令或命令出错，就会退出 Vim 或返回命令模式。常用的命令及说明如表 2-46 所示，按 Esc 键即可返回到命令模式。

表 2-46 Vim 末行模式的命令按键说明

输 入	说 明	输 入	说 明
:w［文件路径］	保存当前文件	:e!	放弃所有更改,重新编辑
:q	退出 Vim	:r 文件名	在当前光标下一行插入文件内容
:q!	强制退出 Vim	:r! 命令	在当前光标插入命令执行结果
:wq 或 :x	保存当前文件并退出	:set nu	显示行号
:e 文件名	在原窗口打开新文件	:set nonu	不显示行号
:［range］s/pattern/string/［c,e,g,i］	替换一个字符串		

其中,在末行模式下,替换命令的格式如下:

:[range]s/pattern/string/[c,e,g,i]

各参数说明如下。

(1) range——替换的范围,如"1,8"表示从第 1 行至第 8 行,"1,$"表示从第 1 行至最后一行,%代表当前编辑的文件。

(2) s——即 search,表示搜索。

(3) pattern——就是要被替换的字符串。

(4) string——用于替换的字符串。

(5) c——即 confirm,每次替换前会询问。

(6) e——即 error,不显示 error。

(7) g——即 globe,不询问将做整行替换,否则只替换每行第一个符合的字符串。

(8) i——即 ignore,不区分大小写。

2.3.5 Vi 的可视化模式和查询模式

1. 可视化模式

在命令模式下输入 v 字符即就可进入可视化模式,在屏幕的左下角会出现--VISUAL--。在该模式下,移动光标以选定要操作的字符串,输入 c 剪切选定的字符串,输入 y 复制选定的字符串。然后可以在命令模式下按 p 键进行粘贴操作。

2. 查询模式

在命令模式中输入"/"或"?"字符即可进入查询模式。在该模式下,可以向下或向上查询文件中的某个关键字。在查找后还可以按 n 或 N 键继续寻找下一个或上一个关键字,其常用命令如表 2-47 所示。

表 2-47 查询模式中常用的命令

操作命令	说 明
/	在命令模式下按"/"键,就会在左下角显示一个"/",然后输入要查找的字符串,按 Enter 键开始查找
?	和"/"键相同,只是"/"键向前(下)查找,"?"键向后(上)查找
n	继续向前(下)查找
N	继续向后(上)查找

以上仅简单介绍 Vim 的常用命令，Vim 的语法非常丰富，也很复杂，只有经常使用才能熟练掌握。Vim 具有颜色显示功能，且支持许多程序语法，当使用 Vim 编辑 C 语言程序或 shell 脚本时，Vim 将会帮助进行程序排错。Vim 在后面的许多配置文件修改中经常会用到，关于 Vim 的更多内容，请参阅相关文献或系统的帮助手册。

2.3.6 使用 Vi 编辑器编写 Hello World! 程序

首先启动 Vi 编辑器，出现编辑器的界面如图 2-5 所示，按 i 键进入插入模式，输入如图 2-6 所示的 C 程序 Hello World!，然后按 Esc 键，输入：wq hello.c 保存退出。在命令行提示符后输入 gcc -o hello hello.c 进行编译，如果没有出错，则生成 hello 可执行文件，在命令行提示符后输入./hello 运行，结果如图 2-7 所示。

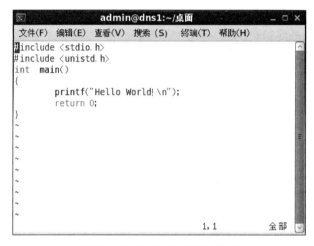

图 2-6 Hello World 源程序窗口

图 2-7 Hello World 运行结果窗口

注意：如果 Linux 中没有安装程序设计工具包，运行 gcc 编译时会出错，这时要安装 gcc 软件包，请按如下顺序安装软件包。

(1) rpm -ivh ppl-0.10.2-11.el6.x86_64.rpm。

(2) rpm -ivh cloog-ppl-0.15.7-1.2.el6.x86_64.rpm。

(3) rpm -ivh mpfr-2.4.1-6.el6.x86_64.rpm。

(4) rpm -ivh cpp-4.4.7-4.el6.x86_64.rpm--force。

(5) rpm -ivh kernel-headers-2.6.32-431.el6.x86_64.rpm。

(6) rpm -ivh glibc-headers-2.12-1.132.el6.x86_64.rpm--force。

(7) rpm -ivh glibc-devel-2.12-1.132.el6.x86_64.rpm--force。

(8) rpm -ivh gcc-4.4.7-4.el6.x86_64.rpm--force。

(9) rpm -ivh libstdc++-devel-4.4.7-4.el6.x86_64.rpm。

(10) rpm -ivh gcc-c++-4.4.7-4.el6.x86_64.rpm。

2.4 Linux 软件包管理

软件包的管理对操作系统的推广来说是一个很重要的功能,对于一个操作系统,如果没有软件包管理器的帮助,操作系统的发行将会遇到许多问题,用户的安装、升级和卸载都将十分困难。有了专门的软件包管理器,软件发行商容易制作和发行软件,而普通用户也容易安装和维护其软件。

相对于 Windows 只要双击安装程序就可以容易地安装软件,在 Linux 操作系统中安装软件的过程要复杂得多。其常用的软件安装方式主要分为 5 种,即 RPM 软件包的安装、源代码的安装、通过 YUM 来安装、提供安装软件包方式和 deb 方式。本节主要介绍常用且简便的安装方式——RPM 软件包安装方式,主要介绍如何使用 RPM 进行软件包的安装、升级和删除等操作。

2.4.1 理解 RPM 相关知识

RPM(Red Hat package manager)是指由 Red Hat 公司开发的软件包安装和管理的程序,使用 RPM 可以对 RPM 形式的软件包进行安装、升级、卸载、检验和查询等操作。RPM 可以让用户直接以二进制方式安装软件包,可以查询系统安装的有关库文件。使用 RPM 删除程序时,它会询问用户是否要删除不关的程序。使用 RPM 升级软件时,它会保留原先的配置文件,用户就不用重新配置新的软件。RPM 保留一个数据库,它包含了所有的软件包资料,通过这个数据库,用户可以进行软件包的查询。RPM 遵循 GPL 版权协议,用户可以在符合 GPL 协议的条件下自由使用及传播 RPM。

1. RPM 的设计目的

RPM 的设计目的如下。

(1) 方便的升级功能。可以对单个软件包进行方便的升级,保留用户原先的配置。

(2) 强大的查询功能。可以针对整个软件包的数据或某个特定的文件进行查询,也可以查询某个文件属于哪个软件包。

(3) 系统校验。可以使用 RPM 校验已经安装的软件包中是否少了文件,软件是否被用户修改过,是否要重新安装。

2. 用途

RPM 软件包管理常用的用途如下。

(1) 安装、删除、升级和管理软件，支持在线安装和升级软件。

(2) 查询软件名中包含哪些文件，查看系统中的某个文件属于哪个软件包。

(3) 查询系统中是否已经安装某个软件包，查看软件包的版本。

(4) 开发者可以把自己的程序打包为 RPM 包，并发布。

(5) 软件包的签名 GPG 和 MD5 的导入、验证和签名发布。

(6) 软件包依赖性检查，查看软件包的依赖关系。

RPM 软件包的安装、删除和更新只有具有 root 权限的用户使用，而 RPM 的查询功能则是任何用户都可以操作的。

3. 软件包的命名格式

一个 RPM 软件包包含了文件的架构、包信息、名称、版本号和包的描述，常见的软件包命名格式如下：

软件名 - 版本号 - 发行号 - 体系号.rpm

其中，体系号是指执行程序所适用的处理器体系架构，包括以下几种。

(1) i386 体系——适用于任何 Intel 80386 以上的 x86 架构(IA32)的计算机。

(2) i686 体系——适用于任何 Intel 80686(奔腾 PRO 以上)的 x86 架构计算机，i686 软件包通常针对 CPU 进行了优化。

(3) x86_64 体系——适用于 64 位处理器的计算机。

(4) ppc 体系——适用于 Power PC 或 Apple Power Macintosh 机器。

(5) noarch——软件包没有体系结构要求，是与硬件无关的通用软件包。

(6) 体系号为 src——表明是源代码包，需要经过编译后才能进行安装。

4. 安装前执行的操作

从本质上讲，软件包的安装其实就是文件的复制，也就是把软件所需要的所有文件复制到特定的目录。RPM 软件包虽然也做这些复制，但是 RPM 需要更进一步、更聪明一些，在安装前，它通常需要执行以下操作。

1) 检查软件包的依赖

RPM 格式的软件包中包含软件依赖关系的描述，如软件执行时需要哪些动态链接库，需要什么程序及版本号等。当 RPM 检查发现依赖关系不符合时，默认操作是中止软件包的安装。

2) 检查软件包的冲突

有些软件有冲突，不能共存，软件包的制作者会将这些冲突记录到 RPM 软件包中，安装时若发现有冲突存在，将会中止软件包的安装。

3) 执行安装前的脚本程序

安装前的脚本程序由软件包制作者设定，需要在安装前执行，如检测操作环境、建立有关目录、清理多余的文件等，为顺利安装做准备。

4) 处理配置文件

RPM 对配置文件有着特别的处理，因为用户通常需要根据实际情况对软件的配置文件做相应的修改。RPM 的一般做法是把原来的配置文件在原文件名后加上 rpmorig 更名保存，用户可以根据需要再恢复，避免重新设置的麻烦。

5）解压软件包并存放到相应位置

这也是软件安装最重要和关键的部分,RPM 将软件包解压缩,把其中的每个文件存放到相应的位置,并对文件的操作权限及其他属性进行相应的设置。

6）执行安装后的脚本程序

安装后的脚本程序为软件的正确执行设定相关资源等。

7）更新 RPM 数据库

安装后,RPM 将所安装的软件及相关信息记录到其数据库中,便于以后升级、查询、校验和卸载。

8）执行安装时触发的脚本程序

触发脚本程序是指软件安装包满足某种条件时才触发执行的脚本程序,它用于软件包之间的交互控制。触发脚本程序有 3 类:一是软件包安装时才触发的,称为安装时触发脚本程序(triggering);二是软件包卸载前触发的,称为卸载前触发脚本程序(trigerun);三是软件包卸载后才触发执行的,称为卸载后触发脚本程序(triggerpostun)。这些触发脚本程序大大地扩展了 RPM 软件所提供的管理功能。

2.4.2 使用 RPM 安装和管理软件

1. 使用 RPM 安装软件包

命令格式:

rpm -i(或 --install) [选项]<软件包1> [软件包2] …

参数软件包 1、软件包 2 等是将要安装的软件包的名称,而常用通用选项及其他 RPM 选项如下。

(1) -v——显示附加信息。

(2) -vv——显示调试信息。

(3) --dbpath path——设置 RPM 资料库所在的路径为 path。

(4) --rcfile=file——设置 rcfile 为文件 file。

(5) --root= path—— 设置 path 所指定的路径作为 RPM 的"根目录"。

(6) --initdb——创建一个新的 RPM 资料库。

(7) --quiet——安静地工作,只有当出现错误时才给出提示信息。

(8) --rebuilddb——重建 RPM 资料库。

(9) --help——显示帮助文档。

(10) --version——显示 RPM 的版本。

详细的安装选项及其说明如表 2-48 所示。

表 2-48 RPM 详细安装选项

选 项	说 明	选 项	说 明
--force	忽略软件包及文件冲突	--nodeps	不检查依赖关系
--ignorearch	不校验软件包结构	--noscripts	不运行预安装和后安装脚本
--ignoreos	不检查软件包运行的操作系统	-percent	以百分比形式显示安装进度
--excludedocs	不安装软件包中的文档	--prefix path	将软件包安装到指定 path 路径下

续表

选项	说明	选项	说明
--includedocs	安装软件包中的文档	--replacefiles	替换属于其他软件包的文件
-h (--hash)	安装时输出 bash 记号(#)	--replacepkgs	强制重新安装已经安装的软件包
--test	只对安装进行测试，并不实际安装		

例如，在 RHEL 6.5 中安装 FTP 服务的软件包如下。

（1）将 RHEL 6.5 光盘挂载到相应的目录下。

[root@localhost dev]# *mount /dev/cdrom /mnt*
mount: block device /dev/sr0 is write-protected, mounting read-only

（2）进入挂载后的目录，FTP 服务软件包在 Packages 目录下。

[root@localhost ~]# *cd /mnt/Packages*

（3）利用 RPM 命令安装 FTP 服务软件包。

[root@localhost Packages]# *rpm -ivh vsftpd-2.2.2-11.el6_4.1.x86_64.rpm*
warning: vsftpd-2.2.2-11.el6_4.1.x86_64.rpm: Header V3 RSA/SHA256 Signature, key ID fd431d51: NOKEY
Preparing...   ### [100%]
   1:vsftpd   ### [100%]
[root@localhost Packages]#

2. 使用 RPM 升级软件

命令格式：

rpm -U(或 --upgrade) ［选项］<软件包 1> ［软件包 2］…

详细的升级选项及其说明如表 2-49 所示。

表 2-49 RPM 详细升级选项

选项	说明	选项	说明
--force	忽略软件包及文件冲突	--nodeps	不检查依赖关系
--ignorearch	不校验软件包结构	--noscripts	不运行预安装和后安装脚本
--ignoreos	不检查软件包运行的操作系统	--percent	以百分比形式显示升级安装进度
--excludedocs	不安装软件包中的文档	--prefix path	将软件包升级到指定 path 路径下
--includedocs	安装软件包中的文档	--replacefiles	替换属于其他软件包的文件
-h (--hash)	安装时输出 bash 记号(#)	--replacepkgs	强制重新升级安装已安装的软件包
--oldpackage	允许"升级"到一个老版本	--test	只对升级安装进行测试，不实际安装

例如，升级已经安装的 FTP 服务软件如下。

（1）执行升级命令（带-Uvh 选项），由于 FTP 软件已经安装，因此提示已经安装，并无实际安装。

[root@localhost Packages]# *rpm -Uhv vsftpd-2.2.2-11.el6_4.1.x86_64.rpm*
warning: vsftpd-2.2.2-11.el6_4.1.x86_64.rpm: Header V3 RSA/SHA256 Signature, key ID

```
fd431d51: NOKEY
Preparing...         ########################### [100%]
package vsftpd-2.2.2-11.el6_4.1.x86_64 is already installed
```

（2）执行强制升级命令（带-Uvh --force 选项），虽然 FTP 软件包已经安装，但--force 选项可以强制进行升级。

```
[root@localhost Packages]# rpm -Uhv --force vsftpd-2.2.2-11.el6_4.1.x86_64.rpm
warning: vsftpd-2.2.2-11.el6_4.1.x86_64.rpm: Header V3 RSA/SHA256 Signature, key ID
fd431d51: NOKEY
Preparing...         ########################### [100%]
  1:vsftpd          ########################### [100%]
[root@localhost Packages]#
```

3. 使用 RPM 命令查询软件

命令格式：

rpm -q(或--query) [选项] <软件包名>

详细的查询选项及其说明如表 2-50 所示。

表 2-50 RPM 详细查询选项

选项类别	选项	说明
信息选项	-c	显示配置文件列表
	-d	显示文档文件列表
	-i	显示软件包的概要信息
	-l	显示软件包中所包含的文件列表
	-R	显示这个软件包所依赖的软件包
	--dump	显示每个文件的已校验信息
	--provides	显示软件包所提供的功能
	--scripts	显示安装、卸载和校验脚本
	-s	显示软件包中的文件列表并显示每个文件的状态
软件包选项	-a	查询所有安装的软件包
	-f <file>	查询文件<file>属于哪个软件包
	-g <group>	查询属于<group>组的软件包
	-p	查询未安装的软件包的名称
	--whatrequires <功能>	查询所有需要<功能>才能正常运行的软件包
	--whatprovides <功能>	查询所有能提供<功能>的软件包
	--requiredby <软件包>	查询安装<软件包>所需的其他软件包

举例：

```
[root@localhost Packages]# rpm -q vsftpd
vsftpd-2.2.2-11.el6_4.1.x86_64
[root@localhost Packages]# rpm -qi vsftpd   //查询 vsftpd 信息
Name : vsftpd              Relocations: (not relocatable)
Version : 2.2.2            Vendor: Red Hat, Inc.
```

Release : 11.el6_4.1   uild Date: 2013 年 02 月 13 日 星期三 00 时 03 分 26 秒
Install Date: 2015 年 01 月 01 日 星期四 10 时 52 分 49 秒 Build Host: x86 - 002.build.bos.redhat.com
Group : System Environment/Daemons   Source RPM: vsftpd - 2.2.2 - 11.el6_4.1.src.rpm
Size : 339348   License: GPLv2 with exceptions Signature: RSA/8, 2013 年 02 月 15 日 星期五 23 时 00 分 57 秒, Key ID 199e2f91fd431d51
Packager   : Red Hat, Inc. < http://bugzilla.redhat.com/bugzilla >
URL : http://vsftpd.beasts.org/
Summary : Very Secure Ftp Daemon
Description : vsftpd is a Very Secure FTP daemon. It was written completely from scratch.
[root@localhost Packages]#

4. 使用 RPM 命令校验软件

命令格式：

rpm - V [选项] <软件包名>

详细的校验选项及其说明如表 2-51 所示。

表 2-51 RPM 详细校验选项

选　　项	说　　明
-f	校验文件所属软件包
-p	校验已安装的软件包
-a	校验所有已安装的软件包
-g	校验所有属于某个组的软件包

校验会把软件包所安装的软件与原先数据库中存储的软件信息进行比较，可以验证文件的大小、MD5 校验码、文件权限、类型、属主等信息。校验的输出格式是一个包括 8 个字符的字符串，这 8 个字符串中每个字符都代表与数据库中信息比较的结果，如果结果是"."代表没有问题，这些字符的意义如下。

(1) S——文件大小。

(2) M——属性，包括文件类型和读写权限。

(3) 5——MD5 校验。

(4) L——符号链接。

(5) D——设备文件。

(6) U——用户名。

(7) G——组名。

(8) T——文件修改时间。

(9) ？——不可读文件。

例如，校验 vsftpd 如下：

[root@localhost Packages]# **rpm - V vsftpd**
[root@localhost Packages]#   //没有显示代表没问题
[root@localhost Packages]# rpm - Va   //检测所有软件包
.M....G..   /var/log/gdm   //代表/var/log/gdm 的属性和组名有问题
.M.......   /var/run/gdm

```
missing        /var/run/gdm/greeter
S.5....T. c /etc/pulse/default.pa    //代表/etc/pulse/default.pa 的大小、MD5 和文件修改时间不
                                     //一致
```

5. 使用 RPM 命令删除软件

命令格式：

rpm －e(或 －－erase) [选项] <软件名 1> [<软件名 2> …]

详细的删除选项及其说明如表 2-52 所示。

表 2-52　RPM 详细删除选项

选　　项	说　　　　明
-nodeps	不检查依赖关系
-noscripts	不运行预安装和后安装脚本
-test	只对卸载进行测试，而不实际删除

卸载软件包时使用的是软件名称，而不是软件包名称。例如，删除上例中安装的 FTP 要使用 rpm －e vsftpd，而不是 rpm －e vsftpd－2.2.2－11.el6_4.1.x86_64.rpm，删除 FTP 的情况如下：

```
[root@localhost Packages]# rpm  -qa |grep   ftp    //查询是否安装 FTP
gvfs-obexftp-1.4.3-15.el6.x86_64
vsftpd-2.2.2-11.el6_4.1.x86_64                     //安装了 vsftpd
[root@localhost Packages]# rpm   -e  vsftpd        //删除 vsftpd
[root@localhost Packages]# rpm -qa |grep  ftp
gvfs-obexftp-1.4.3-15.el6.x86_64
[root@localhost Packages]#                         //表明已经删除 vsftpd
```

在默认安装情况下，RHEL 是没有安装 Linux 下的 gcc 编译器，读者可以按下列命令来安装 gcc 编译器，这样就可以在 Linux 下进行 C 编程了。

```
[root@localhost ~]# mount /dev/cdrom  /mnt
[root@localhost ~]# cd  /mnt/Packages/

[root@localhost Packages]# rpm   -ivh mpfr-3.1.1-4.el7.x86_64.rpm
[root@localhost Packages]# rpm   -ivh gmp-devel-5.1.1-5.el7.x86_64.rpm
[root@localhost Packages]# rpm   -ivh mpfr-devel-3.1.1-4.el7.x86_64.rpm
[root@localhost Packages]# rpm   -ivh libmpc-1.0.1-3.el7.x86_64.rpm
[root@localhost Packages]# rpm   -ivh cpp-4.8.2-16.el7.x86_64.rpm
[root@localhost Packages]# rpm   -ivh kernel-3.10.0-123.el7.x86_64.rpm
[root@localhost Packages]# rpm   -ivh kernel-headers-3.10.0-123.el7.x86_64.rpm
[root@localhost Packages]# rpm   -ivh glibc-headers-2.17-55.el7.x86_64.rpm
[root@localhost Packages]# rpm   -ivh glibc-devel-2.17-55.el7.x86_64.rpm
[root@localhost Packages]# rpm   -ivh gcc-4.8.2-16.el7.x86_64.rpm
[root@localhost Packages]# rpm   -ivh libstdc++-devel-4.8.2-16.el7.x86_64.rpm
[root@localhost Packages]# rpm   -ivh gcc-c++-4.8.2-16.el7.x86_64.rpm
[root@localhost Packages]# gcc   -v
Using built-in specs.
Target: i686-redhat-linux
```

Configured with: ../configure -- prefix = /usr -- mandir = /usr/share/man -- infodir = /usr/share/info -- with - bugurl = http://bugzilla.redhat.com/bugzilla -- enable - bootstrap -- enable - shared -- enable - threads = posix -- enable - checking = release -- with - system - zlib -- enable - __cxa_atexit -- disable - libunwind - exceptions -- enable - gnu - unique - object -- enable - languages = c,c++,objc,obj - c++,java,fortran,ada -- enable - java - awt = gtk -- disable - dssi -- with - java - home = /usr/lib/jvm/java - 1.5.0 - gcj - 1.5.0.0/jre -- enable - libgcj - multifile -- enable - java - maintainer - mode -- with - ecj - jar = /usr/share/java/eclipse - ecj.jar -- disable - libjava - multilib -- with - ppl -- with - cloog -- with - tune = generic -- with - arch = i686 -- build = i686 - redhat - linux
Thread model: posix
gcc version 4.4.7 20120313 (Red Hat 4.4.7 - 4) (GCC)
[root@localhost Packages]#

通过运行 gcc -v 命令可以查看是否已经安装好 gcc 编译器，如上所示，已经安装了 gcc 版本 4.4.7 20120313(Red Hat 4.4.7—4)(GCC)。

项 目 小 结

在安装完 Linux 操作系统后，本项目主要介绍 Linux 的基本操作功能，首先介绍 Linux 的启动、登录与退出；其次详细介绍了 Linux 常用命令，包括目录操作命令、文件操作命令、系统信息命令、进程管理命令，以及其他常用命令；接着介绍 Linux 下常用的文本编辑器——Vi 编辑器的使用；最后详细介绍了 Linux 软件包管理功能，包括软件的安装、升级、检验和卸载等操作，并给出 GCC 编译器的安装方法。

项目 3　Linux 的用户和组的管理

项目目标
- 了解 Linux 用户和组群的基本知识。
- 熟悉 Linux 的用户和组配置文件。
- 熟练掌握 Linux 下用户的创建和维护管理命令。
- 熟练掌握 Linux 下的组群创建和维护管理操作。
- 熟悉用户账户管理器的使用方法。

Linux 是一个真正的多用户多任务的操作系统，用户管理是操作系统的一项重要工作，用户和组群管理是比较重要的问题，直接关系到系统能否安全、稳定地运行，系统管理员必须熟练掌握用户和组群的创建和管理功能。本章主要介绍 Linux 操作系统的用户和组的基本知识，介绍用户和组的管理，如添加和删除用户、添加和删除组等基本操作，通过本章的学习，我们将掌握 Linux 用户和组的创建和管理操作方法，以及用户权限等基本知识。

3.1　理解用户和组的基本概念

Linux 是一个多用户多任务的操作系统，可以让多个用户同时使用系统。为了保证用户之间的独立性，要求用户保护自己的资源不受非法访问，通过授予不同的用户权限，可以让不同的用户执行不同的任务及访问不同的资源，因此，建立彼此分开的用户账户是必要的。同时，为了使用户之间可以共享信息和文件，也允许用户分组工作。

3.1.1　理解用户账户和组群账户

Linux 是一个多用户多任务的操作系统，它允许多个不同的用户同时登录和使用系统。当多个用户同时使用系统时，为了所有用户的工作都能顺利进行，保护每个用户的文件和进程，同时也为了系统自身的安全和稳定，必须建立一种秩序使每个用户的权限都能得到规范，并且区分不同的用户，从而产生了用户账户的概念。

用户账户是用户的身份标志，用户通过用户账户来登录系统，并且访问已经被授权的系统资源。系统根据用户账户来区分属于每个用户的文件、进程和任务，并提供每个用户的特定的工作环境，包括用户的工作目录、shell 版本、环境配置等，使每个用户的工作都能各自独立，而不受干扰。

为了方便系统管理员的管理和工作，需要对用户进行分组，按组来授权和管理，便产生了组群的概念。组群是具有相同特性的用户的逻辑集合。组群的概念有利于系统管理员按照用户的特性来组织和管理用户,在资源授权时可以把权限赋予某个组群,而组群中的成员即可自动获得这个权限,而不用对每个用户单独授权,从而提高了系统管理员的工作效率。有关用户和组群的基本概念如表 3-1 所示。

表 3-1 用户和组群的基本概念

概　　念	描　　述
用户名	用来标示用户的名称,可以是字母、数字组成的字符串,区分大小写
用户标识(UID)	非负整数,用来标示用户的数字标识符
密码	由用户设定,用来验证用户身份的特殊验证码
用户家目录	用户的私人目录,也是用户登录系统后默认所在的目录
登录 shell	用户登录系统后默认的 shell 程序,默认是/bin/bash
组群	具有相同属性的用户组成的一个逻辑集合
组群标识(GID)	非负整数,用来标示组群的数字标识符

Linux 操作系统安装好后,系统默认创建一个超级用户账号 root,该账号是系统管理员账号,对系统有完全的控制权,可以对系统进行任何设置和修改。root 用户的 UID 是 0,普通用户由 root 用户来创建,其 UID 可以在创建时由管理员指定,如果不指定,普通用户的 UID 默认从 500 开始顺序编号。在 Linux 操作系统中,创建用户账户的同时也会创建一个与该用户同名的组群,该组群也是该用户的主组群。普通组群的 GID 默认也是从 500 开始顺序编号。

3.1.2 Linux 的用户分类

Linux 操作系统中的用户分为超级用户、系统用户和普通用户 3 种类型。

1. 超级用户

在默认安装的情况下,Linux 操作系统会创建一个超级管理员用户,一般为 root,也称为根用户,root 用户的 UID 为 0。其拥有对系统最高的管理权限,可以对系统进行任何操作,如终止进程、添加和删除硬件设备、添加和删除用户和组群,超越任何用户和组群的权限来对文件和目录进行读取、修改或删除。因此,为了系统安全,除非绝对必要,不要使用超级用户来登录或操作,经常使用超级用户来进行操作,会使系统存在很大的危险。许多网络服务器在处理超级用户时都有一些特殊的考虑,如默认安装的情况下,超级用户是无法通过 Telnet 远程登录 Linux 操作系统的。如果允许远程登录,就会成为系统一个相当大的安全漏洞。

2. 系统用户

系统用户也称为虚拟用户、伪用户,在 Linux 操作系统中,每个文件、目录和进程都归属于一个用户。为了完成特定的任务,系统内建了许多系统用户,这类用户的最大特点是不能登录系统,它们的存在主要目的是方便系统管理,满足相应的系统进程对文件宿主的要求。例如,系统默认的 bin、adm、nobody、ftp、mail 等虚拟用户,默认的系统用户 UID 范围为 1～499,它们的登录 shell 为/bin/nologin。

3. 普通用户

普通用户是指由超级用户创建及授权,且可以登录到系统来执行某些任务的用户,普通用户的 UID 范围为 500～65 535。普通用户是受限用户,只能操作其拥有权限的文件和目录,用户私人资源之间是相互隔离的。例如,用户 A 只能查看和修改自己用户家目录下的资料,不可以查看和修改用户 B 的资料。此外,普通用户只能管理由自己启动的进程,不能结束由其他用户发起的进程。

3.1.3 用户和组群的关系

如果要使用 Linux 操作系统资源就必须向系统管理员申请用户,然后才能通过这个用户进入系统。每个用户都有唯一的用户名和密码,在登录系统时,只有正确地输入用户名和密码,才能进入系统,登录到自己的家目录。而组群是具有相同特征用户的逻辑集合。用户与组群之间的对应关系有一对一、一对多、多对一和多对多 4 种关系,用户与组群的关系可以用图 3-1 来表示。

(1)一对一关系:即一个用户可以存在一个组中,也可以是组中的唯一成员。例如,Linux 操作系统创建用户账户的同时也会创建一个与该用户同名的组群,该用户名是该同名组群中的唯一成员,这时用户与其主组群就是一对一关系。

(2)一对多关系:即一个用户可以存在多个组群中,此用户具有多个组群的共同权限。例如,root 用户一般会多个组群的成员,这就是一对多的关系。

(3)多对一关系:多个用户可以在一个组群中,这些用户具有与组群相同的权限。

(4)多对多关系:多个用户可以存在多个组群中。这其实是上面 3 种对应关系的扩展。

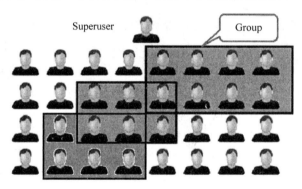

图 3-1 用户与群组的关系

3.2 理解用户配置文件并掌握用户管理命令

在了解了用户和组群的概念之后,我们要进一步理解用户配置文件并掌握用户管理的常用命令。

3.2.1 理解用户配置相关文件

Linux 操作系统中所有的用户信息都保存在用户配置文件中,其中最重要的文件包括 /etc/passwd 和 /etc/shadow 等。

1. /etc/passwd 文件

/etc/passwd 文件是 Linux 操作系统的用户管理中最重要的一个文件,系统中所有的用户账户和相关信息(除密码外)都存放在/etc/passwd 文件中,且该文件对所有用户可读。

可以用前面介绍的 Vi 编辑器打开 passwd 文件，如下：

root:x:0:0:root:/root:/bin/bash
bin:x:1:1:bin:/bin:/sbin/nologin
daemon:x:2:2:daemon:/sbin:/sbin/nologin
adm:x:3:4:adm:/var/adm:/sbin/nologin
lp:x:4:7:lp:/var/spool/lpd:/sbin/nologin
sync:x:5:0:sync:/sbin:/bin/sync
shutdown:x:6:0:shutdown:/sbin:/sbin/shutdown
halt:x:7:0:halt:/sbin:/sbin/halt
nobody:x:99:99:Nobody:/:/sbin/nologin
stud1:x:500:500::/home/stud1:/bin/bash
stud2:x:501:501::/home/stud2:/bin/bash

/etc/passwd 文件中的每行记录对应一个用户，是由 6 个冒号(:)隔开的 7 个字段，其中个别字段的内容可以为空白，但仍需要使用":"来占位表示字段，其格式和具体含义如下。

用户名:密码:用户标识号:组标识号:注释性描述:主目录:默认 shell

其中，每个字段的详细含义如下。

(1) 用户名——代表用户账号的字符串，是用户登录系统时所使用的用户名，如 root 就是系统默认的管理员的用户名称。

(2) 密码——在早期版本的 Linux 中存放着加密后的用户密码，虽然这个字段存放的只是用户密码的加密串，不是明文，但是由于/etc/passwd 文件对所有用户都可读，所以这仍是一个安全隐患。因此，现在许多 Linux 版本都使用了 shadow 技术，把真正加密后的用户密码存放到/etc/shadow 文件中，而在/etc/passwd 文件的密码字段中只存放一个特殊的字符。例如，用 x 或 * 来表示，而不再存放密码了。

(3) 用户标识号——即用户的 UID，每个用户都有一个 UID，并且是唯一的，通常 UID 号的取值范围是 0~65 535，0 是超级用户 root 的标识号，1~99 由系统保留，作为管理账号，普通用户 UID 默认从 500 开始。UID 是 Linux 下确认用户权限的标志，用户的角色和权限都是通过 UID 来实现的，因此多个用户共用一个 UID 是非常危险的，会造成系统权限和管理的混乱。例如，将普通用户的 UID 设置为 0 后，这个普通用户就具有了 root 用户的权限，这是极度危险的操作，因此要尽量保持用户 UID 的唯一性。

(4) 组标识号——即 GID，与用户的 UID 类似，这个字段记录了用户所属的用户组，普通组群的 GID 默认也是从 500 开始顺序编号。

(5) 注释性描述——此字段是可选的、用户的描述性信息，如用户的全姓名、住址、电话等。

(6) 主目录——是用户登录到系统之后默认所处的目录，也叫作用户的主目录、家目录、根目录等。以上面为例，root 用户的主目录在/root，当 root 登录后，就会立刻进入/root 目录中。普通用户登录系统之后，其主目录位于/home 下以自己用户名为名称的目录中。

(7) 默认 shell——就是用户登录系统后默认使用的命令解释器。shell 是用户和 Linux 内核之间的接口，用户所做的任何操作，都是通过 shell 传递给系统内核的。Linux 下常用的 shell 有 sh、bash、csh 等，默认是/bin/bash，管理员可以为每个用户设置不同的 shell。

2. /etc/shadow 文件

由于所有用户对/etc/passwd 文件均具有读取的权限,这就增加了用户的密码出现泄露的风险。因此,为了增加系统的安全性,Linux 将用户加密后的密码信息从/etc/passwd 文件中分离出来,单独放到了文件/etc/shadow 中,而且只有 root 用户才对该文件拥有读权限,其他用户不能读取该文件,从而大大增加了系统的安全性。

与/etc/passwd 文件相似,/etc/shadow 文件内容的每行记录对应一个用户,但是每条记录是由 8 个冒号(:)隔开的 9 个字段组成,其中个别字段的内容可以为空白,但仍需要使用冒号来进行占位表示字段,因为/etc/shadow 文件有特别的重要性,因此不能随意修改。/etc/shadow 文件内容的格式如下:

用户名:加密密码:最后一次修改时间:最小时间间隔:最大时间间隔:警告时间:不活动时间:失效时间:保留字段

其中,每个字段的详细含义如下。

(1)用户名——由于密码也要与用户名对应。因此,这个文件的第一个字段就是用户名,必须要与/etc/passwd 相同。

(2)加密密码——这才是真正保存用户的密码,而且是经过加密后的密码,我们看到的是一些特殊符号的字母。如果密码字段的第一个字符为*或!,标示这个用户不可以用来登录。如果某一用户不规范操作,可以在这个文件中将该用户的密码字段前加*或是!,该用户将无法登录系统。

(3)最后一次修改时间——表示从"1970 年 1 月 1 日"起,到用户最近一次修改密码的间隔天数。

(4)最小时间间隔——表示两次修改密码之间的最小时间间隔,即密码的最短存活期。如果设置为 0,表示密码随时都可以更改;如果设置为 15,表示在 15 天之内用户不能修改密码。

(5)最大时间间隔——表示两次修改密码之间的最大时间间隔,即密码的最长存活期。如果在这个期限内不修改,则这个用户将暂时失效;如果设置为 99 999,表示密码不需要重新设置,长期有效。

(6)警告时间——由于上面"最大时间间隔"的时间限制,当用户的密码失效期限快到时,系统会依据这个字段的设置值 n,在密码到期前 n 天给这个用户发出警告,提醒该用户在 n 天之后密码将失效,请尽快修改密码。

(7)不活动时间——密码过期几天后被禁用。如果用户过了警告期限没有修改密码,使密码失效,还可以使用这个密码在 n 天内进行登录;如果在这个期限到达之前还没有修改密码,超过这个时间,则该用户将被禁用而失效。

(8)失效时间——表示该用户的账号生存期,超过这个设定时间,账号失效,用户就无法登录系统了。如果这个字段的值为空,账号永久可用。

(9)保留字段——Linux 的保留字段,目前为空,以备 Linux 日后发展使用。

/etc/shadow 文件的内容如下:

root:$ 6 $ SQ3FJlbkPRiz6fvE $ UrbwG6J/YlSTsmvo56RBOcLIuK1BiSRS4Q.EQN7fQ.tpNi10924A/
TSO79wu4CaE9ieNntVjrazAgJQHBVBjH1:16424:0:99999:7: : :

```
bin: * :15937:0:99999:7: : :
daemon: * :15937:0:99999:7: : :
adm: * :15937:0:99999:7: : :
lp: * :15937:0:99999:7: : :
sync: * :15937:0:99999:7: : :
shutdown: * :15937:0:99999:7: : :
halt: * :15937:0:99999:7: : :
nobody: * :15937:0:99999:7: : :
stud1: $ 6 $ dOTq24IC $ 9Ou/tU9oY01rYJquN5/hOKnJFM65ypSmCChkJvYFqAJL.fM9Lr9Xan.
saAoZ6376r4fYnTVWmNd6ndxtMbuf9. :16438:0:99999:7: : :
stud2: $ 6 $ pENyvRrB $ EF9UqRCKPKHVCtF3F1Hp9DOjSYvV6X6rGQFXl5jXtg61/Mrz6UOh1QbstWWka7ioYo3ciszQ/
OTOnx/eSw7F0. :16438:0:99999:7: : :
```

3. /etc/login.defs 文件

/etc/login.defs 文件用来定义创建一个用户时的默认设置,建立用户账户时会根据 /etc/login.defs 文件的配置来设置用户账户的某些选项,如指定用户的 UID 和 GID 的范围、用户的过期时间、是否需要创建用户主目录等。

```
# Please note that the parameters in this configuration file control the
# behavior of the tools from the shadow-utils component. None of these
# tools uses the PAM mechanism, and the utilities that use PAM(such as the
# passwd command) should therefore be configured elsewhere. Refer to
# /etc/pam.d/system-auth for more information.
#
# *REQUIRED*
#   Directory where mailboxes reside, _or_ name of file, relative to the
#   home directory.  If you _do_ define both, MAIL_DIR takes precedence.
#   QMAIL_DIR is for Qmail
#
#QMAIL_DIR     Maildir
MAIL_DIR       /var/spool/mail
#MAIL_FILE     .mail
# Password aging controls:
#
#PASS_MAX_DAYS    Maximum number of days a password may be used.
#PASS_MIN_DAYS    Minimum number of days allowed between password changes.
#PASS_MIN_LEN     Minimum acceptable password length.
# PASS_WARN_AGE    Number of days warning given before a password expires.
#
PASS_MAX_DAYS    99999
PASS_MIN_DAYS    0
PASS_MIN_LEN     5
PASS_WARN_AGE    7
#
# Min/max values for automatic uid selection in useradd
#
UID_MIN                  500
UID_MAX                60000
#
# Min/max values for automatic gid selection in groupadd
```

```
#
GID_MIN                      500
GID_MAX                      60000
#
# If defined, this command is run when removing a user.
# It should remove any at/cron/print jobs etc. owned by
# the user to be removed (passed as the first argument).
#
#USERDEL_CMD      /usr/sbin/userdel_local
#
# If useradd should create home directories for users by default
# On RH systems, we do. This option is overridden with the -m flag on
# useradd command line.
#
CREATE_HOME       yes
# The permission mask is initialized to this value. If not specified,

# the permission mask will be initialized to 022.
UMASK              077
# This enables userdel to remove user groups if no members exist.
#
USERGROUPS_ENAB yes
# Use SHA512 to encrypt password.
ENCRYPT_METHOD SHA512
```

下面是/etc/login.defs 文件的重要参数介绍，如表 3-2 所示。

表 3-2 /etc/login.defs 文件的重要参数

名 称	数 值	含 义
QMAIL_DIR	/var/spool/mail	在创建用户的同时在目录/var/spool/mail 中创建用户 mail 文件
PASS_MAX_DAYS	99999	账户密码最长有效天数
PASS_MIN_DAYS	0	账户密码最短有效天数
PASS_MIN_LEN	5	账户密码的最小长度
PASS_WARN_AGE	7	账户密码过期前提前警告的天数
UID_MIN	500	指定创建用户时自动产生的最小 UID
UID_MAX	60000	指定创建用户时自动产生的最大 UID
GID_MIN	500	指定创建组群时自动产生的最小 GID
GID_MAX	60000	指定创建组群时自动产生的最大 GID
CREATE_HOME	yes	指定创建用户时是否创建用户主目录，yes 为创建，no 为不创建
UMASK	077	指定默认的权限掩码，初始化值为 077
USERGROUPS_ENAB	yes	删除用户时，如果组成员为空，是否删除组
ENCRYPT_METHOD	SHA512	指定默认的加密方法为 SHA512

4. /etc/default/useradd 文件

当使用 useradd 命令且不加任何参数创建一个用户后时，用户默认的主目录一般位于/home 下，默认使用的 shell 是/bin/bash，这是由于/etc/default/useradd 文件做了默认限制。useradd -D 命令在不加任何参数时，显示/etc/default/useradd 文件的当前设置，内容如下：

```
# useradd defaults file
GROUP = 100                    //用户组 ID
HOME = /home                   //把用户的主目录创建在/home 中
INACTIVE = -1                  //是否启用账号过期停权,-1 表示不启用
EXPIRE =                       //账号终止日期,不设置为不启用
SHELL = /bin/bash              //默认的用户 shell
SKEL = /etc/skel               //默认添加用户的目录下,默认文件都从这个位置复制过来
CREATE_MAIL_SPOOL = yes        //是否创建用户邮件缓冲区,yes 表示创建
```

要改变此文件，有两种方法：一种是通过文本编辑器的方式来更改；另一种是通过 useradd 命令来更改。这里介绍一下第二种方法。

useradd 命令加-D 参数后，就可以修改配置文件/etc/default/useradd，使用的一般格式如下：

```
useradd -D [-g group_group] [-b default_home] [-s default_shel] [-f default_inactive]
[-e default_expire_date]
```

每个选项详细的含义如下。

(1) -g default_group——表示新建用户的起始组名或 GID，组名必须为已经存在的用户组名称，GID 也必须是已经存在的用户组 GID。与/etc/default/useradd 文件中的 GROUP 行对应。

(2) -b default_home——指定新建用户主目录的上级目录，也就是所有新建用户都会在此目录下创建自己的主目录，与/etc/default/useradd 文件中的 HOME 行对应。

(3) -s default_shell——指定新建用户默认使用的 shell，与/etc/default/useradd 文件中 SHELL 行对应。

(4) -f default_inactive——指定用户账号过期多长时间后就永久停用，与/etc/default/useradd 文件中的 INACTIVE 行对应。

(5) -e default_expire_date——指定用户账号的过期时间，与/etc/default/useradd 文件中的 EXPIRE 行对应。

5. /etc/skel 目录

在 Linux 操作系统中使用 useradd 命令建立用户时，所建立用户的登录脚本、家目录等所有信息都是以/etc/skel 目录中的内容为模板的。用户主目录下的文件都从这个目录中复制。

如果在/etc/skel 目录中建立目录或放入文件，那么新建用户的家目录中就会有这些目录及文件；如果修改该目录中的用户配置文件、登录脚本等内容，那么新建用户的用户配置文件、登录脚本也会采用修改后的内容。

/etc/skel 目录中的模板内容如下：

```
[root@localhost ~]# ll -a /etc/skel/
总用量 36
drwxr-xr-x.   4 root root  4096 12 月 20 22:48 .
drwxr-xr-x. 117 root root 12288 1 月   3 19:37 ..
```

```
-rw-r--r--. 1 root root   18 7月   9 2013 .bash_logout
-rw-r--r--. 1 root root  176 7月   9 2013 .bash_profile
-rw-r--r--. 1 root root  124 7月   9 2013 .bashrc
drwxr-xr-x. 2 root root 4096 7月  14 2010 .gnome2
drwxr-xr-x. 4 root root 4096 12月 20 22:43 .mozilla
[root@localhost ~]#
```

3.2.2 用户账户管理命令

下面介绍用户管理的常用命令,包括创建用户账户、设置用户账户密码和用户账户维护与切换等命令。

1. useradd 命令

功能:新建用户账户。

格式: useradd [选项] <用户名>。

说明:用于在系统中新建用户账户,该命令也可以使用 useradd 命令的别名 adduser。其常用选项如表 3-3 所示。

表 3-3 adduser 命令的常用选项

常用选项	含义说明	常用选项	含义说明
-c comment	用户的注释信息	-N	不要为用户创建用户私人组群
-d home_dir	指定用户家目录	-D	变更用户预设配置值
-e expir_date	指定账户过期日期	-r	创建 UID 小于 500 且不带主目录系统账号
-f inact_days	指定密码过期后多久关闭账户	-p passwd	加密的密码
-g group	指定用户所属的主组群名称或 GID	-G	用户所属的附属组群列表,多个组群之间用逗号隔开
-u UID	指定用户的 UID,它必须是唯一的,且大于 499	-U	创建一个与用户名相同的组群
-m	创建用户家目录	-M	不创建用户的家目录
-s shell	指定用户的登录 shell,默认为/bin/bash	-l	不把用户加入 lastlgo 和 faillog 数据库中

举例:

```
[root@localhost ~]# useradd finance          //建立 finance 用户,其他选项为默认值
[root@localhost ~]# uaseadd -u 700 software  //创建用户 software,并指定其 UID 为 700
[root@localhost ~]# useradd -s /sbin/nologin john  //建立用户 john,但禁止本地登录系统
[root@localhost ~]# useradd -G adm,root rose //建立用户 rose,并指定其属于 adm 和 root 组
```

2. passwd 命令

功能:按照指定的选项修改指定用户的密码属性。

格式:passwd [选项] 用户账户。

说明:在 Linux 操作系统中,新创建的用户在没有设置密码的情况下是处于锁定的状态,用户无法登录系统。passwd 命令按照指定的选项来修改指定用户的密码属性,如果默认用户名,则修改当前用户的密码属性,密码管理包括用户密码的设置、修改、删除、锁定、解

锁等操作。其常用选项如表 3-4 所示。

表 3-4 passwd 命令的常用选项

常用选项	含 义 说 明
默认	设置指定用户的密码
-k	保持身份验证令牌不过期
-d	删除已命名账号的密码(只有根用户才能进行此操作)
-l	锁定用户账号
-u	解开账号的锁定状态
-e	使指定用户账号的密码过期(只有根用户才能进行此操作)
-f	强制执行操作
-x	密码的最长有效时限(只有根用户才能进行此操作)
-n	密码的最短有效时限(只有根用户才能进行此操作)
-w	在密码过期前多少天开始提醒用户(只有根用户才能进行此操作)
-i	当密码过期后经过多少天该账号会被禁用(只有根用户才能进行此操作)
-s	报告已命名账号的密码状态(只有根用户才能进行此操作)

举例：

[root@localhost ~]# ***passwd***
更改用户 root 的密码
新的密码：
重新输入新的密码：
passwd：所有的身份验证令牌已经成功更新
[root@localhost ~]# ***passwd rose***
更改用户 stud1 的密码
新的密码：
无效的密码：过于简单化/系统化
重新输入新的密码：
passwd：所有的身份验证令牌已经成功更新

3．userdel 命令

功能：删除用户账户。

格式：userdel ［选项］<用户名>。

说明：userdel 命令删除用户账号及其相关文件，该命令只有 root 用户才能使用，如果在新建该用户时创建了私有组，且该私有组当前没有其他用户，则在删除用户的同时也删除这一私有组。注意，正在使用系统的用户不能被删除，必须首先终止该用户的所有进程才能删除该用户。其常用选项如表 3-5 所示。

表 3-5 userdel 命令的常用选项

常用选项	含 义 说 明
-r	删除用户的同时删除用户的主目录及用户的邮件目录
-f	强制删除文件
-h	显示帮助信息
-Z	删除 SELinux 用户

举例：

```
[root@localhost ~]# userdel  testing    //删除用户 testing,但保留其家目录
[root@localhost ~]# userdel  -r  rose   //删除用户 rose,同时删除其家目录
```

4．usermod 命令

功能：usermod 命令用于设置和修改用户账户的各项属性。

格式：usermod ［选项］ <用户名>。

说明：usermod 命令用于设置和修改用户账号的各项相关属性,包括登录名、主目录、用户组、登录 shell 等信息,该命令只有 root 用户才能使用。其常用选项如表 3-6 所示。

表 3-6 usermod 命令的常用选项

常用选项	含 义 说 明	选用选项	含 义 说 明
-c comment	修改用户的注释信息	-G	修改用户所属的附加组群
-d home_dir	修改指定用户家目录	-l	修改用户账号名称
-e expir_date	修改账户的有效期限	-p	修改用户密码
-f inact_days	修改账号密码过期后多久关闭账户	-s	修改用户登录的 shell
-g group	修改用户所属的主组群	-L	锁定用户账号,用户不可以登录
-u UID	修改用户的 UID	-U	解除用户锁定
-m	与-d 同时使用,移动用户旧的家目录到新的位置	—	

举例：

```
[root@localhost ~]# usermod  -l  finan  finance  //更改用户 finance 的登录名为 finan
[root@localhost ~]# usermod  -L  rose            //锁定用户 rose,用户不可以登录
[root@localhost ~]# usermod  -U  rose            //解除对 rose 用户的锁定
```

5．su 命令

功能：su 命令用于变更使用者的身份,拥有临时切换用户的权限。

格式：su ［选项］ <用户名>。

说明：su 命令是使用指定用户的 shell,经常被理解为切换用户身份,使用 exit 返回原来用户,由 root 切换到普通用户不需要输入密码,但普通用户之间切换时需要输入密码。其常用选项如表 3-7 所示。

表 3-7 su 命令的常用选项

常用选项	含 义 说 明
-或-l	使用指定用户的 shell
-c COMMAND	向 shell 传递单一个 command 命令
-m	不重置 home、shell、user、logname 环境变量
-s SHELL	如果/etc/shells 允许,运行给定的 shell

举例：

```
[root@localhost ~]# su  testing   //由 root 用户切换到 testing 用户,但环境变量保持不变
```

[testing@localhost root]$ **su -l rose** //由 testing 用户切换到 rose 用户,需要输入密码
密码:
[rose@localhost ~]$

6. id 命令

功能:id 命令用于显示指定用户或当前用户的用户与组信息。

格式:id [选项] [用户名]。

说明:id 命令用于显示指定用户或当前用户(当未指定用户时)的用户与组信息。其常用选项如表 3-8 所示。

表 3-8 id 命令的常用选项

常用选项	含义说明
-a	忽略,仅为与其他版本相兼容而设计
-Z	仅显示当前用户的安全环境
-g	仅显示有效的用户组 ID
-G	显示所有组的 ID
-n	显示组名称而非数字,不与-u-g-G 一起使用
-r	显示真实 ID 而非有效 ID,与-u-g-G 一起使用
-u	仅显示有效用户的 ID

举例:

[stud2@localhost ~]$ **id**
uid=501(stud2) gid=501(stud2) 组=501(stud2) 环境=unconfined_u:unconfined_r:unconfined_t:s0-s0:c0.c1023
[stud2@localhost ~]$ **id -g**
501
[stud2@localhost ~]$ **id -G**
501
[stud2@localhost ~]$ **id -u**
501
[stud2@localhost ~]$ **id -un**
Stud2

7. whoami 命令

功能:whoami 命令用于显示与当前有效用户 ID 相关联的用户名。

格式:whoami [选项]。

说明:whoami 命令用于显示指定用户或与当前用户 ID 相关联的用户名,相当于 id-un。其常用选项如表 3-9 所示。

表 3-9 id 命令的常用选项

常用选项	含义说明
--help	显示帮助信息
--version	显示版本信息

举例:

```
[root@localhost ~]# whoami
root
[root@localhost ~]# id -un
root
```

3.3 理解组配置文件并掌握组管理命令

在 Linux 操作系统中,为了方便系统管理员的管理和工作,需要对用户进行分组,按组来授权和管理,具有某种共同特征用户的集合便组成了组群。每个用户的账号至少属于一个组群,每个组群可以包含多个用户,同属于一个组群的用户享有该组群共同的权限。

组群账户的信息存放在/etc/group 文件中,而有关组群管理的信息,包括组群的密码、组群的管理员等,则存放在/etc/gshadow 文件中。

3.3.1 理解组群配置文件

1. /etc/group 文件

/etc/group 文件是用户组群的配置文件,存放组群账户的所有信息。对于该文件的内容,任何用户都可以读取。/etc/group 文件内容是每个组群账户占用一行记录,每个记录是由 3 个冒号(:)分隔的 4 个字段,每条记录的格式如下:

组群名:组群口令:组群标识号:组群成员列表

各个字段解释如下。

(1) 组群名称——用户组群的名称,由字母或数字构成,组群名称不能重复。

(2) 组群口令——存放用户组群加密后的密码字符串,Linux 操作系统下默认的用户组群都是没有密码的,可以通过 gpasswd 来给用户组群添加密码,为了安全性,与用户配置文件/etc/passwd 一样,这里使用 x 代替,而真正的密码存放在/etc/gshadow 文件中。

(3) 组群标识号——即 GID,一般也是从 500 开始,与/etc/passwd 中用户的组群标识号对应。

(4) 组群成员列表——列出属于该组群的所有用户,多个用户之间用逗号分隔。

/etc/group 文件的内容如下:

```
[root@localhost ~]# cat /etc/group
root:x:0:
bin:x:1:bin,daemon
daemon:x:2:bin,daemon
sys:x:3:bin,adm
adm:x:4:adm,daemon
sshd:x:74:
tcpdump:x:72:
slocate:x:21:
stud1:x:500:
stud2:x:501:
[root@localhost ~]#
```

从上面的/etc/group 文件中可以看出用户的主组群并不把该用户作为成员列出,如用户 stud1 的主组群是 stud1,但/etc/group 文件中 stud1 组群的成员列表中并没有 stud1 用户。

2. /etc/gshadow 文件

/etc/gshadow 文件存放组群的加密密码、组群管理员等信息,该文件只有 root 用户有权读取。每个组群账户在 gshadow 文件中占一行,且以冒号(:)分隔 4 个字段。每行记录的格式如下:

组群名:组群密码:组群的管理员:组群成员列表

各个字段的解释如下。

(1) 组群名——组群的名称,与/etc/group 文件中的组群名称相对应。
(2) 组群密码——加密后的组群密码,同样地,以"!"开头的密码表示无效密码。
(3) 组群管理员——组群的管理员账号。
(4) 组群成员列表——该组群所有成员的账号,与/etc/group 中的内容相同。

/etc/gshadow 文件的内容如下:

[root@localhost ~]# *cat /etc/gshadow*
root:::
bin:::bin,daemon
daemon:::bin,daemon
sys:::bin,adm
adm:::adm,daemon
nobody:::
stud1:!::
stud2:!::

3.3.2 组群管理命令

组群管理命令包括创建新的组群、维护组群账户、为组群添加用户和删除组群等内容。

1. groupadd 命令

功能:创建新的用户组群。

格式:groupadd [选项] 组群名称。

说明:groupadd 命令是用来创建新的用户组群账号的,这样只要为不同的用户组群赋予不同的权限,再将不同的用户按需要加入相应的组群中,用户就可以获得其所在组群的权限,方便用户的权限管理。其常用选项如表 3-10 所示。

表 3-10 groupadd 命令的常用选项

常用选项	含义说明
-f	如果组群已经存在,就退出
-g GID	给新建的组群使用 GID 为标识号
-h	显示帮助信息
-K	覆盖改写/etc/login.defs 的默认值
-o	允许创建重复的组群
-p	给新创建的组群设置加密的密码
-r	创建一个系统组群账号

举例：要创建工程部和财务部两个组群，操作如下：

[root@localhost ~]# ***groupadd engineer***　　//创建 engineer 组群
[root@localhost ~]# ***groupadd finance***　　//创建 finance 组群
[root@localhost ~]# ***cat /etc/group***
root:x:0:
bin:x:1:bin,daemon
daemon:x:2:bin,daemon
sys:x:3:bin,adm
adm:x:4:adm,daemon
sshd:x:74:
tcpdump:x:72:
slocate:x:21:
stud1:x:500:
stud2:x:501:
engineer:x:502:　　　　　　　　　　　//可以看出增加了 engineer 组群
finance:x:503:　　　　　　　　　　　//可以看出增加了 finance 组群

2. groupmod 命令

功能：修改组群属性。

格式：groupmod ［选项］<组群名称>。

说明：在创建完组群后，管理员可能需要根据实际情况对用户组群的属性进行修改，包括对组群的名称和组群标识 GID 进行修改。其常用选项如表 3-11 所示。

表 3-11　groupmod 命令的常用选项

常用选项	含 义 说 明
-g GID	更改组群标识为新的标识号 GID
-h	显示帮助信息
-n NWGRP	更改组群的名称为新的组名 NWGRP
-o	允许使用重复的组群标识 GID
-p PASSWD	更改组群的密码为加密 PASSWD

举例：更改上例中创建的组群 engineer 的名称为 engineers。

[root@localhost ~]# ***groupmod -n engineers engineer*** //更改 engineer 组群的名称为 engineers
[root@localhost ~]# ***cat /etc/group***
root:x:0:
bin:x:1:bin,daemon
daemon:x:2:bin,daemon
sys:x:3:bin,adm
adm:x:4:adm,daemon
sshd:x:74:
tcpdump:x:72:
slocate:x:21:
stud1:x:500:
stud2:x:501:
engineers:x:502:　　　　　　　　　　//可以看出组群名称改变为 engineers
finance:x:503:

3. gpasswd 命令

功能：组群的用户管理。

说明：在组群中添加、删除用户，只有 root 用户和组群管理员才能使用这个命令。其常用选项如表 3-12 所示。

表 3-12　gpasswd 命令的常用选项

常用选项	含 义 说 明
-a	添加用户到组群
-d	把用户从组群中删除
-r	删除组群密码
-R	限制组群成员访问组群
-A	指派组群管理员
-M	设置组群成员列表

举例：把用户 stud1 和 stud2 加入组群 engineers，并指定 stud1 为组群 engineers 的管理员。

```
[root@localhost ~]# gpasswd -M stud1,stud2 engineers  //把 stud1、stud2 加入组群 engineers
[root@localhost ~]# gpasswd -A stud1 engineers  //把 stud1 指派为组群 engineers 的管理员
[root@localhost ~]# cat /etc/gshadow
root:::
bin:::bin,daemon
daemon:::bin,daemon
sys:::bin,adm
adm:::adm,daemon
nobody:::
stud1:!::
stud2:!::
finance:!::
engineers:!:stud1:stud1,stud2        //看到 stud1 为管理员，组群成员有 stud1 和 stud2
```

4. groupdel 命令

功能：删除组群。

格式：groupdel <组群名称>。

说明：groupdel 命令用来删除组群。注意：如果要删除的组群是某个用户的主组群，则该组群不能被删除。

举例：删除上面创建的组群 engineers，然后尝试删除 stud2 主组群，并观察能不能删除。

```
[root@localhost ~]# groupdel engineers    //删除组群 engineers
[root@localhost ~]# cat /etc/gshadow
root:::
bin:::bin,daemon
daemon:::bin,daemon
sys:::bin,adm
adm:::adm,daemon
nobody:::
```

```
stud1:!::
stud2:!::
finance:!::                    //可以看到 engineers 组群行已经不存在,被删除了
[root@localhost sbin]#groupdel stud2          //尝试删除 stud2 主组群
groupdel: cannot remove the primary group of user 'stud2'   //出错,删除不成功
```

3.4 图形化用户和组群管理

在 RHEL 6.5 中提供了图形界面的用户和组群管理功能,可以通过系统菜单"系统"→"管理"→"用户和组群"或 system-config-users 命令来调出图形管理界面,如图 3-2 所示。

图 3-2 用户和组群管理界面

在默认情况下,管理窗口中仅显示所有普通用户,并不显示超级用户 root 及系统用户,如果需要显示所有用户,则需要选择"编辑"→"首选项"→"用户和组群列表"选项来设置。

在管理窗口中可以很容易地添加用户和组群,如果要修改用户或组群的属性,如用户名、全称、密码等,可以在相应选项卡中选择要修改的用户名或组群名称后再单击"属性"按钮来修改。如果要修改用户或组群,可以在相应选项卡中选择要删除的用户名或组群名称后再单击"删除"按钮来删除。

项 目 小 结

Linux 操作系统是一个多用户的系统,系统中每个文件和程序都归属于某个特定的用

户,每个用户都由一个唯一的 UID 来标识。系统中的每个用户至少要属于一个组群,与用户一样,用户组群也有一个唯一的标识 GID,用户可以归属于多个用户组群。

本项目介绍 Linux 操作系统的用户和组群相关知识,详细介绍用户管理的配置文件/etc/passwd 和/etc/shadow;同时,详细介绍组群管理的配置文件/etc/group 和/etc/gshadow 等;最后详细介绍 Linux 操作系统的用户管理和组群管理的常用命令,以及用户管理和组群管理的图形化界面。

项目 4　Linux 的磁盘管理

项目目标
- 了解 Linux 磁盘分区与文件系统类型。
- 了解 Linux 硬盘设备的命名规则。
- 了解逻辑卷管理和磁盘阵列的基本知识。
- 掌握磁盘管理常用命令。
- 掌握磁盘分区的建立与格式化。
- 掌握磁盘限额的管理与操作。
- 掌握逻辑卷 LVM 的管理。
- 掌握磁盘阵列 RAID 的管理。

4.1　理解磁盘分区与文件系统

为了便于对数据进行有效的分类存储，以便更加灵活、高效、安全地管理磁盘，磁盘在存储数据之前必须进行分割形成若干磁盘分区，分区是在硬盘上没有被侵害的自由空间上创建的、将一块物理硬盘划分成多个能够被格式化和单独使用的逻辑单元，下面介绍磁盘分区的一些基本知识。

4.1.1　Linux 磁盘分区与文件系统概述

1. 在 Linux 操作系统中磁盘设备的命名

一般的计算机系统中都会配备硬盘、软件和光盘等存储设备，而硬盘是计算机系统中最常用的存储设备。硬盘通过特定类型的接口与计算机主板相连，当今计算机系统中常见的硬盘接口类型有 IDE 接口、SCSI 接口、SATA 接口和 SAS 接口和光纤通道接口等接口类型。在 Linux 操作系统中，每个硬件设备都映射到一个系统的文件，所有的硬件设备都是以文件形式来表示的，即设备文件，对于硬盘、光驱、软盘、打印机及各种 IDE 和 SCSI 设备也是如此。为了标识不同类型的接口设备，系统为每个磁盘分配一个设备文件名，其命令规则如表 4-1 所示。

表 4-1　Linux 磁盘设备文件命名

设　　备	设备文件名
软盘驱动器	/dev/fd[0-1]
光盘 CD-ROM/DVD	/dev/cdrom

设　　备	设备文件名
IDE 硬盘	/dev/hdXY
SATA/SCSI/SAS/USB 硬盘/U 盘	/dev/sdXY

其中，X 代表硬盘设备的 ID 字母序号，从字母 a 开始依次排序。例如，第一块 IDE 硬盘设备为 hda，第二块 IDE 硬盘为 hdb；第一块 SATA 硬盘设备为 sda，第二块 SATA 硬盘设备为 sdb；等等。Y 代表某块硬盘的分区顺序号，即在设备文件名后增加相应的数字来代表相应的磁盘分区。例如，第一块 IDE 硬盘的第一个主分区为 hda1，第二主分区为 hda2 等。关于分区命名，下面会详细介绍。

2．Linux 磁盘分区

1）分区的类型

磁盘在存储数据之前必须对其进行分割，形成一块一块的磁盘分区。硬盘的分区类型分为两大类：主分区和扩展分区。一块硬盘的主分区和扩展分区最多为 4 个，扩展分区最多一个。主分区是能够安装操作系统并且能够启动计算机的分区，扩展分区的引入是为了突破一个物理硬盘只有 4 个分区的限制，但扩展分区不能直接使用，它必须再次进行分割为一个一个的逻辑分区才能使用，逻辑分区没有数量上的限制。

（1）主分区：也称为主磁盘分区，主分区中不能再划分其他类型的分区，因此每个主分区都相当于一个逻辑磁盘。习惯上，Linux 将主分区命名为 1～4，即每个磁盘最多可以分割成 4 个主分区。

（2）扩展分区：硬盘容量越来越大，只使用 4 个主分区进行标识的方法已经不能适应，为了建立更多的逻辑磁盘供操作系统使用，系统引入了扩展分区的概念。所谓扩展分区，严格地讲它不是一个实际意义上的分区，它仅是一个指向下一个分区的指针，这种指针结构将形成一个单向链表。这样在主引导扇区中除主分区外，仅需要存储一个被称为扩展分区的分区数据，通过这个扩展分区的数据可以找到下一个分区（实际上也就是下一个逻辑磁盘）的起始位置，以此起始位置类推可以找到所有的分区。无论系统中建立多少个逻辑磁盘，在主引导扇区中通过一个扩展分区的参数就可以逐个找到每个逻辑磁盘。

（3）逻辑分区：逻辑分区是从扩展分区上划分出来的多个逻辑驱动器，这些逻辑驱动器没有独立的引导块，不能引导系统启动。对于第一逻辑分区，Linux 总是从 5 开始进行标识的。

2）磁盘分区的命名

要进行分区就必须针对某个硬件设备进行操作，Linux 下的分区命名与 Windows 下的命名不同，如前所述，Linux 把各种 IDE 设备分配一个由 hd 前缀组成的文件，而把 SCSI 硬盘分配一个由 sd 前缀组成的文件。对于 IDE 硬盘，其设备文件命名用 hdxy 表示，其中 hd 表明分区所有的设备类型为 IDE 接口硬盘；x 为盘号，代表分区所在磁盘是当前接口的第几个设备，以字母 a、b、c 等标识；y 代表分区号，分区号 1～4 代表主分区或扩展分区，从 5 开始就是逻辑分区号。对于 SCSI 硬盘，其设备文件名为 sdxy，其中 sd 表示分区所有的设备类型为 SCSI 接口的硬盘，其余与 IDE 硬盘的表示方法相同；x 为盘号，代表分区所在磁盘是当前接口的第几个设备，以字母 a、b、c 等标识；y 代表分区号，分区号 1～4 代表主分区或扩展分区,从 5 开始就是逻辑分区号。光驱(不管是 IDE 类型或者 SCSI)的命名方法与硬盘相同。例如：

(1) /dev/hda1 表示 IDE 0 盘的第一个主分区。

(2) /dev/hda2 表示 IDE 0 盘的第二个主分区。

(3) /dev/hda5 表示 IDE 0 盘的第一个逻辑分区。

(4) /dev/hda8 表示 IDE 0 盘的第四个逻辑分区。

(5) /dev/hdb1 表示 IDE 1 盘的第一个主分区。

(6) /dev/hdb2 表示 IDE 1 盘的第二个主分区。

(7) /dev/sda1 表示第一个 SCSI 硬盘的第一个主分区。

(8) /dev/sda2 表示第一个 SCSI 硬盘的第二个主分区。

3. Linux 文件系统

操作系统中负责管理和存储文件信息的软件部分称为文件管理系统,简称文件系统。从系统的角度来看,文件系统是指对磁盘空间进行组织、管理和分配,负责文件的存储,并对存入的文件进行保护和检索的系统,它负责对用户建立、存入、读取、修改、转存、撤销文件等操作进行控制。从用户的角度来看,文件系统是在磁盘分区组织存储文件或数据的方法和格式。磁盘分区后,必须经过格式化才能使用并存储数据,磁盘分区格式化的过程实际上就是在分区上创建文件系统的过程,也只有在分区上创建了文件系统后,该分区才能存取和管理文件。Linux 操作系统支持多种文件系统类型,常见的有以下几种。

(1) ext 2：ext 2 是 GNU/Linux 操作系统中标准的文件系统。这是 Linux 中使用最多的一种文件系统,它是专门为 Linux 设计的,拥有极快的速度和极小的 CPU 占用率。ext 2 既可以用于标准的块设备(如硬盘),也可以应用在软盘等移动存储设备上。

(2) ext 3：ext 3 是 ext 2 的下一代,在 ext 2 的格式之下再加上日志功能。ext 3 最大的特点是,它会将整个磁盘的写入动作完整地记录在磁盘的某个区域上,以便在需要时回溯追踪。当某个过程中断时,系统可以根据这些记录直接回溯并重新整理被中断的部分,且速度相当快。该分区格式被广泛应用在 Linux 操作系统中。

(3) ext 4：ext 4 是一种针对 ext 3 系统的日志式文件系统,专门为 Linux 开发的扩展文件系统,自 Linux Kernel 2.6.28 启用,支持 1EB(1EB=1024PB,1PB=1024TB)的文件系统及 16TB 大小的文件。支持文件的连续写入,减少文件碎片,提高磁盘的读写性能,RHEL 6 默认使用 ext 4 文件系统。

(4) FAT 16：FAT 16 是 MS-DOS 和最早期的 Windows 95 操作系统采用的磁盘分区格式,采用 16 位的文件分配表,大多数的操作系统支持这种分区格式,是目前获得最多操作系统支持的一种磁盘分区格式。它的缺点是只支持 2GB 的硬盘分区和磁盘利用效率低。为了解决这个问题,微软公司在 Windows 95 OSR 2 中推出了一种全新的磁盘分区格式 FAT 32。

(5) FAT 32：FAT 32 采用 32 位的文件分配表,对磁盘的管理能力大大增强,突破了 FAT 16 下每个分区只有 2GB 的限制,大大方便了对磁盘的管理,同时极大地减少了磁盘的浪费,提高了磁盘利用率。但是,这种分区格式也有它的缺点。由于文件分配表的扩大,其运行速度比采用 FAT 16 格式分区的磁盘要慢。另外,由于 DOS 和 Windows 95 不支持这种分区格式,因此采用这种分区格式后,将无法再使用 DOS 和 Windows 95 操作系统。

（6）NTFS：为了弥补 FAT 在功能上的缺陷，微软公司创建了一种称作 NTFS 的文件系统技术。它的优点是在安全性和稳定性方面非常出色，在使用中不易产生文件碎片，并且能对用户的操作进行记录，通过对用户权限进行非常严格的限制，使每个用户只能按照系统赋予的权限进行操作，充分保护了系统与数据的安全。Windows 2000、Windows NT 及 Windows XP 都支持这种分区格式。

（7）RAMFS：内存文件系统，速度很快。

（8）ISO 9660：大部分光盘所采用的文件系统。

（9）NFS：网络文件系统。

（10）SMBAFS/CIFS：支持 Samba 协议的网络文件系统。

（11）Linux swap：swap 文件系统专门用于交换分区来提供虚拟内存。与 Windows 的交换文件不同，Linux 使用整个分区来作为交换空间。计算机系统的物理内存是一种有限的资源，而当今的操作系统支持极大的逻辑内存空间，使在系统中运行的进程数远多于物理内存能够运行的进程数量，部分进程需要在物理内存和大容量存储间移动。当操作系统申请的内存空间超过系统的主内存时，系统会把物理内存中不常用的一部分交换到 swap 文件系统中，释放一部分物理内存来供给系统使用，而当系统再次需要执行导出到 swap 文件系统中的内容时，首先在 swap 文件系统中找到它们，然后加载到物理内存中运行。一般 swap 文件系统的交换分区大小被设置为当前计算机主内存的 2 倍。

4. Linux 的挂载点

在 Linux 操作系统中，所有的文件在逻辑上被组织成一个树状的目录结构，而从物理位置上看，文件存放在磁盘分区中，要在逻辑上的树状目录结构与物理上的磁盘分区之间建立起联系，就需要文件系统的挂载，如果想访问某个磁盘分区和其他设备（如光驱、软驱等），必须把它挂接到文件系统目录树上。所谓"挂载"，就是把某个目录当成分区的进入点，把一个磁盘分区挂到该目录下，将分区的数据存放在该目录下，用户通过该目录就可以访问到该分区中的文件数据，这个进入点的目录就称为挂载点（mount point）。一般而言，挂载点应该是一个空目录，否则目录中原来的文件将被系统隐藏。

Linux 下常用的可供选择的挂载点有以下几个。

（1）/——根目录，所有的分区都必须挂载到此目录之下。

（2）/home——/home 是用户家目录所在地，用户各自的数据分别单独保存在这个目录中，这个分区或目录的大小取决于有多少用户。如果多用户共同使用一台计算机，采用单独分区是完全必要的。

（3）/tmp——用来存放临时文件的分区。对于多用户系统或网络服务器来说是必要的。这样即使程序运行时生成大量临时文件，或者用户对系统进行了错误的操作，文件系统的其他部分仍然是安全的。

（4）/var/log——系统日志记录分区。一般多用户系统或网络服务器要建立这个分区，如果系统的日志文件出现了问题，它们也不会影响操作系统的主分区。

（5）/usr——操作系统存放软件的分区。

（6）/bin——存放标准系统实用程序。

（7）/dev——存放设备文件。

（8）/opt——存放可选的安装软件。

(9)/sbin——存放超级用户标准系统管理文件。

5. 文件系统的挂载与卸载

与 Windows 不同,在 Linux 操作系统中,磁盘分区不能直接访问,需要将其挂载到系统中称为挂载点的某个目录,然后通过访问挂载点来实现分区的访问。文件系统的挂载主要有两种方式:手动挂载和系统启动时挂载。

1) mount 命令手动挂载

格式:mount [选项] [设备] [挂载点]。

功能:将设备挂载到指定的挂载点,其中此处的"设备"是指要挂载的设备名称,如/dev/hda1 或/dev/cdrom,"挂载点"是指文件系统中已经存在的一个目录名。mount 命令的选项及含义如表 4-2 所示。

表 4-2 mount 命令的选项及含义

-t <文件系统类型>	含义	-o <选项>	含义
ext 4	RHEL 默认的文件系统	ro	以只读方式挂载
Vfat	即 FAT 32	rw	以读写方式挂载
ISO 9660	CD-ROM 光盘标准文件系统		重新挂载已挂载的设备
NTFS	NTFS 文件系统	remount	允许一般用户挂载设备
auto	自动检测文件系统	user	不允许一般用户挂载设备
swap	交换分区的系统类型	nouser	

举例:把一个文件系统类型为 ext 3 类型的磁盘分区/dev/sda 2 挂载到/media/sda 2 目录下,其操作如下:

[root@localhost ~]# *cd /media*
[root@localhost media]# *mkdir sda2*
[root@localhost media]# *mount /dev/sda2 /media/sda2*

挂载光盘的操作如下:

[root@localhost ~]# *cd /media*
[root@localhost media]# *mkdir cdrom*
[root@localhost media]# *mount /dev/cdrom /media/cdrom*

2) 在系统启动时挂载

Linux 操作系统在启动时也可以自动挂载文件系统,如果要实现每次开机时自动挂载文件系统,可以通过编辑/etc/fstab 文件来实现。在/etc/fstab 文件中列出了引导系统时需要挂载的文件系统及文件系统的类型和挂载参数。系统引导过程中会读取/etc/fstab 文件,并根据该文件的配置参数来挂载相应的文件系统。

/etc/fstab 文件的每行代表一个文件系统,每行包含 6 列,其文件结构如下:

[file system] [mount point] [type] [options] [dump] [pass]

其中,各个字段的含义如下。

(1)[file system]——指定将要挂载的设备文件,也可以是远程文件系统。

(2)[mount point]——文件系统的挂载点,这个挂载点必须是一个已经存在的目录。

对于 swap 分区,此处应该填写 swap,表示没有挂载点。

（3）[type]——用来指定文件系统的类型,可以是前面介绍的是 Linux 支持的文件系统类型。

（4）[options]——挂载选项,传递给 mount 命令以决定如何挂载,各项选项之间用逗号隔开。

（5）[dump]——由 dump 程序决定是否备份文件系统,1 表示备份,0 表示不备份。

（6）[pass]——指定如何使用 fsck 来检查磁盘及检查次序,可取值为 0、1、2。

3）umount 命令文件系统卸载

格式：umount　[选项]　[挂载点]/[设备名]。

功能：将使用 mount 命令挂载的文件系统卸载。

举例：

[root@localhost ~]# **umount**　**/dev/cdrom**　　　　//卸载指定设备名
[root@localhost media]# **umount**　**/media/cdrom**　　//卸载指定挂载点

4.1.2　分区的创建与格式化

1. 添加磁盘

为了实现磁盘分区操作,必须先在虚拟机中添加一块硬盘,在关闭虚拟机的情况下,选择"虚拟机"→"设置"选项,弹出"虚拟机设置"对话框,如图 4-1 所示,单击"添加"按钮,弹出"添加硬件向导"对话框,如图 4-2 所示。

图 4-1　"虚拟机设置"对话框

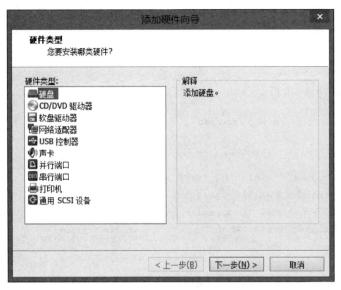

图 4-2 "添加硬件向导"对话框

在"硬件类型"列表框中选择"硬盘"选项,单击"下一步"按钮,按向导提示进行添加,此处不再赘述,这里按默认设置添加一块 20GB 的硬盘。

2. 分区的创建

RHEL 6.5 提供了一个功能强大的磁盘分区工具 fdisk,它是一个菜单式的交互程序。在操作分区之前,一般要使用 fdisk -l 命令来了解当前系统的分区方案。

```
[root@localhost ~]# fdisk -l

Disk /dev/sda: 21.4 GB, 21474836480 bytes
255 heads, 63 sectors/track, 2610 cylinders
Units = cylinders of 16065 * 512 = 8225280 bytes

   Device Boot      Start         End      Blocks   Id  System
/dev/sda1   *           1           6       48163+  83  Linux
/dev/sda2               7         515     4088542+  83  Linux
/dev/sda3             516         776     2096482+  82  Linux swap / Solaris
/dev/sda4             777        2610    14731605    5  Extended
/dev/sda5             777        2610    14731573+  83  Linux
Disk /dev/sdb: 21.4 GB, 21474836480 bytes
255 heads, 63 sectors/track, 2610 cylinders
Units = cylinders of 16065 * 512 = 8225280 bytes
Disk /dev/sdb doesn't contain a valid partition table
```

从上面的信息可以知道,虚拟机有两块硬盘:硬盘/dev/sda 容量大小为 21.4GB,共有 5 个分区,其中 sda1、sda2 为主分区,sda3 为交换分区,sda4 为扩展分区,sda5 为逻辑分区;硬盘/dev/sdb 容量大小为 21.4GB,没有分区表。分区表的每行由 7 个字段组成,其中,Device 为指向这个分区的设备节点,即该分区的名称,Boot 代表是否可引导分区,Start 与 End 代表分区开始和结束的柱面,Blocks 表示以 1024 字节的块为单位来表示分区的大小,

Id 表示是一个两位的十六进制数,表示类型代码,System 表示分区的类型。

在查看完当前系统的分区情况后,可以根据需要对磁盘进行分区的管理操作,如分区的删除、添加等操作,在此对/dev/sdb 创建 1 个主分区和 4 个逻辑分区,创建分区的操作如下。

(1) 执行分区命令,执行命令"fdisk 设备名称"进行交互式磁盘操作。

[root@localhost ~]# ***fdisk /dev/sdb***   //对磁盘/dev/sdb 进行分区管理操作

显示如下信息:

```
[root@localhost vmware-tools-distrib]# fdisk /dev/sdb
Device contains neither a valid DOS partition table, nor Sun, SGI or OSF disklabel
Building a new DOS disklabel. Changes will remain in memory only,
until you decide to write them. After that, of course, the previous
content won't be recoverable.


The number of cylinders for this disk is set to 2610.
There is nothing wrong with that, but this is larger than 1024,
and could in certain setups cause problems with:
1) software that runs at boot time (e.g., old versions of LILO)
2) booting and partitioning software from other OSs
   (e.g., DOS FDISK, OS/2 FDISK)
Warning: invalid flag 0x0000 of partition table 4 will be corrected by w(rite)
Command (m for help):
```

在 Command 后面可以输入一些交互式的命令,如果不知道命令,可以输入 m 来获得帮助,显示信息如下:

```
Command (m for help): m
Command action
   a   toggle a bootable flag
   b   edit bsd disklabel
   c   toggle the dos compatibility flag
   d   delete a partition
   l   list known partition types
   m   print this menu
   n   add a new partition
   o   create a new empty DOS partition table
   p   print the partition table
   q   quit without saving changes
   s   create a new empty Sun disklabel
   t   change a partition's system id
   u   change display/entry units
   v   verify the partition table
   w   write table to disk and exit
   x   extra functionality (experts only)
Command (m for help):
```

(2) 输入 p, 显示当前分区表。

Command (m for help): *p*

显示的信息如下:

Disk /dev/sdb: 21.4 GB, 21474836480 bytes
255 heads, 63 sectors/track, 2610 cylinders
Units = cylinders of 16065 * 512 = 8225280 bytes

   Device Boot   Start   End   Blocks   Id System

Command (m for help):

可以看出, 硬盘 /dev/sdb 当前还没有分区。
(3) 在 Command 后输入 n 来建立新分区, 首先建立一个主分区, 输入 p。

Command (m for help): *n*
Command action
   e   extended
   p   primary partition (1-4)
p

(4) 接着, 输入分区号 1。

Partition number (1-4): *1*

(5) 输入新建分区的起始柱面, 一般不用输入直接按 Enter 键。

First cylinder (1-2610, default 1):
Using default value 1

(6) 确定主分区大小为 5GB, 直接输入 +5GB, 并按 Enter 键。

Last cylinder or +size or +sizeM or +sizeK (1-2610, default 2610): *+5GB*

(7) 在创建好主分区之后, 开始建立扩展分区, 输入 e, 并指定分区号为 2。

Command (m for help): *n*
Command action
   e   extended
   p   primary partition (1-4)
e
Partition number (1-4): *2*

(8) 在输入新建分区的起始柱面时, 按 Enter 键按默认起始柱面, 在建立分区大小时直接按 Enter 键, 把磁盘所有剩余的空间都指定给了扩展分区。

First cylinder (610-2610, default 610):
Using default value 610
Last cylinder or +size or +sizeM or +sizeK (610-2610, default 2610):
Using default value 2610

Command (m for help):

（9）在扩展分区中创建 3 个逻辑分区，输入 l 表示创建逻辑分区，逻辑分区的大小为 5.1GB。

```
Command (m for help):n
Command action
    l   logical (5 or over)
    p   primary partition (1-4)
l
First cylinder (610-2610, default 610):
Using default value 610
Last cylinder or +size or +sizeM or +sizeK (610-2610, default 2610): +5.2GB
```

（10）在完成 3 个逻辑分区创建之后，在 Command 后输入 p 来查看分区情况，其中第一个逻辑分区编号从 5 开始。

```
Command (m for help):p

Disk /dev/sdb: 21.4 GB, 21474836480 bytes
255 heads, 63 sectors/track, 2610 cylinders
Units = cylinders of 16065 * 512 = 8225280 bytes

   Device Boot      Start         End      Blocks   Id  System
/dev/sdb1               1         609     4891761   83  Linux
/dev/sdb2             610        2610    16073032+   5  Extended
/dev/sdb5             610         615       48163+  83  Linux
/dev/sdb6             616         621       48163+  83  Linux
/dev/sdb7             622         627       48163+  83  Linux
```

（11）在 Command 后面输入 w，保存 fdisk 所做的修改并退出，然后使用 partprobe 命令使新建的分区信息写入磁盘分区表。

```
Command (m for help):w
The partition table has been altered!

Calling ioctl() to re-read partition table.
Syncing disks.
[root@localhost ~]# partprobe
```

3. 格式化分区与挂载

使用 fdisk 创建分区后，分区必须进行格式化，从而在分区上创建文件系统，且挂载到某个挂载点后才可以保存数据。

使用命令 mkfs 对分区进行格式化，格式化命令一般位于 /sbin 目录中，可以用如下命令查看格式化命令：

```
[root@localhost ~]# ll mkfs *
-rwxr-xr-x 1 root root  7140 Jul  3 2009 /sbin/mkfs
-rwxr-xr-x 1 root root 18148 Jul  3 2009 /sbin/mkfs.cramfs
-rwxr-xr-x 3 root root 47340 Jun 30 2009 /sbin/mkfs.ext2
-rwxr-xr-x 3 root root 47340 Jun 30 2009 /sbin/mkfs.ext3
-rwxr-xr-x 3 root root 29768 Oct 29 2008 /sbin/mkfs.msdos
```

```
- rwxr - xr - x 3 root root 29768 Oct 29   2008 /sbin/mkfs.vfat
```

如果要把刚才创建的逻辑分区/dev/sdb7 格式化为 ext 3 类型文件系统,其操作如下:

```
mke2fs 1.39 (29 - May - 2006)
Filesystem label =
OS type: Linux
Block size = 1024 (log = 0)
Fragment size = 1024 (log = 0)
12048 inodes, 48160 blocks
2408 blocks (5.00 %) reserved for the super user
First data block = 1
Maximum filesystem blocks = 49545216
6 block groups
8192 blocks per group, 8192 fragments per group
2008 inodes per group
Superblock backups stored on blocks:
        8193, 24577, 40961

Writing inode tables: done
Creating journal (4096 blocks): done
Writing superblocks and filesystem accounting information: done

This filesystem will be automatically checked every 27 mounts or
180 days, whichever comes first.  Use tune2fs - c or - i to override.
[root@localhost ~]#
```

在/mnt 下新建一个目录 sdb7,并把/dev/sdb7 分区挂载到/mnt/sdb7 目录下,其操作如下:

[root@localhost ~]#*mkdir /mnt/sdb7*
[root@localhost ~]#*mount /dev/sdb7 /mnt/sdb7*

以后对/mnt/sdb7 的操作就是对新建的/dev/sdb7 分区的操作。

4.1.3 熟悉其他磁盘操作命令

1. e2label 命令

功能:查看或设置分区的卷标。
格式:e2label device [newlabel]。
举例:

[root@localhost ~]#*e2label /dev/sdb1*   //查看/dev/sdb1 分区的卷标,结果没有卷标

[root@localhost ~]# *e2label /dev/sdb1 primary*//设置/dev/sdb1 分区的卷标为 primary
[root@localhost ~]# *e2label /dev/sdb1* //查看/dev/sdb1 分区的卷标,显示卷标为 primary primary
[root@localhost ~]#

2. df(disk free)命令

功能:查看文件系统的磁盘空间使用情况,显示所有文件系统对 i 节点和磁盘块的使用情况,包括文件系统安装的目录名、块设备名、总字节数、已用字节数、剩余字节数等信息。

其常用选项如表 4-3 所示。

格式：df ［选项］ ［设备或文件名］。

表 4-3 df 命令的常用选项

常用选项	说　明
-a	显示所有文件系统的磁盘使用情况
-h	以 2 的 n 次方为计量单位
-H	以 10 的 n 次方为计量单位
-i	显示 i 节点的 inode 信息，而不是磁盘块使用量
-k	以 KB 为单位信息
-m	以 MB 为单位信息
-t 或 --type=类型	只显示指定文件系统为指定类型的信息
-T 或 --print-type	显示文件系统类型

举例：

```
[root@localhost ~]# df -T
Filesystem   Type     1K-blocks   Used      Available   Use%    Mounted on
/dev/sda2    ext3     3960348     2267752   1488172     61%     /
/dev/sda5    ext3     14270000    167340    13366084    2%      /home
/dev/sda1    ext3     46633       10633     33592       25%     /boot
tmpfs        tmpfs    517568      0         517568      0%      /dev/shm
/dev/hdc     iso9660  2935370     2935370   0           100%    /media/RHEL_5.4 i386DVD
```

3. fsck 命令

功能：fsck 命令主要用于检查文件系统的正确性，并对 Linux 磁盘进行修复。其常用选项如表 4-4 所示。

格式：fsck ［选项］ 文件系统。

表 4-4 fsck 命令的常用选项

常用选项	说　明
-a	自动修复文件系统，不询问任何问题
-A	对 /dec/fstab 中所有列出的分区进行检查
-t	给定文件系统类型
-s	依次序执行检查作业，而不是同时执行
-C	显示完整的检查
-c	对文件系统进行坏块检查，这是一个漫长的过程
-d	列出 fsck 的 debug 结果
-P	当与 -A 搭配使用时，同时检查所有文件系统
-p	自动修复文件系统存在的问题
-r	采用互动模式，若检查有错误，询问是否修复
-T	不显示标题信息
-V	显示执行过程

举例：

```
[root@localhost sdb7]# fsck  /dev/sdb7
fsck 1.39 (29-May-2006)
e2fsck 1.39 (29-May-2006)
/dev/sdb7: clean, 10/12048 files, 6395/48160 blocks
[root@localhost sdb7]#
```

4．dd 命令

功能：用于将指定的输入文件复制到指定的输出文件上，且在复制过程中可进行格式转换，类似于 DOS 中的 diskcopy 命令的作用。

格式：dd ［＜if＝输入文件名/设备名＞］ ［＜of＝输出文件名/设备名＞］［bs＝块字节大小＞］ ［count＝块数］。

举例：把一张软件内容复制到另一张软盘，其操作如下：

```
//把源盘插入驱动器,然后输入如下命令
[root@localhost sdb7]# dd  if=/dev/fd0  of=/dev/fd0data
//复制完成后,把源盘取出,插入目标盘,并输入如下命令
[root@localhost sdb7]# if=/dev/fd0data   of=/dev/fd0
//复制完成后,使用如下命令删除临时文件
[root@localhost sdb7]# rm  /data/fd0
[root@localhost sdb7]#
```

5．du 命令

功能：统计目录或文件所占磁盘空间的大小，显示磁盘空间的使用情况。其常用选项如表 4-5 所示。

格式：du ［选项］ ［names…］。

表 4-5　du 命令的常用选项

常用选项	说　　明
-a	递归显示指定目录中和文件及子目录中各文件占用的数据块数
-b	以字节为单位列出磁盘空间的使用情况
-c	最后再加上一个总计
-h	以 2 的 n 次方为计量单位
-H	以 10 的 n 次方为计量单位
-k	以 1024 字节为单位列出磁盘空间的使用情况
-l	计算所有的文件大小，对硬链接文件，则多次计算
-m	以 MB 为单位显示空间的使用情况
-s	统计 names 目录中所有文件大小的总和
-x	跳过在不同文件系统上的目录，不予统计

举例：

```
[root@localhost ~]# du /bin
7656    /bin
[root@localhost ~]# du -sh /bin
7.5M    /bin
```

```
[root@localhost ~]# du -sm /bin
8        /bin
[root@localhost ~]# du -sl /bin
7800     /bin
[root@localhost ~]#
```

4.2 磁盘配额管理

Linux 是一个多用户的操作系统，如果任何人都可以随意占用硬盘空间，那么系统的硬盘空间可能很快就会被用完。为了防止某个用户或群组占用过多的磁盘空间，限制和管理用户使用的硬盘空间是非常重要的，磁盘配额功能可有效地限制用户和群组对磁盘空间的使用。Linux 内核支持基于文件系统的磁盘限额，包括通过磁盘块区 block 数和索引节点 inode 数来限制用户和群组对磁盘空间的使用，每种限制又可以分为硬限制和软限制。

4.2.1 理解磁盘配额

由于 Linux 操作系统是多用户操作系统，因此会有多人共同使用一个硬盘空间的情况发生。如果其中有少数几个使用者占用大量的硬盘空间，其他用户必将受到影响。因此，管理员应该适当开放硬盘的权限给使用者，以便妥善分配系统磁盘资源。

Linux 操作系统的磁盘配额功能用来限制用户所使用的磁盘空间，并且在用户使用了过多的磁盘空间或分区的空间过少时，会向系统管理员发出警告。磁盘配额既可以针对单独用户进行配置，也可以针对用户群组进行配置。配置策略既可以限制占用的磁盘空间，也可以限制文件的数量。配额功能只能由 root 用户或具有 root 权限的用户启用和管理。

磁盘配额限制有软限制和硬限制两种。

(1) 软限制：当用户和群组在文件系统上使用的磁盘空间和文件数超过软限制数额之后，在一定期限内用户仍可以继续存储文件，但系统会对用户提出警告，建议用户清理文件、释放空间。超过警告期限后用户就不可以再存储文件了。在 RHEL 6.5 中，默认的警告期限是 7 天。软限制的取值如果为 0，表示不受限制。

(2) 硬限制：当用户和群组可以使用的最大磁盘空间或最多的文件数超过限额之后，用户将无法再在相应的文件系统上存储文件。硬限制的取值如果为 0，也表示不受限制。

实现磁盘配额的条件有以下几个。

(1) 确保系统内核的支持，当前的 Linux 操作系统一般都支持配额。

(2) 确保要限制配额的分区格式是 ext 2/ext 3/ext 4 格式，只有采用 ext 2/ext 3/ext 4 的文件系统的磁盘分区才能进行磁盘配额。

(3) 确保系统安装了 quota 软件包，可以通过 rpm -qa|grep quota 命令来查询系统是否安装了 quota 软件包，RHEL 6.5 默认已经安装了。

要实现磁盘配额，要按以下步骤来进行。

(1) 检查 Linux 内核是否打开磁盘配额支持。

(2) 修改/etc/fstab，对所选文件系统激活配额选项。

(3) 更新装载文件系统使改变生效。

(4) 扫描相应文件系统，使用 quotacheck 命令生成基本配额文件。

(5) 使用 edquota 命令对特定用户或群组更改磁盘配额。

(6) 使用 quotaon 命令激活配额。

4.2.2 磁盘配额设置

假设要把/dev/sdb5 分区挂载到/home 下,针对用户 zhang 进行磁盘空间(10MB)和创建文件数量(10 个)限制的配置,实现此磁盘配额的操作过程如下。

(1) 检查 Linux 内核是否打开磁盘配额支持。

```
[root@localhost boot]# grep CONFIG_QUOTA /boot/config-2.6.32-431.el6.x86_64
//上面的命令是查看内核是否支持磁盘限额,后面的文件视版本不同而定,显示如下
CONFIG_QUOTA = y        //值为 y 表示支持配额,否则需要重新编译内核
CONFIG_QUOTA_NETLINK_INTERFACE = y
# CONFIG_QUOTA_DEBUG is not set
CONFIG_QUOTA_TREE = y
CONFIG_QUOTACTL = y
```

(2) 创建要被限额使用磁盘空间大小的用户及密码,保证用户 zhang 对/home/zhang/目录拥有所有权,能读写目录中的文件。

```
[root@localhost boot]# useradd zhang
[root@localhost ~]# passwd zhang
Changing password for user zhang.
New UNIX password:
BAD PASSWORD: it is based on a dictionary word
Retype new UNIX password:
passwd: all authentication tokens updated successfully.
[root@localhost boot]# ls -ld /home/zhang
drwx------. 4 zhang zhang 4096 1月  13 22:35 /home/zhang
[root@localhost ~]# mkfs.ext3 /dev/sdb5     //格式化/dev/sdb5 为 ext 3 格式
mke2fs 1.39 (29-May-2006)
Filesystem label =
OS type: Linux
Block size = 1024 (log = 0)
Fragment size = 1024 (log = 0)
12048 inodes, 48160 blocks
2408 blocks (5.00%) reserved for the super user
First data block = 1
Maximum filesystem blocks = 49545216
6 block groups
8192 blocks per group, 8192 fragments per group
2008 inodes per group
Superblock backups stored on blocks:
        8193, 24577, 40961
Writing inode tables: done
Creating journal (4096 blocks): done
Writing superblocks and filesystem accounting information: done

This filesystem will be automatically checked every 34 mounts or
180 days, whichever comes first.  Use tune2fs -c or -i to override.
```

```
[root@localhost ~]# mount /dev/sdb5 /home    //把/dev/sdb5 挂载到/home 目录下
[root@localhost ~]#
```

(3) 修改/etc/fstab 文件,添加磁盘配额功能。

```
[root@localhost ~]# vi  /etc/fstab
```

/etc/fstab 文件中,在/home 行的 defaults 后面添加 usrquota,grpquota,使分区支持用户、用户组磁盘配额功能。修改后的/etc/fstab 文件内容如下:

```
LABEL = /              /            ext4     defaults                    1 1
LABEL = /home          /home        ext3     defaults,usrquota,grpquota  1 2
LABEL = /boot          /boot        ext3     defaults                    1 2
tmpfs                  /dev/shm     tmpfs    defaults                    0 0
devpts                 /dev/pts     devpts   gid = 5,mode = 620          0 0
sysfs                  /sys         sysfs    defaults                    0 0
proc                   /proc        proc     defaults                    0 0
LABEL = SWAP - sda3    swap         swap     defaults                    0 0
```

(4) 重新挂载分区,使修改生效,可以使用 mount 命令查看是否生效。

```
[root@localhost ~]# mount - o remount   /home/      //重新挂载/home
[root@localhost ~]# mount                           //检查挂载情况
/dev/sda2 on / type ext3 (rw)
proc on /proc type proc (rw)
sysfs on /sys type sysfs (rw)
devpts on /dev/pts type devpts (rw,gid = 5,mode = 620)
/dev/sda5 on /home type ext3 (rw)
/dev/sda1 on /boot type ext3 (rw)
tmpfs on /dev/shm type tmpfs (rw)
none on /proc/sys/fs/binfmt_misc type binfmt_misc (rw)
none on /proc/fs/vmblock/mountPoint type vmblock (rw)
sunrpc on /var/lib/nfs/rpc_pipefs type rpc_pipefs (rw)
/dev/sdb1 on /mnt/sdb7 type ext3 (rw)
/dev/sdb5 on /home type ext3 (rw,usrquota,grpquota)    //说明配额 usrquota,grpquota 生效
```

(5) 生成配额数据库。

使用 quotacheck 命令扫描磁盘,并建立磁盘配额数据库文件,命令使用参数-avugm,目的是扫描所有支持磁盘配额的分区,并建立相关的用户配额和用户组配额数据库文件,其中参数的含义如下:

① -a——检查所有启动了配额的本地挂载的文件系统。
② -v——在检查配额过程中显示详细的状态信息。
③ -u——检查用户配额信息。
④ -g——检查群组磁盘配额信息。
⑤ -m——强迫在读、写模式下检查硬盘的配额情况。

检查完毕后,会在/home 目录下生成相关的数据库文件,具体如下:

```
[root@localhost ~]# cd /home
[root@localhost home]# quotacheck - cvug   /home
quotacheck: Scanning /dev/sdb5 [/home] done
```

```
quotacheck: Checked 3 directories and 4 files
[root@localhost home]# ls -l
total 26
-rw-------  1 root root  6144 Jan 13 07:23 aquota.group    //生成的组配额数据库文件
-rw-------  1 root root  6144 Jan 13 07:23 aquota.user     //生成的用户配额数据库文件
drwx------  2 root root 12288 Jan 13 06:59 lost+found
[root@localhost home]#
```

(6) 使用 edquota 命令分配磁盘配额。

使用 edquota 命令对用户 zhang 进行设置磁盘配额的操作如下：

`[root@localhost home]# edquota -u zhang`

显示如下信息：

```
Disk quotas for user zhang (uid 504):
  Filesystem        blocks    soft    hard    inodes    soft    hard
  /dev/sda5            56       0       0         7       0       0
```

其中，各个字段的含义如下。

① Filesystem——要进行磁盘配额分区的文件系统。
② blocks——该用户已经使用的区块数量，每块单位为 1KB。
③ soft——软限制的容量，使用者在宽限期内，它的容量可以超过 soft 的值，但必须要在宽限时间内将磁盘容量降低到 soft 的容量限制之下，若其值为 0 表示不限制。
④ hard——限制的容量，用户使用的 block 数量绝对不能超过硬限制的容量，一般 hard 的值比 soft 大，若其值为 0 则表示不限制。
⑤ inodes——已经使用的 inode 数量，即文件或目录的总数。
⑥ soft(第二个)——inode 文件或目录数量的软限制。
⑦ hard(第二个)——inode 文件或目录数量的硬限制。

要实现举例中对 zhang 的限额，需把上面的相应数值修改为如下：

```
Disk quotas for user zhang (uid 504):
  Filesystem        blocks    soft    hard    inodes    soft    hard
  /dev/sda5            56   10000   10240         7       9      10
```

(7) 启用磁盘配额。

`[root@localhost home]# quotaon /home`

(8) 测试磁盘配额。

使用系统命令 dd 来生成文件并检测磁盘配额操作如下：

```
[root@localhost home]# su - zhang              //切换到用户 zhang
[zhang@localhost ~]$ dd if=/dev/zero of=testfile
sda5: warning, user block quota exceeded.       //系统提示已经超出磁盘配额
sda5: write failed, user block limit reached.
dd: writing to 'testfile': Disk quota exceeded
20329+0 records in
20328+0 records out
10407936 bytes (10 MB) copied, 0.162216 seconds, 64.2 MB/s
```

(9) 报告磁盘配额情况。

[root@localhost zhang]# *repquota -a*
*** Report for user quotas on device /dev/sda5
Block grace time: 7days; Inode grace time: 7days

```
                        Block limits                File limits
User         used    soft    hard   grace     used   soft   hard  grace
----------------------------------------------------------------------
root    --  167220     0       0               7      0      0
test1   --      56     0       0               7      0      0
test2   --      56     0       0               7      0      0
zhang   +-   10240  10000   10240   6days      8      9     10
```

(10) 关闭磁盘配额。

[root@localhost home]# *quotaoff /home*

4.3 逻辑卷的管理

每个 Linux 的使用者在安装 Linux 时都会遇到这样的问题：在系统分区时，如何精确评估和分配各个硬盘分区的容量呢？因为系统管理员不但要考虑当前某个分区需要的容量，还要预见该分区以后可能需要的容量的最大值。传统分区的尺寸大小是固定的，不能动态扩展，如果估计不准确，当遇到某个分区空间不够用时，管理员就可能不得不备份整个系统、清除硬盘、重新对硬盘分区，然后恢复数据到新分区，或者将包含足够空间的新磁盘分区挂载到原有的文件系统上，或者使用魔术分区(partition magic)等工具调整分区大小，但这也只是暂时的解决办法，未能从根本上解决问题。因为这个分区可能再次被耗尽，而且分区大小的调整需要重新引导系统才能实现，而对于很多关键的服务器，停机是不可以接受的，而且对于一个能跨越多个硬盘驱动器的文件系统，分区的调整程序就不能解决问题。随着 Linux 逻辑卷管理(logical volume manager，LVM)技术的出现，上述问题便迎刃而解了。

4.3.1 理解 LVM 的相关概念

通过使用 LVM 对硬盘存储设备进行管理，可以实现硬盘空间的动态划分和调整。LVM 是 Linux 环境下对磁盘分区进行管理的一种机制，LVM 舍弃了传统的以"分区"为磁盘的管理单元，改为以"卷"为其管理单元。其基本思想是：将物理磁盘的空间分解为若干物理卷，然后将多个物理卷汇聚为卷组，形成一个存储池，最后将卷组的部分或全部转换为可供用户使用的逻辑卷组，管理员可以在卷组上随意创建逻辑卷组，并进一步在逻辑卷组上创建文件系统。逻辑卷的空间可以来自多个物理磁盘，且逻辑卷的空间大小能够在保持现在数据不变的情况下进行动态调整，从而提高了磁盘管理的灵活性。

1. 物理卷

物理卷(physical volume，PV)处于 LVM 的最底层，是在磁盘分区的基础上附加了 LVM 相关管理参数后的存储单元，既可以是整个物理磁盘，也可以是硬盘中的分区。普通分区在转换为物理卷之前，必须将分区类型的 ID 号改为 8e。物理卷生成后，其空间被划分成大小相同的若干物理区域(physical extents，PE)。

2. 物理区域

物理区域是物理卷中可用于分配的最小存储单元，物理区域的大小可根据实际情况在建立物理卷时设定，同一卷组中的所有物理卷的物理区域大小需要一致，物理区域大小一旦确定将不可以更改，默认大小为 4MB。

3. 卷组

卷组（volume group，VG）是一个或多个物理卷通过专用的命令整合而成的，建立在物理卷之上，是物理卷的组合，不同的多个物理卷可以整合成多个卷组，一个卷组中至少要包括一个物理卷，在卷组建立之后，卷组中的物理卷可以动态地添加或移除，卷组的名称由用户自行定义。

4. 逻辑卷

逻辑卷（logical volume，LV）即逻辑上的分区，逻辑卷建立在卷组之上，逻辑卷的磁盘空间由卷组提供，卷组中未分配的空间可以用于建立新的逻辑卷，逻辑卷建立后可以动态地扩展或缩小空间。系统中的多个逻辑卷可以属于同一个卷组，也可以属于不同的多个卷组。逻辑卷被划分成若干被称为逻辑区域（logical extent，LE）的基本单位。

5. 逻辑区域

逻辑区域是逻辑卷中可用于分配的最小存储单元，逻辑区域的大小取决于逻辑卷中的物理区域的大小，逻辑区域的大小为物理区域的倍数。

磁盘、磁盘分区、物理卷、卷组、逻辑卷和文件系统之间的逻辑关系如图 4-3 所示。

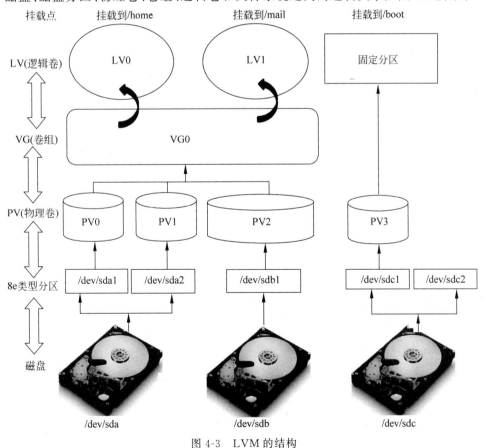

图 4-3 LVM 的结构

4.3.2 物理卷、卷组和逻辑卷的建立

1. 逻辑卷 LVM 的创建过程

(1) 建立 LV 类型的分区,利用 fdsk /dev/sdb 命令。
(2) 在分区上建立物理卷 PV,利用 pvcreat 命令建立物理卷。
(3) 在物理卷上建立卷组 VG,利用 vgcreate 命令建立卷组。
(4) 在卷组中建立逻辑卷 LV,利用 lvcreate 命令建立逻辑卷。
(5) 在逻辑卷上创建文件系统。
(6) 将文件系统挂载到 Linux 操作系统的目录中。

2. LVM 操作

为了操作 LVM 管理,特意在系统中新增加一块硬盘/dev/sdb,然后在/dev/sdb 上创建 LVM,其详细操作过程如下。

1) 建立 LVM 类型分区

利用 fdisk 命令在/dev/sdb 上建立 LVM 类型的分区,操作如下:

```
[root@localhost ~]# fdisk /dev/sdb
Command (m for help):n            //使用 n 命令创建分区
Command action
    e   extended
    p   primary partition (1-4)
p                                 //创建主分区
Partition number (1-4):1
First cylinder (1-2610, default 1):
Using default value 1
Last cylinder, + cylinders or + size{K,M,G} (1-2610, default 2610): +5GB
Command (m for help): n
Command action
    e   extended
    p   primary partition (1-4)
e                                 //创建扩展分区
Partition number (1-4): 2
First cylinder (610-2610, default 610):
Using default value 610
Last cylinder, + cylinders or + size{K,M,G} (610-2610, default 2610):
Using default value 2610
Command (m for help): n
Command action
    l   logical (5 or over)
    p   primary partition (1-4)
l                                 //创建逻辑分区
First cylinder (610-2610, default 610):
Using default value 610
Last cylinder, + cylinders or + size{K,M,G} (610-2610, default 2610): +10GB
Command (m for help):n
Command action
    l   logical (5 or over)
    p   primary partition (1-4)
```

```
l                                //创建第二个逻辑分区
First cylinder (1827 – 2610, default 1827):
Using default value 1827
Last cylinder, +cylinders or +size{K,M,G} (1827 – 2610, default 2610):
Using default value 2610
Command (m for help): p          //使用 p 命令查看当前分区的设置
Disk /dev/sdb: 21.5 GB, 21474836480 bytes
255 heads, 63 sectors/track, 2610 cylinders
Units = cylinders of 16065 * 512 = 8225280 bytes
Sector size (logical/physical): 512 bytes / 512 bytes
I/O size (minimum/optimal): 512 bytes / 512 bytes
Disk identifier: 0x2ed5ba2f
Device Boot       Start        End       Blocks       Id    System
/dev/sdb1           1          609       4891761      83    Linux
/dev/sdb2          610         2610     16073032+     5     Extended
/dev/sdb5          610         1826      9775521      83    Linux
/dev/sdb6          1827        2610      6297448+     83    Linux
Command (m for help): t          //使用 t 命令修改分区类型
Partition number (1 – 6):1
Hex code (type L to list codes):8e    //设置分区类型为 LVM 类型 8e
Changed system type of partition 1 to 8e (Linux LVM)
Command (m for help): t          //使用 t 命令修改分区类型
Partition number (1 – 6):5
Hex code (type L to list codes):8e
Changed system type of partition 5 to 8e (Linux LVM)
Command (m for help):t
Partition number (1 – 6): 6
Hex code (type L to list codes):8e
Changed system type of partition 6 to 8e (Linux LVM)
Command (m for help): p
Disk /dev/sdb: 21.5 GB, 21474836480 bytes
255 heads, 63 sectors/track, 2610 cylinders
Units = cylinders of 16065 * 512 = 8225280 bytes
Sector size (logical/physical): 512 bytes / 512 bytes
I/O size (minimum/optimal): 512 bytes / 512 bytes
Disk identifier: 0x2ed5ba2f
Device Boot       Start        End       Blocks       Id    System
/dev/sdb1           1          609       4891761      8e    Linux LVM
/dev/sdb2          610         2610     16073032+     5     Extended
/dev/sdb5          610         1826      9775521      8e    Linux LVM
/dev/sdb6          1827        2610      6297448+     8e    Linux LVM
Command (m for help): w          //使用 w 命令保存对分区的修改,并退出 fdisk 命令
The partition table has been altered!
Calling ioctl() to re – read partition table.
Syncing disks.
[root@localhost ~]#
```

2) 建立物理卷

利用 pvcreate 命令在已创建的分区上建立物理卷,物理卷可以直接建立在物理硬盘或硬盘分区上,所以物理卷的设备文件使用系统中现有的磁盘分区设备文件的名称,可以使用

pvdisplay 命令来查看物理卷。

```
[root@localhost ~]# pvcreate /dev/sdb1 /dev/sdb5 /dev/sdb6
  dev_is_mpath: failed to get device for 8:17
  Physical volume "/dev/sdb1" successfully created
  dev_is_mpath: failed to get device for 8:21
  Physical volume "/dev/sdb5" successfully created
  dev_is_mpath: failed to get device for 8:22
  Physical volume "/dev/sdb6" successfully created
[root@localhost ~]# pvdisplay //显示所有物理卷
  - -- NEW Physical volume ---
  PV Name               /dev/sdb1
  VG Name
  PV Size               4.67 GiB
  Allocatable           NO
  PE Size               0
  Total PE              0
  Free PE               0
  Allocated PE          0
  PV UUID               28n14V-ZtU6-3NtR-SIuT-0vKK-VOFr-0QVS70
    "/dev/sdb5" is a new physical volume of "9.32 GiB"
  - -- NEW Physical volume ---
  PV Name               /dev/sdb5
  VG Name
  PV Size               9.32 GiB
  Allocatable           NO
  PE Size 0
  Total PE              0
  Free PE               0
  Allocated PE          0
  PV UUID               NKN90A-J22L-ihCY-A2PD-UQaO-fjFq-vTaeNs
    "/dev/sdb6" is a new physical volume of "6.01 GiB"
  - -- NEW Physical volume ---
  PV Name               /dev/sdb6
  VG Name
  PV Size               6.01 GiB
  Allocatable           NO
  PE Size               0
  Total PE              0
  Free PE               0
  Allocated PE          0
  PV UUID               uhj3fu-ZrHs-iQuh-eUNZ-STjb-jjOL-GzRpdR
[root@localhost ~]#
```

3）建立卷组 VG

在建立好物理卷之后，可以使用 vgcreate 命令来建立卷组，卷组设备文件使用/dev 目录下与卷组同名的目录表示，卷组中可以包含多个物理卷，可以使用 vgdisplay 命令来查看所创建的卷组。

//由/dev/sdb1 和/dev/sdb5 创建 vg1

```
[root@localhost ~]# vgcreate vg1 /dev/sdb1 /dev/sdb5
Volume group "vg1" successfully created
[root@localhost ~]# vgdisplay        //显示创建的卷组
- -- Volume group ---
  VG Name               vg1
  System ID
  Format                lvm2
  Metadata Areas        2
  Metadata Sequence No  1
  VG Access             read/write
  VG Status             resizable
  MAX LV                0
  Cur LV                0
  Open LV               0
  Max PV                0
  Cur PV                2
  Act PV                2
  VG Size               13.98 GiB
  PE Size               4.00 MiB
  Total PE              3580
  Alloc PE / Size       0 / 0
  Free  PE / Size       3580 / 13.98 GiB
  VG UUID               dOPyEc-49F7-7ytq-vbAq-Supf-GKIc-ZI0B3x
```

其中,vg1 是要建立的卷组名称,这里使用默认的 4MB 的物理区域大小。如果需要改变物理区域的值,可以使用-L 选项,但一旦设置物理区域的值后就不可以更改。

4）建立逻辑卷 LV

在建立好卷组后,可以使用 lvcreate 命令在已有的卷组上建立逻辑卷,逻辑卷设备文件位于其所在卷组的卷组目录中,该文件是在使用 lvcreate 命令建立逻辑卷时创建的,可以使用-L 选项指定逻辑卷的大小,使用-n 选项指定逻辑卷的名称。

```
[root@localhost ~]# lvcreate -L 10G -n lvm1 vg1     //在 vg1 上创建逻辑卷 lvm1
  Logical volume "lvm1" created
[root@localhost ~]# lvdisplay           //显示逻辑卷
- -- Logical volume ---
  LV Path               /dev/vg1/lvm1
  LV Name               lvm1
  VG Name               vg1
  LV UUID               pPoMq2-WBMu-v7TA-3r9K-SrbA-ZkS2-a6V5LW
  LV Write Access       read/write
  LV Creation host, time localhost.localdomain, 2015-01-20 00:06:30 +0800
  LV Status             available
  # open                0
  LV Size               10.00 GiB
  Current LE            2560
  Segments              2
  Allocation            inherit
  Read ahead sectors    auto
  - currently set to    256
  Block device253:2
```

5) 格式化逻辑卷 lvm1

格式化完成后进行挂载分区操作，代码如下：

```
[root@localhost ~]# mkfs.ext4 /dev/vg1/lvm1
mke2fs 1.41.12 (17-May-2010)
文件系统标签=
操作系统:Linux
块大小=4096 (log=2)
分块大小=4096 (log=2)
Stride=0 blocks, Stripe width=0 blocks
655360 inodes, 2621440 blocks
131072 blocks (5.00%) reserved for the super user
第一个数据块=0
Maximum filesystem blocks=2684354560
80 block groups
32768 blocks per group, 32768 fragments per group
8192 inodes per group
Superblock backups stored on blocks:
    32768, 98304, 163840, 229376, 294912, 819200, 884736, 1605632
正在写入 inode表: 完成
Creating journal (32768 blocks):完成
Writing superblocks and filesystem accounting information:完成
This filesystem will be automatically checked every 38 mounts or
180 days, whichever comes first.  Use tune2fs -c or -i to override.
[root@localhost ~]# mkdir /mnt/lvm1                       //创建挂载目录
[root@localhost ~]# mount /dev/vg1/lvm1 /mnt/lvm1  //把 lvm1 挂载到/mnt/lvm1
```

4.3.3 管理逻辑卷 LVM

1. 扩展卷组

前面在/dev/sdb 磁盘中创建了3个物理卷/dev/sdb1、/dev/sdb5 和/dev/sdb6，在创建卷组 vg1 时包含了/dev/sdb1 和/dev/sdb5 两个物理卷，当卷组中没有足够的空间分配给逻辑卷时，可以使用给卷组增加物理卷的命令 vgextend 来增加卷组空间。添加/dev/sdb6 物理卷到卷组 vg1 中(注意，要添加到卷组中的/dev/sdb6 必须是 LVM 类型且必须已经创建为物理卷)的操作如下：

```
[root@localhost ~]# vgextend vg1 /dev/sdb6
    Volume group "vg1" successfully extended
[root@localhost ~]#
```

2. 扩展逻辑卷

当逻辑卷的空间不够用且卷组中还有剩余的空间时，可以利用 lvextend 命令从卷组中的空闲空间分配到该逻辑卷来扩展逻辑卷的容量，在扩展容量后，需要执行 resize2fs /dev/vg1/lv1 命令，以便 Linux 操作系统重新识别文件系统的大小。扩展容量的操作如下：

```
[root@localhost ~]# lvdisplay /dev/vg1/lvm1 |grep "LV Size" //查看扩容前逻辑卷的容量
    LV Size                10.00 GiB
[root@localhost ~]# lvextend -L +1G /dev/vg1/lvm1         //将逻辑卷 lvm1 的容量增加 1GB
```

```
  Extending logical volume lvm1 to 11.00 GiB
  Logical volume lvm1 successfully resized
[root@localhost ~]# lvdisplay /dev/vg1/lvm1 |grep "LV Size"   //查看扩容后逻辑卷的容量
  LV Size              11.00 GiB
[root@localhost ~]#
```

需要注意的是,虽然使用 lvdisplay 命令看到的逻辑卷/dev/vg1/lvm1 容量由 10GB 扩大到 11GB,但使用 df-h 命令查看逻辑卷的大小还是 10GB。

```
[root@localhost ~]# df -h  /mnt/lvm1
Filesystem              Size    Used    Avail    Use%    Mounted on
/dev/mapper/vg1-lvm1    10G     156M    10G      2%      /mnt/lvm1
```

以上的情况表明,逻辑卷在挂载点供用户实际使用的容量还没有扩展到 11GB。为此,可使用 resize2fs 命令在不需要离线(卸载逻辑卷)的情况下将逻辑卷的大小扩展到挂载点上。

```
[root@localhost ~]# resize2fs /dev/vg1/lvm1
resize2fs 1.41.12 (17-May-2010)
Resizing the filesystem on /dev/vg1/lvm1 to 2883584 (4k) blocks.
The filesystem on /dev/vg1/lvm1 is now 2883584 blocks long.
Filesystem              Size    Used Avail Use%  Mounted on
/dev/mapper/vg1-lvm1    11G     156M  11G   2%   /mnt/lvm1
```

3. 缩小逻辑卷

现在将 lvm1 从 11GB 缩小到 8GB,其操作如下:

```
[root@localhost ~]# umount /mnt/lvm1                          //必须先卸载逻辑卷
[root@localhost ~]# e2fsck -f /dev/vg1/lvm1
e2fsck 1.41.12 (17-May-2010)
第 1 步: 检查 inode,块,和大小
第 2 步: 检查目录结构
第 3 步: 检查目录连接性
第 4 步: Checking reference counts
第 5 步: 检查簇概要信息
/dev/vg1/lvm1: 11/720896 files (0.0% non-contiguous), 85056/2883584 blocks
[root@localhost ~]# resize2fs -M  /dev/vg1/lvm1 8GB       //把文件系统缩小为 8GB=11-3
resize2fs 1.41.12 (17-May-2010)
Resizing the filesystem on /dev/vg1/lvm1 to 48603 (4k) blocks.
The filesystem on /dev/vg1/lvm1 is now 48603 blocks long.
[root@localhost ~]# lvreduce -L -3GB /dev/vg1/lvm1         //将逻辑卷 lvm1 的容量缩小 3GB
  WARNING: Reducing active logical volume to 8.00 GiB
  THIS MAY DESTROY YOUR DATA (filesystem etc.)
Do you really want to reduce lvm1? [y/n]: y
  Reducing logical volume lvm1 to 8.00 GiB
  Logical volume lvm1 successfully resized
[root@localhost ~]# lvdisplay /dev/vg1/lvm1 |grep "LV Size" //显示减少后的逻辑卷容量
  LV Size              8.00 GiB
[root@localhost ~]# mount /dev/vg1/lvm1 /mnt/lvm1          //重新挂载缩小容量后的逻辑卷
```

4. 缩小卷组（将一个物理卷从卷组中移动）

要将一个物理卷从卷组中移除，首先必须确认该物理卷没有正在被任何逻辑卷使用（可使用 pvdisplay 命令来查看该物理卷上是否有逻辑卷）。如果物理卷正在被逻辑卷使用，就需要将该物理卷的数据备份到其他地方后再删除，物理卷删除后会还原为普通分区或磁盘。在上面的例子中，卷组 vg1 中包含/dev/sdb1、/dev/sdb5 和/dev/sdb6 这 3 个物理卷，将物理卷/dev/sdb6 从卷组 vg1 中移除的操作如下：

```
[root@localhost ~]# pvmove /dev/sdb6
  No data to move for vg1
You have new mail in /var/spool/mail/root
[root@localhost ~]# vgreduce vg1 /dev/sdb6
  Removed "/dev/sdb6" from volume group "vg1"
```

5. 删除逻辑卷

要删除逻辑卷，首先要将逻辑卷上的文件系统卸载，然后进行删除，其操作如下：

```
[root@localhost ~]# umount /dev/vg1/lvm1
[root@localhost ~]# lvremove /dev/vg1/lvm1
Do you really want to remove active logical volume lvm1? [y/n]: y
  Logical volume "lvm1" successfully removed
```

6. 删除卷组

删除卷组时要确保该卷组中没有正在使用的逻辑卷，删除上面建立的卷组 vg1 的操作如下：

```
[root@localhost ~]# vgremove vg1
  Volume group "vg1" successfully removed
```

7. 删除物理卷

删除物理卷就是把物理卷还原为普通的分区或磁盘，如将物理卷/dev/sdb6 删除，其操作如下：

```
[root@localhost ~]# pvremove /dev/sdb6
  Labels on physical volume "/dev/sdb6" successfully wiped
```

4.4 软件磁盘阵列 RAID

RAID 是 redundent array of inexpensive disks 的缩写，其中文意思就是"廉价冗余磁盘阵列"，简称"磁盘阵列"。RAID 技术诞生于 1957 年，由美国加州大学伯克利分校提出，其基本思想是把多个便宜的小磁盘组合到一起，成为一个磁盘组，使其性能达到或超过一个容量巨大、价格昂贵的磁盘。它将一组磁盘驱动器用某种逻辑方式联系起来，在逻辑上作为一个独立的大型存储设备的磁盘驱动器来使用。

4.4.1 理解 RAID 基本知识

RAID 可理解成一种使用磁盘驱动器的方法，它将一组磁盘驱动器用某种逻辑方式联系起来,在逻辑上作为一个磁盘驱动器来使用。RAID技术分为几种不同的等级,分别提供不同的速度、安全性和性价比。

RAID技术最初主要应用于服务器等高端市场,但随着IDE硬盘性能不断提升、RAID芯片的普及、个人市场的成熟和发展,RAID正在向低端市场方向发展,从而为用户提供了一种提升硬盘速度和确保数据安全性的良好解决方案。

RAID有以下4个优点。

(1) 成本低,功耗小,传输速率高。

(2) 提供容错功能。

(3) 具备数据校验功能。

(4) 性价比高。

RAID技术的具体实现可分为基于硬件的RAID和基于软件的RAID技术。软件RAID是通过软件实现多块硬盘冗余的,而硬件RAID一般是通过RAID卡来实现RAID功能的。软件RAID配置简单,管理比较灵活,是中小企业的最佳选择;硬件RAID在性能方面具有一定的优势,但花费较贵。此外,按照实现原理的不同,RAID技术有不同的级别,各个级别之间的工作模式不同。

1. RAID 0(无冗余无校验的磁盘阵列)

RAID 0是最早出现的RAID模式,即data stripping数据分条技术。RAID 0是组建磁盘阵列中最简单的一种阵列形式,只需要两块以上的硬盘,实现成本是最低的。RAID 0把连续的数据分布到各个磁盘驱动器上存取,并行I/O,可以提高整个磁盘的性能和吞吐量,读写速度在RAID中最快,数据吞吐率最高,驱动器的负载比较平衡。但RAID 0没有提供冗余或错误修复能力的容错能力,任何一个磁盘驱动器的损坏都会使整个RAID系统失效,安全系数反而比单个磁盘驱动器低。RAID 0至少需要两块硬盘,如图4-4所示。

2. RAID 1(镜像阵列)

RAID 1也称为磁盘镜像阵列,每个磁盘驱动器都有一个镜像磁盘驱动器,其原理是把一个磁盘的数据镜像到另一个磁盘上。也就是说,数据在写入一块磁盘的同时,会在另一块镜像的磁盘上生成镜像文件。镜像磁盘驱动器随时保持与原磁盘驱动器的内容一致,在不影响性能的情况下最大限度地保证系统的可靠性和可修复性,只要系统中任何一对镜像盘中至少有一块磁盘可以使用,甚至可以在一半数量的硬盘出现问题时系统就可以正常运行,当一块硬盘失效时,

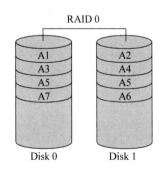

图4-4 RAID 0 阵列

系统会忽略该硬盘,转而使用剩余的镜像盘读写数据,具备很好的磁盘冗余能力,RAID 1具有最高的安全性。虽然这样对数据来讲绝对安全,但是成本也会明显增加,只有一半的磁盘空间被用于存储数据,磁盘利用率为50%。另外,出现硬盘故障的RAID系统不再可靠,应当及时地更换损坏的硬盘,否则剩余的镜像盘也出现问题,那么整个系统就会崩溃。更换新盘后原有数据需要很长时间同步镜像,但外界对数据的访问不会受到影响,只是这时整个系统的性能有所下降。因此,RAID 1主要用在保存关键性的重要数据等对数据安全性要求很高,且要求能够快速恢复被损坏的数据的场合。RAID 1至少需要两块硬盘,如图4-5所示。

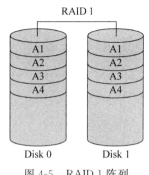

图 4-5　RAID 1 阵列

3. RAID 2（带海明校验码）

从概念上讲，RAID 2 同 RAID 3 类似，两者都是将数据条块化，并分布在不同的硬盘上，条块单位为位或字节，然而 RAID 2 使用一定的编码技术来提供错误检查及恢复，以海明校验码的方式将数据进行编码后分区为独立的比特，并将数据分别写入硬盘中。因为在数据中加入了错误修正码（error correction code，ECC），所以数据整体的容量会比原始数据大一些。这种编码技术需要多个磁盘存放检查及恢复信息，使 RAID 2 技术的实施更复杂。因此，在商业环境中很少使用。如图 4-6 所示，左边的各个磁盘上是数据的各个位，由一个数据不同的位运算得到的海明校验码可以保存在另一组磁盘上。由于海明校验码的特点，它可以在数据发生错误的情况下将错误校正，以保证输出的正确，RAID 2 最少需要 3 台磁盘驱动器才能运作。

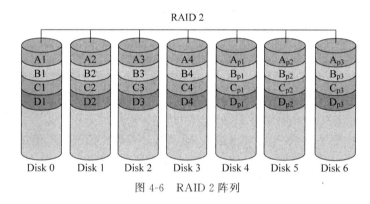

图 4-6　RAID 2 阵列

4. RAID 3（带奇偶校验码的并行传送）

RAID 3 是以一个硬盘来存放数据的奇偶校验位的，数据则以分段存储在其余硬盘中，与 RAID 0 一样以并行方式来存放数据。不同于 RAID 2，RAID 3 使用单块磁盘存放奇偶校验信息，这种校验码只能查错不能纠错，校验码在写入数据时产生并保存在另一个磁盘中。访问数据时一次处理一个带区，这样可以提高读取和写入速率，写入速率与读出速率都很高，因为校验位比较少，所以计算时间相对比较少。如果一块数据磁盘失效，奇偶盘及其他数据盘可以重新产生数据。如果奇偶盘失效，则全部数据都无法使用。RAID 3 对于大量的连续数据可提供很好的传输速率，但对于随机数据，奇偶盘会成为写操作的瓶颈。要实现 RAID 3，用户必须要有 3 个以上的驱动器，如图 4-7 所示。

5. RAID 4（块奇偶校验阵列）

RAID 4 和 RAID 3 很像，不同的是，它对数据的访问是按数据块进行的，也就是按磁盘进行的，每次一个盘。RAID 4 通常使用一块磁盘作为奇偶校验盘，每次写操作都需要访问奇偶盘，这时奇偶校验盘会成为写操作的瓶颈，因此 RAID 4 在商业环境中也很少使用，如图 4-8 所示。

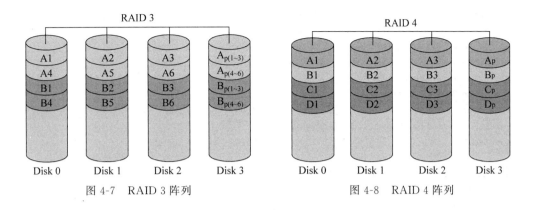

图 4-7　RAID 3 阵列　　　　　　　　图 4-8　RAID 4 阵列

6. RAID 5（块分布奇偶校验阵列）

RAID 5 不单独指定奇偶盘，而是在所有磁盘上交叉地存取数据及奇偶校验信息，也称为块间插入分布校验，这就避免了 RAID 4 中出现的瓶颈问题。如果其中一块磁盘出现故障，由于有校验信息，因此数据仍然可以保持不变。如果有两块磁盘同时出现故障，那么所有数据都会丢失。RAID 5 可以经受一块磁盘故障，但不能经受两块或多块磁盘故障。RAID 5 的读出效率很高，写入效率一般，块式的集体访问效率不错。因为奇偶校验码在不同的磁盘上，所以提高了可靠性。但是它对数据传输的并行性问题解决得不好，而且控制器的设计也相当困难。RAID 3 与 RAID 5 相比，重要的区别在于 RAID 3 每进行一次数据传输，都需涉及所有的阵列盘。而对于 RAID 5 来说，大部分数据传输只对一块磁盘操作，可进行并行操作。它是目前采用最多、最流行的阵列方式，至少需要 3 块硬盘，如图 4-9 所示。

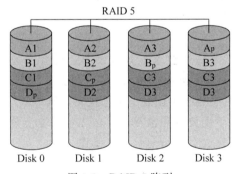

图 4-9　RAID 5 阵列

4.4.2　创建与挂载 RAID

RHEL 6.5 提供了对软件 RAID 技术的支持，在 Linux 操作系统中使用 mdadm 工具来建立和管理软件 RAID。本节介绍 Linux 软件 RAID 的创建和管理，为了创建 RAID，需要在虚拟机中添加一块硬盘/dev/sdc，并把其分为 4 个分区。

1. 磁盘分区

（1）使用 fdisk -l 命令查看系统分区情况。

```
[root@localhost ~]# fdisk -l
Disk /dev/sda: 42.9 GB, 42949672960 bytes
```

```
255 heads, 63 sectors/track, 5221 cylinders
Units = cylinders of 16065 * 512 = 8225280 bytes
Sector size (logical/physical): 512 bytes / 512 bytes
I/O size (minimum/optimal): 512 bytes / 512 bytes
Disk identifier: 0x000a058f

   Device Boot      Start         End      Blocks   Id  System
/dev/sda1    *          1          64      512000   83  Linux
Partition 1 does not end on cylinder boundary.
/dev/sda2              64        5222    41430016   8e  Linux LVM

Disk /dev/sdb: 21.5 GB, 21474836480 bytes
255 heads, 63 sectors/track, 2610 cylinders
Units = cylinders of 16065 * 512 = 8225280 bytes
Sector size (logical/physical): 512 bytes / 512 bytes
I/O size (minimum/optimal): 512 bytes / 512 bytes
Disk identifier: 0x2ed5ba2f

   Device Boot      Start         End      Blocks   Id  System
/dev/sdb1               1         609     4891761   8e  Linux LVM
/dev/sdb2             610        2610    16073032+   5  Extended
/dev/sdb5             610        1826     9775521   8e  Linux LVM
/dev/sdb6            1827        2610     6297448+  8e  Linux LVM

Disk /dev/sdc: 21.5 GB, 21474836480 bytes
255 heads, 63 sectors/track, 2610 cylinders
Units = cylinders of 16065 * 512 = 8225280 bytes
Sector size (logical/physical): 512 bytes / 512 bytes
I/O size (minimum/optimal): 512 bytes / 512 bytes
Disk identifier: 0x00000000
```

从上面可以看出,系统中总共加入了 3 块硬盘:硬盘 1 分为两个分区/dev/sda 1 和/dev/sda2;硬盘 2 是 4.3.3 节中加入构建 LVM 的硬盘,分成 1 个主分区/dev/sdb 1 和 1 个扩展分区/dev/sdb2,在扩展分区中创建了两个逻辑分区/dev/sdb5 和/dev/sdb6;第三块硬盘/dev/sdc 还没有分区,下面要在硬盘/dev/sdc 上创建 4 个分区来构建 RAID 5。

(2) 使用 fdisk /dev/sdc 命令进行磁盘分区操作。

```
[root@localhost ~]# fdisk /dev/sdc
Device contains neither a valid DOS partition table, nor Sun, SGI or OSF disklabel
Building a new DOS disklabel with disk identifier 0x5a57d954.
Changes will remain in memory only, until you decide to write them.
After that, of course, the previous content won't be recoverable.
Warning: invalid flag 0x0000 of partition table 4 will be corrected by w(rite)
WARNING: DOS-compatible mode is deprecated. It's strongly recommended to
         switch off the mode (command 'c') and change display units to
         sectors (command 'u').
Command (m for help): n              //使用 n 命令创建分区
Command action
   e   extended
   p   primary partition (1-4)
p                                    //输入 p 创建主分区
```

```
Partition number (1-4): 1             //输入主分区号1
First cylinder (1-2610, default 1):
Using default value 1
Last cylinder, +cylinders or +size{K,M,G} (1-2610, default 2610): +3G //输入主分区为3G
Command (m for help): n               //使用n命令创建分区
Command action
    e   extended
    p   primary partition (1-4)
e                                     //输入e表示建立扩展分区
Partition number (1-4): 2             //输入扩展分区号2
First cylinder (394-2610, default 394):
Using default value 394
Last cylinder, +cylinders or +size{K,M,G} (394-2610, default 2610)://按Enter使用剩下
                                                                  //空间
Using default value 2610
Command (m for help): n               //使用n命令创建分区
Command action
    l   logical (5 or over)
    p   primary partition (1-4)
l                                     //输入l表示建立逻辑分区
First cylinder (394-2610, default 394):
Using default value 394
Last cylinder, +cylinders or +size{K,M,G} (394-2610, default 2610): +3G //输入大小为3GB
Command (m for help): n               //使用n命令创建分区
Command action
    l   logical (5 or over)
    p   primary partition (1-4)
l                                     //输入l表示建立逻辑分区
First cylinder (787-2610, default 787):
Using default value 787
Last cylinder, +cylinders or +size{K,M,G} (787-2610, default 2610): +3G //输入大小为3GB
Command (m for help): n               //使用n命令创建分区
Command action
    l   logical (5 or over)
    p   primary partition (1-4)
l                                     //输入l表示建立逻辑分区
First cylinder (1180-2610, default 1180):
Using default value 1180
Last cylinder, +cylinders or +size{K,M,G} (1180-2610, default 2610): +3G //输入大小为3GB
Command (m for help): n               //使用n命令创建分区
Command action
    l   logical (5 or over)
    p   primary partition (1-4)
l                                     //输入l表示建立逻辑分区
First cylinder (1573-2610, default 1573):
Using default value 1573
Last cylinder, +cylinders or +size{K,M,G} (1573-2610, default 2610): +3G //输入大小为3GB
Command (m for help): p               //使用p命令查看分区
Disk /dev/sdc: 21.5 GB, 21474836480 bytes
255 heads, 63 sectors/track, 2610 cylinders
Units = cylinders of 16065 * 512 = 8225280 bytes
```

```
Sector size (logical/physical): 512 bytes / 512 bytes
I/O size (minimum/optimal): 512 bytes / 512 bytes
Disk identifier: 0x5a57d954
   Device Boot      Start         End      Blocks     Id   System
/dev/sdc1              1          393     3156741     83   Linux
/dev/sdc2            394         2610    17808052+     5   Extended
/dev/sdc5            394          786     3156741     83   Linux
/dev/sdc6            787         1179     3156741     83   Linux
/dev/sdc7           1180         1572     3156741     83   Linux
/dev/sdc8           1573         1965     3156741     83   Linux
Command (m for help):
```

2. 磁盘分区类型转换

（1）在创建完 4 个分区后，接着要把新建的 4 个分区转换为 fd(Linux raid auto)类型，操作如下：

```
Command (m for help): t              //使用 t 命令改变分区类型
Partition number (1-8):5
Hex code (type L to list codes):fd   //fd 表示 Linux raid autodetect
Changed system type of partition 5 to fd (Linux raid autodetect)
Command (m for help):t
Partition number (1-8):6
Hex code (type L to list codes):fd
Changed system type of partition 6 to fd (Linux raid autodetect)
Command (m for help): t
Partition number (1-8):7
Hex code (type L to list codes): fd
Changed system type of partition 7 to fd (Linux raid autodetect)
Command (m for help): t
Partition number (1-8):8
Hex code (type L to list codes): fd
Changed system type of partition 8 to fd (Linux raid autodetect)
Command (m for help):p               //查看改变后的分区情况
Disk /dev/sdc: 21.5 GB, 21474836480 bytes
255 heads, 63 sectors/track, 2610 cylinders
Units = cylinders of 16065 * 512 = 8225280 bytes
Sector size (logical/physical): 512 bytes / 512 bytes
I/O size (minimum/optimal): 512 bytes / 512 bytes
Disk identifier: 0x5a57d954
   Device Boot      Start         End      Blocks     Id   System
/dev/sdc1              1          393     3156741     83   Linux
/dev/sdc2            394         2610    17808052+     5   Extended
/dev/sdc5            394          786     3156741     fd   Linux raid autodetect
/dev/sdc6            787         1179     3156741     fd   Linux raid autodetect
/dev/sdc7           1180         1572     3156741     fd   Linux raid autodetect
/dev/sdc8           1573         1965     3156741     fd   Linux raid autodetect
Command (m for help):
```

（2）保存 FDISK 修改并使分区生效。

在 command 后面输入 w 命令来保存 FDISK 创建的分区，并退出，然后使用 partprobe

命令使新建的分区信息写入磁盘分区表,使分区生效,其操作如下:

```
Command (m for help):w
The partition table has been altered!

Calling ioctl() to re-read partition table.
Syncing disks.
```

```
[root@localhost ~]# partprobe
Warning: WARNING: the kernel failed to re-read the partition table on /fdev/sda(设备或资源
忙). As a result, it may not reflect all of your changes until after reboot.
```

3. RAID 阵列创建

(1) 使用 mdadm 命令来创建 RAID 阵列

格式:mdadm -C /dev/md0 -l 5 -n 3 -x 1 /dev/sdc{5,6,7,8}。

使用 mdadm 命令来创建 RAID 阵列,其中-C /dev/md0 表示创建的 RAID 设备名称为 /dev/md0,RAID 设备名称为/dev/md×,其中×为设备号,该编号从 0 开始;-l 5 表示创建 的 RAID 等级是 RAID 5;-n 3 表示使用 3 个分区来创建 RAID 阵列;-x 1 表示使用一个分 区作为热备份分区;/dev/sdc{5,6,7,8}表示 RAID 阵列中的分区,其中 3 个分区用于创建 RAID 5,一个分区作为热备份分区,操作如下:

```
[root@localhost ~]# mdadm -C /dev/md0 -l 5 -n 3 -x 1 /dev/sdc{5,6,7,8}
mdadm: Defaulting to version 1.2 metadata
mdadm: array /dev/md0 started.
```

(2) RAID 阵列格式化和挂载使用。

使用 mkfs.ext3 命令来格式化 RAID 阵列,并使用 mdadm -D -s 命令使 RAID 阵列永久生效,在/mnt 目录下创建 raid 5 目录,并把 RAID 挂载到/mnt/raid5 目录下。

```
[root@localhost ~]# mkfs.ext3 -c /dev/md0
mke2fs 1.41.12 (17-May-2010)
文件系统标签=
操作系统:Linux
块大小=4096 (log=2)
分块大小=4096 (log=2)
Stride=128 blocks, Stripe width=256 blocks
394352 inodes, 1577216 blocks
78860 blocks (5.00%) reserved for the super user
第一个数据块=0
Maximum filesystem blocks=1619001344
49 block groups
32768 blocks per group, 32768 fragments per group
8048 inodes per group
Superblock backups stored on blocks:
        32768, 98304, 163840, 229376, 294912, 819200, 884736

Checking for bad blocks (read-only test):完成
正在写入 inode 表:完成
Creating journal (32768 blocks):完成
```

```
Writing superblocks and filesystem accounting information:完成
This filesystem will be automatically checked every 37 mounts or
180 days, whichever comes first.  Use tune2fs -c or -i to override.
[root@localhost ~]# mdadm -D -s >/etc/mdadm.conf
[root@localhost ~]# mkdir /mnt/raid5
[root@localhost ~]# mount /dev/md0 /mnt/raid5
```

4. 查看建立的 RAID 的具体情况

```
[root@localhost ~]#mdadm --detail /dev/md0
/dev/md0:
         Version : 1.2
   Creation Time : Wed Jan 21 21:55:39 2015
      Raid Level : raid5
      Array Size : 6308864 (6.02 GiB 6.46 GB)
   Used Dev Size : 3154432 (3.01 GiB 3.23 GB)
    Raid Devices : 3
   Total Devices : 4
     Persistence : Superblock is persistent
     Update Time : Wed Jan 21 22:04:41 2015
           State : clean
  Active Devices : 3
 Working Devices : 4
  Failed Devices : 0
   Spare Devices : 1
          Layout : left-symmetric
      Chunk Size : 512K
            Name : localhost.localdomain:0  (local to host localhost.localdomain)
            UUID : 19634bfb:8a4cf571:3f1c8ff1:14884cd7
          Events : 18
    Number   Major   Minor   RaidDevice State
       0       8       37        0      active sync   /dev/sdc5
       1       8       38        1      active sync   /dev/sdc6
       4       8       39        2      active sync   /dev/sdc7
       3       8       40        -      spare         /dev/sdc8
```

此外,关于 RAID 可以使用 mdadm /dev/md0 -a /dev/sdc9 命令将 sdc9 分区加入/dev/md0 阵列中,也可以使用 mdadm /dev/md0 -r /dev/sdc9 命令将 sdc9 分区从/dev/md0 阵列中移除。

项 目 小 结

本项目详细介绍了 Red Hat Enterprise Linux 的磁盘管理功能。首先,介绍 Linux 盘分区与文件系统类型、Linux 硬盘设备的命名规则等基本知识。其次,介绍 Linux 常用磁盘管理命令,及磁盘分区的建立与格式化操作。接着,介绍磁盘限额的知识,并详细介绍配额的管理与操作。然后,介绍磁盘逻辑卷 LVM 的管理的基本知识,并详细介绍 LVM 逻辑卷的创建过程。最后,介绍磁盘阵列的基本知识,并以 RAID 5 的创建过程来介绍 Linux 的软磁盘阵列管理。

项目 5　Linux 网络配置与测试

项目目标
- 了解 TCP/IP 网络知识。
- 了解 Linux 网络配置相关文件。
- 熟悉常用的 Linux 网络配置命令。
- 熟悉网络测试命令。

安装 RHEL 6.5 操作系统的主机最主要的用途就是当作网络中的服务器，在计算机网络中，Linux 主机要实现与其他计算机之间进行相互通信，首先要正确配置网络参数，配置的网络参数通常包括主机名、IP 地址、子网掩码和 DNS 服务器等。

5.1　熟悉相关网络配置文件

5.1.1　TCP/IP 网络基本知识

Linux 的一大特点就是具有完善的、强大的网络支持功能，Linux 在通信和网络功能方面优于其他操作系统，其他操作系统不具有如此紧密地和内核结合在一起的连接网络能力，也没有内置这些联网特性的灵活性。Linux 内核完美地支持 TCP/IP(transmission control protocol/internet protocol，传输控制协议/互联网协议)、IPv6(internet protocol version 6，第 6 版互联网协议)、Internet 分组交换(Internet-work packet exchange；IPX)/顺序分组交换(sequences packet exchange，SPX)、AppleTalk(苹果交流，AT)协议集等通信协议。本节介绍 TCP/IP 基本知识。

1. TCP/IP 体系结构

TCP/IP 是一组用于实现网络互联的通信协议，通常称它为 TCP/IP 协议族，它是 20 世纪 70 年代中期美国国防部为其 ARPANET 广域网开发的网络体系结构和协议标准。目前广泛使用的 Internet 网络体系结构就是以 TCP/IP 为核心构建的，Internet 的流行使 TCP/IP 成了事实上的标准，之所以说 TCP/IP 是一个协议族，是因为 TCP/IP 协议包括 TCP、IP、UDP(user datagram protocol，用户数据报协议)、ICMP(internet control message protocol，互联网控制报文协议)、RIP(routing information protocol，路电信息协议)、TELNETFTP、SMTP(simple mail transfer protocol，简单邮件传送协议)、ARP(address resolution protocol，地址解析协议)、TFTP(trivial file transfer protocol，简易文件传送协议)等许多协议。TCP/IP 模型将协议分成 4 个层次：网络接口层、网际互联层、传输层(主机到主机)和应用层，TCP/IP 体系结构及其与开放式系统互联参考模型(open system interconnection,OSI)的对应关系如图 5-1 所示。

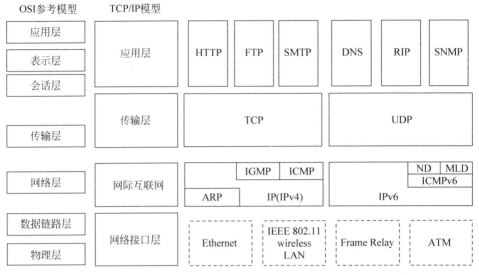

图 5-1 TCP/IP 结构与 OSI 的关系

1) 应用层

应用层对应于 OSI 参考模型的高三层,为用户提供所需要的各种服务,如 FTP、Telnet、DNS、SMTP 等。

2) 传输层

传输层对应于 OSI 参考模型的传输层,为应用层实体提供端到端的通信功能,保证数据包的按序传送及数据的完整性。该层定义了两个主要的协议:面向有连接的 TCP 和面向无连接的 UDP。

TCP 协议提供的是一种可靠的、通过"三次握手"来连接的数据传输服务;而 UDP 协议提供的则是不保证可靠的(并不是不可靠)、无连接的数据传输服务。

3) 网际互联层

网际互联层对应于 OSI 参考模型的网络层,主要解决主机到主机的通信路由问题。它注重协议数据包在整个网络上的逻辑传输,赋予主机一个 IP 地址来完成对主机的寻址,它还负责数据包在多种网络中的路由。该层有 3 个主要协议:IP、互联网组管理协议(internet group management protocol,IGMP)和 ICMP。IP 协议是网际互联层最重要的协议,它提供的是一个可靠、无连接的数据报传递服务。

4) 网络接口层(即主机-网络层)

网络接入层与 OSI 参考模型中的物理层和数据链路层相对应。它负责监视数据在主机和网络之间的交换。事实上,TCP/IP 本身并未定义该层的协议,而由参与互联的各个网络使用自己的物理层和数据链路层协议,然后与 TCP/IP 的网络接入层进行连接。ARP 工作在此层,即 OSI 参考模型的数据链路层。

2. TCP/IP 基本知识

网络主机间进行相互通信所需共同遵守的规则就是网络协议,TPC/IP 是目前国际互联网上普遍使用的网络协议。此外,还要正确配置 IP 地址、子网掩码等网络参数。

1) TCP/IP 协议

TCP/IP 协议是 Internet 用于计算机通信的一组协议簇,其中最重要的是两个独立而又紧密结合的协议是 TCP 协议和 IP 协议。TCP 协议是传输层的协议,它提供了可靠的数据报传输服务;IP 协议是网际互联层的协议,用来提供网络中的统一编址和路由问题。

2) IP 地址

IP 地址是互联网上网络接口的唯一标识,给网络中主机提供唯一的网络地址。目前广泛使用的是第 4 版互联网协议(internet protocol version 4,IPv4),它由一个 32 位的二进制数字组成,通常用点分十进制表示法写成 4 个十进制数字,如 192.168.1.11。IP 地址采用两级结构,一部分表示主机所属的网络,另一部分代表主机。网络地址表示主机的网段,同一网段中的所有主机拥有相同的网络地址,网络地址是统一分配的,目的是保证网络地址的全球唯一性。主机地址表示某个网段中的一个具体的网络接口,主机地址由各个网络的系统管理员分配。

考虑到不同规模网络的需要,为充分利用 IP 地址空间和便于管理,IP 地址又被分为 A、B、C、D、E 这 5 类,其中 A、B、C 这 3 类由 InterNIC 在全球范围内统一分配,D、E 类为特殊地址。IP 地址采用高位字节的高位来标识地址类别,IP 地址编码方案和 A、B、C 类的地址格式如图 5-2 所示。另外,还有一种专用 IP 地址,这类地址只在专用网络(私有网络)中使用。例如,10.0.0.1~10.255.255.254、172.16.0.1~172.31.255.254、192.168.0.1~192.168.255.254。

IP地址编码方案

地址类别	高位字节	最高字节范围	可支持的网络数目	每个网络支持的主机数
A	0------	1~126	126	16 777 214
B	10------	128~191	16 384	65 534
C	110------	192~223	2 097 152	254

A类地址格式

1位	7位	24位
0	网络ID	主机ID

B类地址格式

2位	14位	16位
10	网络ID	主机ID

C类地址格式

3位	21位	8位
110	网络ID	主机ID

图 5-2 IP 地址的编码与格式

3) 子网与子网掩码

划分子网是指把主机地址中的一部分借用为网络地址,这样可以把一个较大的网络划分为多个较小的网络,这些较小的网络即为子网,子网是基于一组相关 IP 地址的逻辑网络。

为了确定网络地址和主机地址就必须借助子网掩码,子网掩码是一个 32 位地址,其作用是用于屏蔽 IP 地址的一部分以区分网络地址和主机地址,指明 32 位 IP 地址中哪些位为网络地址,哪些位为主机地址。TCP/IP 协议利用子网掩码判断目标主机地址是位于本地网络还是远程网络。表 5-1 列出了 A、B、C 这 3 类网络的子网掩码。掩码中为 1 的位表示 IP 地址中相应的位为网络标识号,为 0 的位则表示 IP 地址中相应的位为主机标识号。

表 5-1 子网掩码

类 别	二进制值	十进制值
A	11111111.00000000.00000000.00000000	255.0.0.0
B	11111111.11111111.00000000.00000000	255.255.0.0
C	11111111.11111111.11111111.00000000	255.255.255.0

4) 端口

在 Internet 上,各主机间通过 TCP/IP 协议发送和接收数据报,各个数据报根据其目的主机的 IP 地址来进行互联网络中的路由选择。但是当多个应用程序在同一主机上运行时,目的主机必须通过一种方法来确定应该把接收到的数据报传送给主机中众多同时运行的程序中的哪一个程序,这就需要用到端口。端口按端口号分类,可分为以下 3 类。

(1) 公认端口:范围为 0~1023,它们紧密绑定(binding)于一些服务。通常这些端口的通信明确表明了某种服务的协议。例如,80 端口实际上总是 HTTP 通信。

(2) 注册端口:范围为 1024~49 151。它们松散地绑定于一些服务。也就是说有许多服务绑定于这些端口,这些端口同样用于许多其他目的。

(3) 动态和/或私有端口:范围为 49 152~65 535。理论上,不应为服务分配这些端口。实际上,机器通常从 1024 开始分配动态端口。但也有例外:SUN 的 RPC 端口从 32 768 开始。

常见网络服务默认使用的端口号如表 5-2 所示。

表 5-2 常见网络服务默认使用的端口号

协 议	描 述	使用的端口
HTTP	超文本传输协议,传输 Web 页面	80
HTTPS	经过加密的 HTTP	443
FTP	文件传输协议	21
DNS	域名系统,用于域名解释	53
SMTP	简单邮件传输协议,用于发送邮件	25
POP3	邮局协议,用于接收电子邮件	110
SSH	经过加密的远程安全 shell	22
Telnet	明文方式连接的远程终端服务	23

5) 网关地址

主机的 IP 地址和子网掩码设置后,同一网段内的主机就可以相互通信了,而处于不同网段的主机则必须通过网关才能进行通信。网关地址就是一个网络连接到另一个网络的入口地址,在 TCP/IP 网络中就是一个网络通向其他网络的 IP 地址。为了实现与不同网段的主机进行通信,必须为主机设置网关地址,它一定是同网段中启用了路由协议的主机或路由器。

只有设置好网关的 IP 地址,TCP/IP 才能实现不同网络之间的相互通信。例如,假设网段 A 的 IP 地址范围为 192.168.10.1～192.168.10.254，子网掩码为 255.255.255.0；网段 B 的 IP 地址范围为 192.168.11.1～192.168.11.254，子网掩码为 255.255.255.0。在没有路由器的情况下，两个网络即使连接在同一台交换机上，TCP/IP 也会根据子网掩码判定两个网络中的主机处于不同的网络中，而不能进行 TCP/IP 通信，只有通过网关才能进行通信。如果网络中的主机发现数据包的目的主机地址不在本地网络中，就把数据包转发给它的网关，再由网关转发到相应的网络。

6) 域名

IP 地址即使采用点分的十进制表示方法也不方便记忆，为了便于使用和记忆，Internet 采用了域名管理系统（domain name system, DNS），在 IP 地址之外，网上的主机还有另一种表示法——域名表示法，它是由代表一定意义的英文单词的缩写构成的。例如，北京大学 Web 服务器的域名为 www.pku.edu.cn，各部分的含义如图 5-3 所示。

www.pku.edu.cn
说明这是一台www主机　北京大学　教育部分　中国

图 5-3　域名地址格式

7) DNS 服务器地址

如前所述，尽管使用 IP 地址可以定位网络中的主机，但是即使采用点分十进制数来表示 IP 地址仍难记忆。因此，人们通常使用字符串形式的域名来访问网络中的主机。为了能够使用域名，网络中的计算机至少要指定一台 DNS 服务器来完成域名解析工作。域名解析包括从域名到 IP 地址映射的正向解析和从 IP 地址到域名映射的反向解析。

DNS 采用层次化的分布式数据结构，DNS 的数据库系统分布在 Internet 上不同地域的 DNS 服务器上，每个 DNS 服务器只负责其管辖区域中的主机域名与 IP 地址的映射表。当用户的浏览器访问用域名表示的主机时，它会向指定的 DNS 服务器查询其映射的 IP 地址。如果这个 DNS 服务器没有找到映射记录，它会向上一级 DNS 服务器去查询，直到最终找到其对应的 IP 地址，并将 IP 地址信息返回给发出请求的应用程序，应用程序才向获取 IP 地址的主机请求相关服务和信息。

5.1.2　Linux 网络配置文件

在 Linux 中，TCP/IP 网络的配置信息是分别存储在不同配置文件中的，相关配置文件有 /etc/sysconfig/network、/etc/hosts、/etc/resolve.conf、/etc/host.conf 及网卡配置等文件，下面详细介绍这些配置文件的作用和配置方法。

1. /etc/sysconfig/network 文件

/etc/sysconfig/network 文件主要用于基本的网络配置信息，包括控制与网络有关的文件和守护程序的行为参数，如主机名、网关等，其文件的内容如下：

```
[root@localhost ~]# cat /etc/sysconfig/network
NETWORKING = yes
NETWORKING_IPV6 = yes
HOSTNAME = localhost.localdomain
NTPSERVERARGS = iburst
```

其中，各个字段的含义如下。

(1) NETWORKING——用于设置 Linux 网络是否运行，取值为 yes 或 no。

(2) NETWORKING_IPV6——用于设置是否启用 IPv6，取值为 yes 或 no。

(3) HOSTNAME——用于设置主机的名称。

(4) NTPSERVERARGS——设置网络时间服务器参数。

此外，该配置文件中常见的还有以下参数。

(1) GATEWAYDEV——用来设置连接网关的网络设备。

(2) DOMAINNAME——用于设置本机的域名。

(3) NISDOMAIN——在有 NIS 系统的网络中，用来设置 NIS 域名。

(4) GATEWAY——用于设置网关的 IP 地址。

(5) FORWARD_IPV4——设置是否开启 IPv4 的包转发功能。在只有一块网卡时，一般设置为 false；若安装了两块网卡，并要开启 IP 数据包的转发功能，则设置为 true。

对 /etc/sysconfig/network 文件进行修改之后，应该重启网络服务或注销系统以便使配置文件生效。

2. /etc/sysconfig/network-scripts/ifcfg-ethN 文件

网卡配置文件保存着网卡设备名称、IP 地址、子网掩码、网关等配置信息，每块网卡对应一个配置文件，配置文件都位于目录 /etc/sysconfig/network-scripts/ 中，文件名以 ifcfg- 开头，后跟网卡类型（通常使用的以太网卡用 eth 表示）加网卡的序号（序号从 0 开始）。系统中以太网卡的配置文件名为 ifcfg-ethN，其中的 N 是从 0 开始的整数。例如，ifcfg-eth0 表示系统中第一块以太网卡的配置文件，ifcfg-eht1 表示第二块以太网卡的配置文件，以此类推。

Linux 操作系统支持在一块物理网卡上绑定多个 IP 地址，需要建立多个网卡配置文件，其文件名的形式为 ifcfg-ethN:M，其中 N 和 M 都是从 0 开始的数字，N 代表网卡的序号，M 代表虚拟网卡序号。例如，第一块网卡 eth0 的第一个虚拟网卡（设备名为 eth0:0）的配置文件名为 ifcfg-eth0:0，第二个虚拟网卡（设备名为 eth0:1）的配置文件名为 ifcfg-eth0:1。Linux 最多支持 255 个 IP 别名，对应的配置文件可以通过复制 ifcfg-eth0 配置文件，并修改其配置内容来获得。

所有网卡的配置文件都有类似的格式，配置文件中每行进行一项内容设置，左边为项目名称，中间为"="表示赋值，右边为项目的设置值。配置文件格式如下：

```
[root@localhost ~]# cat /etc/sysconfig/network-scripts/ifcfg-eth0
DEVICE = eth0
HWADDR = 00:0C:29:6A:C6:27
TYPE = Ethernet
ONBOOT = no
NM_CONTROLLED = yes
BOOTPROTO = dhcp
[root@localhost ~]#
```

其中，各个字段的含义如下。

(1) DEVICE——表示当前网卡设备的设备名称。

(2) HWADDR——该网卡的硬件地址（MAC 地址）。

(3) TYPE——该网络设备的类型。

(4) ONBOOT——设置系统启动时是否启动该设备,取值为 yes 或 no。

(5) BOOTPROTO——获取 IP 设置的方式,取值为 static、bootp 或 dhcp。

从上面可以看出,此处以太网卡为 eth0。此外,采用动态 IP 获取方式。如果在采用静态 IP 方式中,还有以下参数。

(1) IPADD——该网络设备的 IP 地址。

(2) BROADCAST——广播地址。

(3) NETMASK——该网络设备的子网掩码。

(4) NETWORK——该网络设备所处的网络地址。

(5) GATEWAY——网卡的网关地址。

3. /etc/hosts 文件

/etc/hosts 文件是早期 Linux 实现域名解析的一种方法,该文件中存储 IP 地址主机名的静态映射关系,用于本地名称解析,是 DNS 的前身。利用该文件进行名称解释时,系统会直接读取该文件中的 IP 地址和主机名称的对应记录。文件中"#"开头的行是注释行,其余行每行一条记录,IP 地址在左,主机名在右,主机名部分可以设置主机名称和主机全域名。该文件的默认内容如下:

```
[root@localhost ~]# cat /etc/hosts
127.0.0.1      localhost localhost.localdomain localhost4 localhost4.localdomain4
::1            localhost localhost.localdomain localhost6 localhost6.localdomain6
[root@localhost ~]#
```

4. /etc/resolve.conf 文件

/etc/resolve.conf 文件是 DNS 客户端用于指定系统所用的 DNS 服务器的 IP 地址,在该文件中除了可以指定 DNS 服务器,还可以设置当前主机所在的域,以及 DNS 搜索路径等。该文件的默认内容如下:

```
[root@localhost ~]# cat /etc/resolv.conf
nameserver 192.168.0.1
nameserver 192.168.0.10
search localdomain
domain localdomain
[root@localhost ~]#
```

5. /etc/host.conf 文件

/etc/host.conf 文件用来指定如何进行域名解析,该文件一般包含以下几部分。

(1) order——设置主机名解析的可用方法及顺序。可用的方法包括 hosts(利用/etc/hosts 文件进行解析)、bind(利用 DNS 服务器进行解析)和 NIS(利用网络信息服务器进行解析)。

(2) multi——设置是否从/etc/hosts/文件中返回主机的多个 IP 地址,取值为 on 或 off。

(3) nospoof——设置是否启用对主机名的欺骗保护,取值为 on 或 off,当设置为 on 时,系统会启用对主机名的欺骗保护,以提高 rlogin、rsh 等程序的安全性。

6. /etc/services 文件

/etc/service 文件保存网络服务名和它们所使用的协议及端口号。文件中的每行对应一种服务,它由 4 个字段组成,分别表示协议名称、端口号、传输层协议、注释。Linux 操作系统在运行某些服务时会用到该文件,一般不需要修改此文件的内容,/etc/service 文件的部分内容如下:

```
# /etc/services:
# $ Id: services,v 1.48 2009/11/11 14:32:31 ovasik Exp $
# Network services, Internet style
# IANA services version: last updated 2009 – 11 – 10
# Note that it is presently the policy of IANA to assign a single well – known
# port number for both TCP and UDP; hence, most entries here have two entries
# even if the protocol doesn't support UDP operations.
# Updated from RFC 1700, ''Assigned Numbers'' (October 1994).  Not all ports
# are included, only the more common ones.
# The latest IANA port assignments can be gotten from
#         http://www.iana.org/assignments/port – numbers
# The Well Known Ports are those from 0 through 1023.
# The Registered Ports are those from 1024 through 49151
# The Dynamic and/or Private Ports are those from 49152 through 65535
# Each line describes one service, and is of the form:
# service – name   port/protocol   [aliases...]    [ # comment]
ftp – data        20/tcp
ftp – data        20/udp
# 21 is registered to ftp, but also used by fsp
ftp              21/tcp
ftp              21/udp          fsp fspd
ssh              22/tcp                          # 安全壳协议
ssh              22/udp                          # 安全壳协议
telnet           23/tcp
telnet           23/udp
smtp             25/tcp          mail
smtp             25/udp          mail
time             37/tcp          timserver
time             37/udp          timserver
```

7. /etc/nsswitch.conf 文件

/etc/nsswitch.conf 文件定义了网络数据库文件的搜索顺序,规定通过哪些途径、按照什么顺序以及通过这些途径查找特定类型的信息,如主机名称、用户密码、网络协议等。要设置名称解析的先后顺序,可利用/etc/nsswitch.conf 命令配置文件中的 hosts 选项来定制,其默认解析顺序为 hosts 文件、DNS 服务器。对 UNIX 操作系统还可以使用 NIS 服务器进行解析。该文件的部分内容如下:

```
[root@localhost ~]# cat /etc/nsswitch.conf
# /etc/nsswitch.conf
# An example Name Service Switch config file. This file should be
# sorted with the most – used services at the beginning.
# The entry '[NOTFOUND = return]' means that the search for an
# entry should stop if the search in the previous entry turned
```

```
# up nothing. Note that if the search failed due to some other reason
# (like no NIS server responding) then the search continues with the
# next entry.
# Valid entries include:
#       nisplus             Use NIS+ (NIS version 3)
#       nis                 Use NIS (NIS version 2), also called YP
#       dns                 Use DNS (Domain Name Service)
#       files               Use the local files
#       db                  Use the local database (.db) files
#       compat              Use NIS on compat mode
#       hesiod              Use Hesiod for user lookups
#       [NOTFOUND=return]   Stop searching if not found so far
#
# To use db, put the "db" in front of "files" for entries you want to be
# looked up first in the databases
# Example:
# passwd:       db files nisplus nis
# shadow:       db files nisplus nis
# group:        db files nisplus nis
passwd:         files
shadow:         files
group:          files
# hosts:        db files nisplus nis dns
hosts:          files dns
# Example - obey only what nisplus tells us...
# services:     nisplus [NOTFOUND=return] files
# networks:     nisplus [NOTFOUND=return] files
# protocols:    nisplus [NOTFOUND=return] files
# rpc:          nisplus [NOTFOUND=return] files
# ethers:       nisplus [NOTFOUND=return] files
# netmasks:     nisplus [NOTFOUND=return] files
bootparams: nisplus [NOTFOUND=return] files
ethers:         files
netmasks:       files
networks:       files
protocols:      files
rpc:            files
services:       files
netgroup:       nisplus
publickey:      nisplus
automount:      files nisplus
aliases:        files nisplus
```

5.2 网络基本配置命令

在了解网络相关配置文件之后，接下来进行网络相关配置，Linux 网络配置的方式有以下 3 种。

（1）CLI 命令行方式——在字符界面下，通过执行有关网络配置命令实现对网络的配置。此方式只是临时生效,系统或网络服务重启后便失效。

(2) GUI 图形方式——通过窗口填写网络配置参数,进行网络配置。

(3) 修改网络配置文件方式——使用 Vi 编辑器直接修改网络配置文件或通过 setup 等工具间接修改网络配置文件。此种方式需要系统或网络服务重启后才能生效,且长期保存、生效。

下面先进行 CLI 命令行方式的网络配置操作,然后介绍 GUI 图形方式的网络配置操作。

5.2.1 配置主机名

1. 临时配置主机名

hostname 命令可以查看或设置当前主机的名称,该命令的格式如下:

hostname [主机名]

说明:hostname 命令不会将新的主机名永久地保存到/etc/sysconfig/network 配置文件中,因此,在重新启动系统后,主机名仍将恢复为配置文件中所设置的主机名,而且在设置了新的主机名后,系统提示符中的主机名还不能同步更改,必须使用 logout 命令注销,并重新登录系统后或使用 bash 命令重新开启 shell,才可以显示出新的主机名。

举例:

```
[root@localhost ~]# hostname          //显示现主机名
localhost.localdomain
[root@localhost ~]# hostname RHEL6.5  //把主机名临时改为 RHEL6.5
[root@localhost ~]# hostname
RHEL 6.5
```

此外,还可以使用 sysctl 命令修改内核参数的方式临时修改主机名,其格式如下:

sysctl kernel.hostname = 主机名

2. 修改配置文件永久修改主机名

hostname 命令不会将新主机名保存到配置文件中,重启系统后主机名将恢复为配置文件中所设置的主机名。若要主机名长期生效,可直接修改配置文件/etc/sysconfig/network 中的 HOSTNAME 配置项来设置主机名,系统启动时,会从该配置文件中获取主机名信息,并进行主机名设置。例如,把主机名改为 RHEL,如图 5-4 所示。

5.2.2 配置网络接口

网卡的配置包括 IP 地址、子网掩码、默认网关等信息,可以通过两种途径来设置网卡配置参数:一种是由网络中的 DHCP 服务器动态地分配;另一种是用户手动配置,在命令行下可以直接利用 Vi 编辑器修改网卡配置文件,也可以使用 ifconfig 命令来查看或设置网卡的 TCP/IP 参数。

1. 显示网络接口的设备信息

ifconfig 是一个用来查看、配置、启用或禁止网络接口的命令,要查看系统中当前所有处于活跃状态的网络接口信息,操作如下:

图 5-4　修改主机名为 RHEL

```
[root@RHEL ~]# ifconfig
eth0      Link encap:Ethernet   HWaddr 00:0C:29:6A:C6:27
          UP BROADCAST MULTICAST   MTU:1500   Metric:1
          RX packets:0 errors:0 dropped:0 overruns:0 frame:0
          TX packets:0 errors:0 dropped:0 overruns:0 carrier:0
          collisions:0 txqueuelen:1000
          RX bytes:0 (0.0 b)   TX bytes:0 (0.0 b)
lo        Link encap:Local Loopback
          inet addr:127.0.0.1  Mask:255.0.0.0
          inet6 addr: ::1/128 Scope:Host
          UP LOOPBACK RUNNING   MTU:16436   Metric:1
          RX packets:28 errors:0 dropped:0 overruns:0 frame:0
          TX packets:28 errors:0 dropped:0 overruns:0 carrier:0
          collisions:0 txqueuelen:0
          RX bytes:1940 (1.8 KiB)   TX bytes:1940 (1.8 KiB)
```

从上面可以看出,当前系统有两个网络接口：一个是 eth0,它是系统的第一块物理网卡;另一个是 lo,它代表 loopback 环回接口,是 Linux 内部通信的基础,其接口 IP 地址始终为 127.0.0.1。其中各个标志位的含义如表 5-3 所示。

表 5-3　ifconfig 命令显示的标志位

标志位	说　　明	标志位	说　　明
eth0	表示第一块物理网卡	MTU	分组的最大传送单元
HWaddr	表示网卡的物理地址	Metric	计算路由成本的度量值跳数
Link encap	表示网卡 OSI 物理层名称	RX packets	接收的数据包总数
inet addr	网卡的 IP 地址	TX packets	发送的数据包总数
Bcast	广播地址	collisions	数据包冲突总数
Mask	子网掩码	txqueuelen	传送队列的长度
UP BROAD CAST MULTICAST	表示网络接口处于活动状态		

2. 临时设置网络接口卡

1) 配置 IP 地址

可以使用 ifconfig 命令来设置或修改网卡的 IP 地址和子网掩码,格式如下:

ifconfig *网卡名 IP地址* netmask *子网掩码*

例如,要把第一块物理网卡的 IP 地址设置为 192.168.1.100,将子网掩码设置为 255.255.255.0,其操作如下:

[root@RHEL ~]# *ifconfig eth0 192.168.1.100 netmask 255.255.255.0*

2) 配置虚拟网卡 IP 地址

在实际工作中,Linux 支持一块网卡拥有多个 IP 地址,在这种情况下,需要设置虚拟网卡来实现。例如,为第一块网卡 eth0 设置一个虚拟网卡,其 IP 地址设为 192.168.1.10,子网掩码设为 255.255.255.0,操作如下:

[root@RHEL ~]# *ifconfig eth0:1 192.168.1.10 netmask 255.255.255.0*

使用 ifconfig 命令为网卡添加或修改 IP 地址等信息时会立即生效,如果 ifconfig 命令中不指定 netmask,则系统会自动配置相应网段的默认子网掩码。但该命令不会修改网卡的配置文件,系统重启或网卡禁用后又重启,其 IP 地址失效,将恢复为网卡配置文件中所指定的 IP 地址。

3) 更改网卡 MAC 地址

MAC(mandatory access control,强制访问控制)地址又称为物理地址或硬件地址,它是全球唯一的地址,由网络设备制造商生产时写入网卡内部。MAC 地址表示为长度为 48 位的十六进制数,每两个十六进制数之间用冒号隔开,如前面网卡的 IP 地址为 00:0C:29:6A:C6:27,其中前 6 位十六进制数 00:0C:29 代表网卡制造商的编号,它由电气电子工程师协会分配,后 6 位十六进制数 6A:C6:27 代表制造商所生产的网卡的系列号。要更改 MAC 地址,需要先禁用该网卡,然后使用 ifconfig 命令进行修改,格式如下:

ifconfig *网卡名 hw ether MAC地址*

例如,要将 eth0 的 MAC 地址改为 00:22:33:44:55:66,操作如下:

[root@RHEL ~]# *ifconfig eth0 hw ether 00:22:33:44:55:66*

4) 启用和禁用网卡

启用和禁用网卡依然可以使用 ifconfig 命令,格式如下:

ifconfig *网卡名* down //禁用网卡
ifconfig *网卡名* up   //启用网卡

例如,启用和禁用 eth0 的操作分别如下:

[root@RHEL ~]# *ifconfig eth0 up*
[root@RHEL ~]# *ifconfig eth0 down*

如果生成了相关配置文件,也可以使用"ifdown *网卡名*"命令来禁用网卡,使用"ifup *网卡名*"命令来启用网卡。

[root@RHEL ~]#*ifup   eth0*
[root@RHEL ~]#*if down   eth0*

3. 修改网卡配置文件永久生效

ifconfig 命令修改的网卡配置信息只是临时生效，重启系统后失效，要使网上的配置信息长期永久有效，必须使用 Vi 编辑器直接修改网卡配置文件，通过参数来配置网卡，使其永久生效。网卡的配置文件位于/etc/sysconfig/network-scripts/目录下，每块网卡有一个单独的配置文件，可以通过文件名来找到每块网卡的配置文件，配置文件的每行代表一个参数值，系统启动时通过读取该文件的所有记录来配置网卡。

例如，要把 eth0 的 IP 地址设置为 192.168.1.100，利用 Vi 编辑器修改网卡的配置文件/etc/sysconfig/network-scripts/ifcfg-eth0 如下：

[root@RHEL ~]#*vi /etc/sysconfig/network - scripts/ifcfg - eth0*

在 Vi 编辑器中修改 IP 地址，如图 5-5 所示。

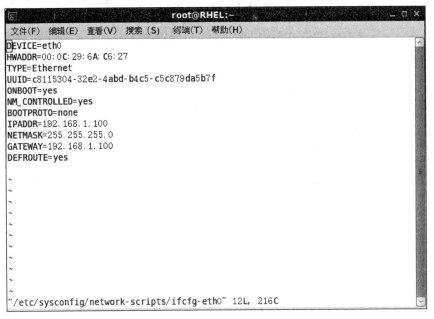

图 5-5   在 Vi 编辑器中网卡配置文件

如果要在图 5-5 所示的这块物理网卡 eth0 上设置另一个 IP 地址 192.168.1.10，则必须复制/etc/sysconfig/network-scripts/ifcfg-eth0 配置文件，生成 eth0:1 别名文件，并使用 Vi 编辑器修改配置文件 eth0:1，如图 5-6 所示，其操作如下：

[root@RHEL ~]#*cp /etc/sysconfig/network - scripts/ifcfg - eth0/etc/sysconfig/network - scripts/ ifcfg - eth0:1*
[root@RHEL ~]#*vi /etc/sysconfig/network - scripts/ifcfg - eth0:1*

修改网卡配置文件后，必须重启网卡或重新启动计算机才能使设置生效。
可以使用如下命令来重启网络服务：

[root@localhost ~]#*service   network   restart*

[root@localhost ~]#

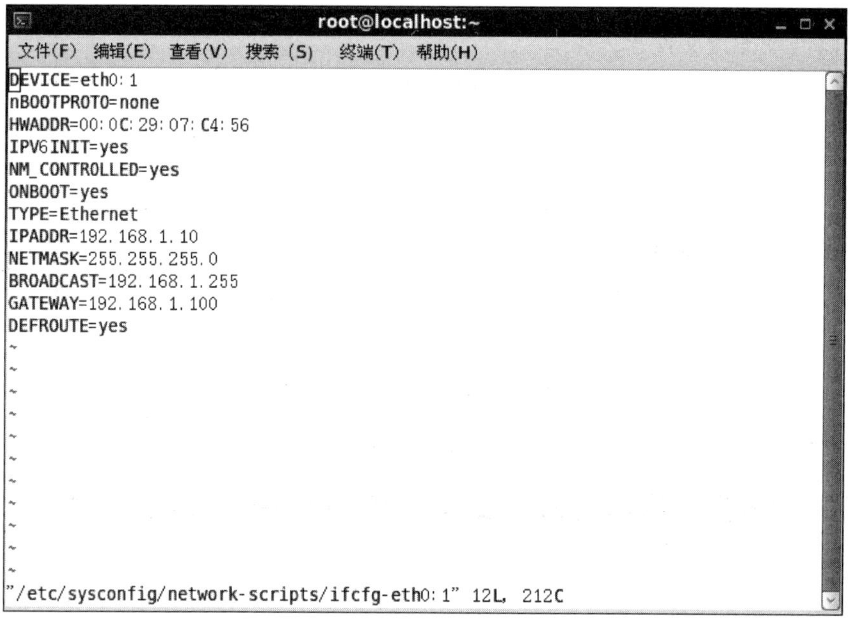

```
DEVICE=eth0:1
nBOOTPROTO=none
HWADDR=00:0C:29:07:C4:56
IPV6INIT=yes
NM_CONTROLLED=yes
ONBOOT=yes
TYPE=Ethernet
IPADDR=192.168.1.10
NETMASK=255.255.255.0
BROADCAST=192.168.1.255
GATEWAY=192.168.1.100
DEFROUTE=yes
~
"/etc/sysconfig/network-scripts/ifcfg-eth0:1"  12L, 212C
```

图 5-6　配置网卡第二个 IP 地址

可以使用 ip addr 命令查看网上的配置参数,操作如下:

[root@localhost ~]# **ip addr**
1: lo: < LOOPBACK,UP,LOWER_UP > mtu 16436 qdisc noqueue state UNKNOWN
　　link/loopback 00:00:00:00:00:00 brd 00:00:00:00:00:00
　　inet 127.0.0.1/8 scope host lo
　　inet6 ::1/128 scope host
　　　　valid_lft forever preferred_lft forever
2: eth0: < BROADCAST,MULTICAST,UP,LOWER_UP > mtu 1500 qdisc pfifo_fast state UP qlen 1000
　　link/ether 00:0c:29:07:c4:6a brd ff:ff:ff:ff:ff:ff
　　inet 192.168.1.100/24 brd 192.168.1.255 scope global eth0
　　inet 192.168.1.10/24 brd 192.168.1.255 scope global secondary eth0:1
　　inet6 fe80::20c:29ff:fe07:c46a/64 scope link
　　　　valid_lft forever preferred_lft forever
[root@localhost ~]#

从上面可以看到 eth0 有两个 IP 地址。

5.2.3　使用图形化方法配置网络

在 RHEL 6.5 中,可以使用图形化的网络配置工具来完成主要的网络设置工作,网络的图形配置工具有两种:一种是系统菜单方式,另一种是 system-config-network 命令方式。

1. 菜单方式

(1) 选择"系统"→"首选项"→"网络连接"选项,如图 5-7 所示,弹出"网络连接"对话框,如图 5-8 所示,可以看到已有的网络接口设备。

(2) 选择"网络连接"对话框中的 System eth0 设备,单击"编辑"按钮,弹出如图 5-9 所

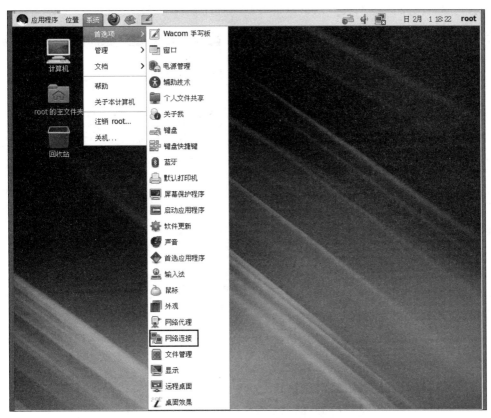

图 5-7 选择"网络连接"选项

图 5-8 "网络连接"对话框

示的对话框。对话框中有"有线""802.1x 安全性""IPv4 设置""IPv6 设置"4 个选项卡,选择"IPv4 设置"选项卡来设置 IP 地址,如图 5-10 所示。如果网络中存在 DHCP 服务器,则选择"方法"下拉列表中的"自动(DHCP)"选项;如果要手动设置,则选择"手动"选项,然后单击"添加"按钮,在"地址"下对应的文本框中输入 IP 地址,在"子网掩码"下对应的文本框中输入网掩码,在"网关"下对应的文本框中输入默认网关。这里设置 IP 地址为 192.168.1.100、子网掩码为 255.255.255.0、网关为 192.168.1.100，如图 5-11 所示。

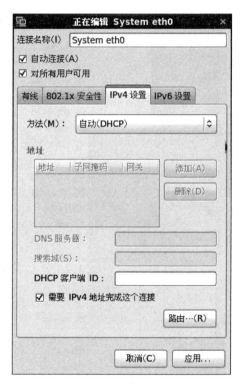

图 5-9　编辑网络连接对话框　　　　　图 5-10　"设置 IPv4"选项卡

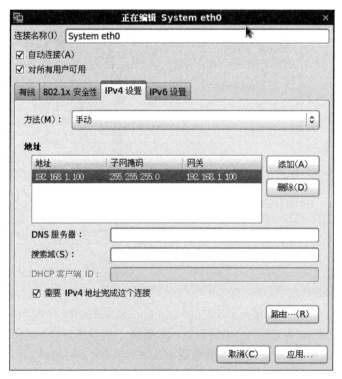

图 5-11　设置 IP 地址

(3) 在如图 5-11 所示的对话框中,还可以设置 DNS 服务器和路由,在"DNS 服务器"文本框中输入 DNS 服务器的地址,如果有多个 DNS 服务器地址可使用逗号分隔开,如 202.96.128.166,202.96.134.133。若要设置路由,应单击"路由"按钮。

2. system-config-network 命令方式

在终端中以 root 权限输入 system-config-network 或 system-config-network-tui 命令,打开如图 5-12 所示的窗口。在这里可以选择"设备配置"来设置 IP 地址或选择"DNS 配置"来设置 DNS 服务器;使用 ↑ 键、↓ 键或 Tab 键来选择设置项,同样可以设置 IP 地址和 DNS 服务器地址。

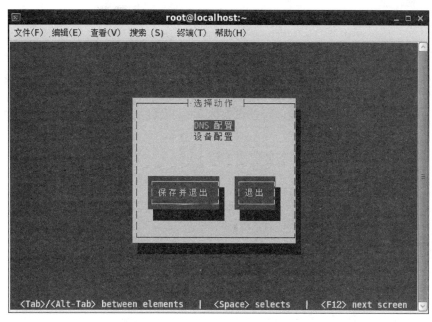

图 5-12　system-config-network 命令方式

5.3　熟悉网络测试命令

Linux 提供了大量的网络诊断命令行工具,使用这些工具可以测试网络状态,进而可以迅速判断和分析网络故障可能的原因。Linux 中常用的网络诊断工具主要有 ping、traceroute 及 netstat 等命令。

5.3.1　ping 命令

ping 命令是常用的网络诊断命令之一,它是通过向目标主机发送一个一个数据包及接收数据包的回应来判断主机和目标主机之间网络的连接情况的。ping 命令提供两个基本服务功能:一个是用来确定网络上远程目标主机是否可达,测试系统之间的连通性问题;另一个是提供基本的网络性能统计数据,该数据可用于诊断与通信量相关的网络问题。
ping 命令的基本格式如下:

　　ping　[选项]　目标主机名或 IP 地址

ping 命令的常用选项及含义如下。

(1) -c——用于设定 ping 命令发出的 ICMP 数据包的数量,如果不指定此选项,则会无限次、不停地发送数据包直到用户按 Ctrl+C 组合键才中止命令。

(2) -s——设置 ping 命令发出的 ICMP 数据包的大小,默认的数据包大小为 64 字节,包括 8 字节的 ICMP 协议头和 56 字节的测试数据,再添加 20 字节的 IP 协议头,则显示的为 84 字节,最大设置值为 65 507 字节。

(3) -t——设置数据包的生存期(time to live,TTL)。

(4) -i——设置 ping 命令发出每个 ICMP 数据包的时间间隔,无此选项时,默认的时间间隔为 1s。

(5) -R——记录路由过程。

(6) -r——忽略普通的路由表,直接将数据包发送到远程主机上。

(7) -v——详细显示命令的执行过程。

(8) -p——设置填满数据包的范本样式。

(9) -I——设置指定的网络接口发送数据包,如果系统有多个网络接口,本选项指定发送的接口。

(10) -f——极限检测,以最小的间隔来测试。

举例:

[root@localhost ~]#***ping -c 6 192.168.1.10***
PING 192.168.1.10 (192.168.1.10) 56(84) bytes of data.
64 bytes from 192.168.1.10: icmp_seq = 1 ttl = 64 time = 0.043 ms
64 bytes from 192.168.1.10: icmp_seq = 2 ttl = 64 time = 0.087 ms
64 bytes from 192.168.1.10: icmp_seq = 3 ttl = 64 time = 0.078 ms
64 bytes from 192.168.1.10: icmp_seq = 4 ttl = 64 time = 0.084 ms
64 bytes from 192.168.1.10: icmp_seq = 5 ttl = 64 time = 0.054 ms
64 bytes from 192.168.1.10: icmp_seq = 6 ttl = 64 time = 0.054 ms

- --- 192.168.1.10 ping statistics ---
6 packets transmitted, 6 received, 0 % packet loss, time 5001ms
rtt min/avg/max/mdev = 0.043/0.066/0.087/0.019 ms
[root@localhost ~]#

上面的信息提供了报文的尺寸、目标设备的主机名或 IP 地址、序号、往返时间及统计信息摘要。其中,icmp_seq 是数据包的序号,从 1 开始,因为 ping 命令有-c 6,所以共发出 6 个数据包;ttl 为 64;time 为数据包的响应时间,单位为毫秒(ms),即发送请求数据包到接收到响应数据包的整个时间,该时间越短,说明网络的延迟越小,速度越快。在 ping 命令终止后,会在下方给出统计信息,显示发送及接收的数据包、丢包率及响应时间等信息,其中的丢包率越低说明网络状况良好、越稳定。最底行显示对所有应答计算最小、平均和最大往返时间,该时间也是以毫秒为单位显示的。

5.3.2 traceroute 命令

traceroute 命令的功能是跟踪从当前主机到目标主机沿途所经过的网络节点,并显示这些中间节点的 IP 地址和响应时间。该命令跟踪本地与远程主机之间的 UDP 数据包,并根据接收到的回应信息判断网络故障可能的位置。traceroute 命令向目标主机发送 UDP 数据包,并为数据包设置一个较小的 TTL 值,路由器收到数据报时会将 TTL 减 1。当 TTL 为 0 时,路由器会将数据包丢弃,并向源主机发送一个 ICMP 消息。如果路由器在 5s 内没有回应,则显示为 *,表示该路由器在规定的时间内没有响应对它的探测,这样就可以根据返回的信息判断网络故障可能发生的位置。

traceroute 命令的格式如下:

traceroute [选项] 目标主机名或 IP 地址 [datasize]

traceroute 命令的常用选项及含义如下。

(1) -p <端口号>——设置 UDP 传输协议的端口号,默认值为 33 434。
(2) -q——设置 TTL 测试数目(默认为 3)。
(3) -t——设置检测数据包的 TOS 数值,即设置测试包的服务类型。
(4) -n——直接使用 IP 地址而非主机名称,即不进行 IP 地址到域名的解释。
(5) -d——使用 Socket 层级的排错调试功能。
(6) -f——设置第一个检测数据包的存活数值 TTL 的大小。
(7) -g——设置来源路由网关,IPv4 最多可设置 8 个。
(8) -i——使用指定的网络接口来送出数据包。
(9) -I——使用 ICMP 回应取代 UDP 资料信息。
(10) -m——设置检测数据包的最大存活数值 TTL 的大小,默认值为 30。
(11) -r——忽略普通的 Routing Table,直接将数据包送到远端主机上。
(12) -s——设置本地主机送出数据包的 IP 地址。
(13) -w——设置等待远端主机回报的时间。
(14) -x——开启或关闭数据包的正确性检验。
(15) data size——设置每次测试包的数据字节长度,默认为 40 字节。

举例:

[root@localhost ~]# *traceroute www.microsoft.com*
traceroute to www.microsoft.com (23.38.205.181), 30 hops max, 60 byte packets
1   a23-38-205-181.deploy.static.akamaitechnologies.com (23.38.205.181)   181.895 ms 181.855 ms   183.966 ms
[root@localhost ~]#

5.3.3 netstat 命令

netstat 命令是 network statistics 的缩写,其主要用于检测主机的网络配置和状况,用于查看与 IP、TCP、UDP 和 ICMP 协议相关的统计数据,可以查看显示网络连接(包括进站和出站)、系统路由表、网络接口状态等,功能非常强大。

netstat 命令的格式如下:

netstat [选项]

netstat 命令的常用选项及含义如下。

(1) -r——显示当前主机路由表的信息。

(2) -a——显示当前主机所开放的所有端口。

(3) -t——显示 TCP 传输协议的连接状况。

(4) -u——显示 UDP 传输协议的连接状况。

(5) -i——显示所有网络接口的统计信息表。

(6) -l——显示所有正处于监听状态的服务和端口。

(7) -p——显示正在使用端口的服务进程号和服务程序名称。

(8) -c——持续列出网络状态,监控连接情况。

(9) -s——显示按协议统计的网络信息,默认显示 IP、IPv6、ICMP、ICMPv6、TCP、TCPv6、UDP 和 UDPv6 的统计信息。

(10) -n——以数字的方式显示 IP 地址和端口号。

(11) -e——显示以太网的统计信息,此选项可以与-a 选项组合使用。

举例:

```
[root@localhost ~]# netstat -atn
Active Internet connections (servers and established)
Proto  Recv-Q  Send-Q  Local Address         Foreign Address        State
tcp    0       0       0.0.0.0:111           0.0.0.0:*              LISTEN
tcp    0       0       0.0.0.0:22            0.0.0.0:*              LISTEN
tcp    0       0       127.0.0.1:631         0.0.0.0:*              LISTEN
tcp    0       0       0.0.0.0:41048         0.0.0.0:*              LISTEN
tcp    0       0       127.0.0.1:25          0.0.0.0:*              LISTEN
tcp    0       1       192.168.2.100:46826   173.194.127.88:80      SYN_SENT
tcp    0       1       192.168.2.100:45585   173.194.127.95:80      SYN_SENT
tcp    1       0       192.168.2.100:56000   63.146.69.10:80        CLOSE_WAIT
tcp    0       1       192.168.2.100:50853   173.194.127.110:443    SYN_SENT
tcp    0       1       192.168.2.100:46827   173.194.127.88:80      SYN_SENT
tcp    0       1       192.168.2.100:45587   173.194.127.95:80      SYN_SENT
tcp    0       1       192.168.2.100:52622   173.194.127.56:80      SYN_SENT
tcp    0       1       192.168.2.100:46059   173.194.127.102:443    SYN_SENT
tcp    0       1       192.168.2.100:46062   173.194.127.102:443    SYN_SENT
tcp    0       1       192.168.2.100:53972   180.97.33.96:80        FIN_WAIT1
tcp    0       1       192.168.2.100:35671   173.194.127.104:443    SYN_SENT
tcp    0       1       192.168.2.100:37706   180.149.131.35:80      FIN_WAIT1
tcp    0       1       192.168.2.100:50851   173.194.127.110:443    SYN_SENT
tcp    0       0       :::36237              :::*                   LISTEN
tcp    0       0       :::111                :::*                   LISTEN
tcp    0       0       :::22                 :::*                   LISTEN
tcp    0       0       ::1:631               :::*                   LISTEN
tcp    0       0       ::1:25                :::*                   LISTEN
```

上面的输出结果从左到右总共有 6 个字段,各个字段的含义如下。

(1) Proto——表示协议的类型,如 TCP、UDP 等。

(2) Recv-Q——由远程主机传送来的数据已经在本地接收缓冲,但还没有接收的字节数。

(3) Send-Q——表示对方没有收到的数据或都还没有确认(ACK)的字节数。

(4) Local Address——表示本地地址,默认显示主机名和服务名称,若使用-n 选项则显示主机的 IP 地址及端口号。

（5）Foreign Address——表示与本机连接的远程主机的地址,默认显示主机名和服务名称,若使用-n 选项则显示主机的 IP 地址及端口号。

（6）State——表示连接的状态,常见的状态有 LISTEN（表示监听状态,等待接收入站的请求）、ESTABLISHED（表示本机已经与其他主机建立好连接）、TIME_WAIT（等待足够的时间,以确保远程 TCP 接收到连接中断请求的确认）、SYN SENT（尝试发起连接）、SYN RECV（接收发起的连接）等。

5.3.4 arp 命令

arp 命令用于将某个 IP 地址解析为对应的 MAC 地址。在网络通信中,接收方主机的数据链路层通过 MAC 地址判断数据是否是发送给自己的,从而决定是接收还是丢弃该数据帧。因此,为了确保接收方能够正确地接收到数据,发送方需要知道接收方的 MAC 地址。由于 MAC 地址比 IP 地址更难以记忆,因此通常并不需要记住所有其他主机的 MAC 地址,而是使用 ARP 协议自动进行 MAC 地址的解析。

其工作原理是,当一台主机要发送数据时,首先查看本机 MAC 地址缓存中有没有目标主机的 MAC 地址,如果有就使用缓存中的结果,如果没有则 ARP 协议会发出一个广播包,该广播包要求查询目标主机 IP 地址对应的 MAC 地址,拥有该 IP 地址的主机会发出一个回应,应答帧中包含目标主机的 MAC 地址,这样发送方就得到了目标主机的 MAC 地址。如果目标主机不在本地子网中,则 ARP 协议解析到的 MAC 地址是默认网卡的 MAC 地址。

使用 arp 命令可以配置和查看 Linux 操作系统的 ARP 缓存,包括查看删除某个缓存条目或添加新的 IP 地址和 MAC 地址的静态映射条目。

arp 命令的格式如下：

arp　　［选项］

arp 命令的常用选项及含义如下。

（1）-a——以 BSD 方式显示所有主机。
（2）-e——以默认的 Linux 方式显示所有主机。
（3）-d——删除指定的条目。
（4）-n——不解析主机名称。
（5）-i——指定网络接口,如 eth0。
（6）-f——从指定的文件读入 ARP 绑定。
（7）-s——添加 ARP 缓存条目。

举例：

```
[root@RHEL ~]# arp
Address              HWtype    HWaddress           Flags Mask    Iface
192.168.2.1          ether     8:3a:35:1f:ab:b8    C               eth0
```

上面显示的各个字段的含义如下。

（1）Address——主机名或 IP 地址,这些主机名或 IP 地址由应答记录在 ARP 信息中,该地址用来查找 ARP 表来确定需要的信息是否存在。当该地址显示的是 IP 地址而不是主机名时,表示该 IP 地址不能解释到一个主机名或使用了-n 选项。

(2) HWtype——表示网络接口的类型,ether 表示以太网,ARCnet 表示 arcnet、PROnet 表示 pronet、AX.25 表示 ax25、NET/ROM 表示 netrom。

(3) HWaddress——表示 MAC 物理地址,使用冒号隔开的 6 个十六进制数表示。

(4) Flags Mask——提供 ARP 的其他信息,关键字有 P、M、C 等,标记为 P 的 ARP 信息表示永久(或静态)的,并且是在 ARP 协议之外定义的;C 表示一个普遍完成的表项,大多数的表项会出现这个标志;M 表示永久(静态)的 ARP 表项。

(5) Iface——指出连接到本地网络的网络接口,该 ARP 信息实际上是从该接口获得的,大多数系统仅包含一个接口,eth 表示以太网,它是以太网硬件设备驱动程序的名称,最后的 0 指出该接口是系统定义的第一个接口。

项 目 小 结

TCP/IP 协议是 Linux 网络基本协议,Linux 主机必须配置 TCP/IP 网络配置参数才能与其他主机进行通信。本项目首先介绍 TCP/IP 体系结构、IP 地址、子网掩码、端口、域名等 TCP/IP 基本知识。其次,介绍 Linux 网络配置相关文件。再次,详细介绍 Linux 网络配置方法,包括使用 shell 网络基本配置命令来配置主机名和网络接口,Linux 主机有两种途径来获得网络配置参数:一种是由 DHCP 服务器动态分配;另一种是用户手工配置,用户既可以利用图形化工具进行网络配置,又可以利用 shell 命令进行网络配置。最后,介绍 Linux 网络测试命令,包括 ping、traceroute、netstat 和 arp 命令。

项目 6 DHCP 服务器的配置与管理

项目目标
- 了解 DHCP 服务器的作用与工作原理。
- 理解 DHCP 的工作过程。
- 了解 DHCP 服务器的主要配置文件。
- 掌握 DHCP 服务器的配置方法。
- 掌握测试 DHCP 服务器的方法。

在基于 TCP/IP 的网络上,需要对网络主机进行一些必要的网络参数的设置,如 IP 地址、网络掩码、网关地址和 DNS 服务器地址等。对于一个拥有几百、甚至上千台计算机的大型企业公司而言,采用手工的方法来配置和修改网络主机参数是一项繁重的任务,并容易出现重复地址等错误,而且静态设置的 IP 地址也会造成紧缺 IP 资源的浪费。为了方便、高效、快捷地完成网络主机参数的配置工作,同时有效地利用现有 IP 地址,我们常常会采用动态主机配置协议(dynamic host configuration protocol,DHCP)来自动配置客户端,DHCP 提供了自动在 TCP/IP 网络上安全地分配和租用 IP 地址的机制,自动为客户端配置 IP 地址、默认网关参数,实现 IP 地址的集中管理,大大减轻了网络管理员的工作量。

6.1 理解 DHCP 的原理

6.1.1 DHCP 概述

DHCP 是一个简化客户端主机 IP 地址分配管理的 TCP/IP 族中的一个标准协议。在使用 TCP/IP 协议的网络上,每台主机都必须拥有唯一的 IP 地址,其他主机通过 IP 地址和子网掩码来鉴别它所在的子网和主机地址,才能与它进行通信。IP 地址的分配方法有两种:静态分配 IP 和动态分配 IP。如果采用静态分配的方法,管理员必须手动设置每台主机的网络参数,对于一个拥有几千台计算机的大中型企业而言,管理员的工作绝不是一件轻松的任务。当主机从一个子网移动到另一个子网时,必须手工改变该主机的 IP 地址等参数,这将增加管理员的工作负担。DHCP 的目的是减轻管理员在 TCP/IP 网络规划、管理和维护的负担,解决 IP 资源紧缺的问题。DHCP 服务器集中管理网络 IP 地址及其他相关的配置信息,将 DHCP 服务器所拥有 IP 地址数据库中的 IP 地址和网关等参数动态地分配给局域网中的客户端,从而减少网络管理员的负担。DHCP 服务的优点有以下几个。

(1) DHCP 自动提供了安全可靠的且简单的 TCP/IP 网络配置,客户机不需要手工配置网络地址参数,避免了在每台计算机上手工输入数值引起的配置错误,并且 DHCP 不会同时租借相同的 IP 地址给两台主机,确保不会发生地址冲突。

(2) 管理员可以集中为整个互联网指定通用和特定子网的 TCP/IP 参数,并且可以设置使用保留地址的客户机参数。

(3) DHCP 提供了计算机 IP 地址的动态配置,系统管理员通过限定租用时间来控制 IP 地址的分配,该租用时间限定了一台计算机可以使用一个已分配给它的 IP 地址的时间。

(4) 使用 DHCP 服务器能大大减少配置花费的开销和重新配置网络上计算机的时间,服务器可以在指派地址租约时配置所有的附加配置值。

(5) 客户机在子网间移动时,DHCP 客户机从一个子网中移走,则原来分配给它的 IP 地址将重新被租用给另外的机器,而当该客户机被连到另一子网时,新的子网将自动给它分配一个新的 IP 地址。这一特性对于流动计算机用户来说是非常重要的。

在使用 DHCP 服务器动态分配 IP 地址时,网络至少要有一台安装了 DHCP 服务的服务器,其他要使用 DHCP 功能的客户机也必须设置成通过 DHCP 来获得 IP 地址。其网络结构如图 6-1 所示。

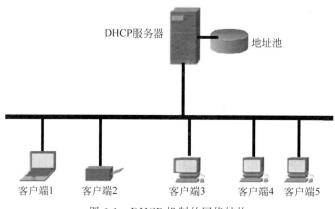

图 6-1 DHCP 机制的网络结构

6.1.2 DHCP 的工作原理

1. DHCP 客户端 IP 租约过程

DHCP 是基于客户端/服务器的 C/S 工作模式,如图 6-1 所示,分为服务器和客户端两部分,服务器必须使用固定 IP 地址,在局域网中扮演着给客户端动态分配 IP 地址、DNS 等网络参数的角色。当 DHCP 客户端启动时,它会自动与 DHCP 服务器进行通信,要求提供自动分配 IP 地址的服务,客户端的 IP 地址等相关配置都在启动时由 DHCP 服务器自动分配。

DHCP 客户端向服务器端申请并获得 IP 地址的过程一般包括发现、提供、选择和确认 4 个阶段,如图 6-2 所示。

(1) 发现 DHCP 服务器阶段。当一台 DHCP 客户机启动时,由于设置采用动态获得 IP 地址信息,此时其还未指定 IP 地址,故使用以 IP 地址 0.0.0.0、UDP 端口 68 作为源地址,以 IP 地址 255.255.255.255、UDP 端口 67 为目的地址的广播发送 DHCP Discover(DHCP 发现)包到本地子网,广播包中包含了客户机的 MAC 地址和主机名,使 DHCP 服务器知道是哪台客户机发送的请求,网络中每台 TCP/IP 主机都会收到该广播数据包,但只有 DHCP

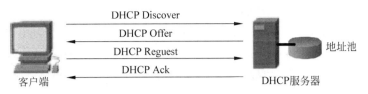

图 6-2 DHCP 的 IP 租约流程

服务器才会做出响应。如果客户端发送 DHCP Discover 包后，没有 DHCP 服务器响应客户端的请求，客户端会规定间隔时间，总共发出 4 次 DHCP Discover 包，若都没有得到响应，它会宣告 DHCP Discover 失败，并自动随机使用 169.254.0.0/16 网段中的一个 IP 地址来配置本机地址，并每隔 5min 发送一次 DHCP Discover 包。

（2）DHCP 服务器提供租用阶段。在本地子网内的每台 DHCP 服务器都接收到 DHCP Discover 数据包，每个收到请求的 DHCP 服务器都会检查其地址池中是否还有空闲有效的 IP 地址可以分配给客户端，若有，则从地址池中选择一个尚未分配的地址来分配给客户端，并以 DHCP Offer 数据包作为响应，DHCP Offer 数据包中包含有效的 IP 地址、子网掩码、DHCP 服务器的 IP 地址、租用期限，以及其他相关信息的详细配置。所有发送 DHCP Offer 数据包的服务器将保留各自提供的这个 IP 地址，暂时不分配给其他客户端。由于客户端还没有能直接寻址的 IP 地址，因此，DHCP Offer 数据包是以 DHCP 服务器的 IP 地址、UDP 端口 67 作为源地址，以 IP 地址 255.255.255.255、UDP 端口 68 作为目的地址来广播 DHCP Offer 数据包的。

（3）DHCP 客户端进行租用选择阶段。若有多台 DHCP 服务器向该客户端发送 DHCP Offer 包，DHCP 客户端一般选择第一个收到的 DHCP Offer 包对其响应，并以广播方式向本地子网发送 DHCP Request 包，宣告它选中的 DHCP 服务器，并正式使用该 DHCP 服务器提供的 IP 地址。其他所有发送 DHCP Offer 包的服务器接收到该 DHCP Request 包后，释放其所预分配的 IP 地址到地址池。

（4）DHCP 服务器对租用进行确认阶段。当 DHCP 服务器收到 DHCP 客户端回答的 DHCP Request 包后，它广播一个 DHCP Ack 作为响应，DHCP Ack 数据包中包含它所提供的 IP 地址及其他配置信息。DHCP 客户端根据此广播信息来配置其 TCP/IP 参数，IP 租用至此完成。如果一台 DHCP 客户端有多个网卡，DHCP 服务器会为每个网卡分配一个唯一的 IP 地址。

2. DHCP 客户端续租 IP 地址的过程

DHCP 服务器分配给客户端的 IP 地址通常是有一定租用期限的，当租期满后服务器就会收回该 IP 地址。如果 DHCP 客户端希望继续租用该地址，就需要更新 IP 租约。在实际使用中，当租期达到 50% 时，就需要更新续租，客户端向服务器发送 DHCP Request 消息，要求更新现有地址的租约。当 DHCP 服务器接收到该请求时，如果此 IP 地址有效，它就向客户端发送 DHCP Ack 数据包进行确认新的 IP 租约。当客户端续租地址时发送的 DHCP Request 包中的 IP 地址与 DHCP 服务器当前分配给它的仍在租期内的 IP 地址不一致时，发送 DHCP NAK 消息给 DHCP 客户端拒绝续租。当客户端续约时无法联系到 DHCP 服务器时，继续使用当前的 IP 地址；当租期达到 87.5% 时，重新联系服务器，如果不成功，则放弃当前的 IP 地址，重新进行 IP 租约的申请过程。

3. DHCP 客户端释放 IP 地址的过程

DHCP 客户端从 DHCP 服务器获得 IP 地址，并在租期内正常使用。如果该客户端不想再继续使用该 IP 地址，则客户端就主动向 DHCP 服务器发送 DHCP Release 包以释放该 IP 地址，同时把自己的 IP 地址设置为 0.0.0.0。

6.1.3 熟悉 DHCP 的主配置文件

1. 认识 DHCP 的配置文件 dhcpd.conf

DHCP 的主配置文件是位于/etc 目录下的 dhcpd.conf，在默认情况下，该文件不存在或没有内容。但当安装了 DHCP 服务器安装软件包后，系统会在/usr/share/doc/dhcp*/提供一个配置模板，该模板即为/usr/share/doc/dhcp4.2.5/dhcpd.conf.example 文件。用户可以用下面的命令来查找配置模板：

[root@localhost ~]# ***rpm -ql dhcp4.2.5 |grep dhcpd.conf.example***

执行完该命令显示配置模板的存放位置信息如下：

/usr/share/doc/ dhcp-4.2.5/dhcpd.conf.example

可以使用 cat /usr/share/doc/dhcp-4.2.5/dhcpd.conf.example 命令来查看 DHCP 配置模板内容：

```
# dhcpd.conf
# Sample configuration file for ISC dhcpd
#
# option definitions common to all supported networks...
option domain-name "example.org";
option domain-name-servers ns1.example.org, ns2.example.org;
default-lease-time 600;
max-lease-time 7200;
# Use this to enble / disable dynamic dns updates globally.
#ddns-update-style none;
# If this DHCP server is the official DHCP server for the local
# network, the authoritative directive should be uncommented.
#authoritative;
# Use this to send dhcp log messages to a different log file(you also
# have to hack syslog.conf to complete the redirection).
log-facility local7;
# No service will be given on this subnet, but declaring it helps the
# DHCP server to understand the network topology.
subnet 10.152.187.0 netmask 255.255.255.0{
}
# This is a very basic subnet declaration.
subnet 10.254.239.0 netmask 255.255.255.224{
  range 10.254.239.10 10.254.239.20;
  option routers rtr-239-0-1.example.org, rtr-239-0-2.example.org;
}
# This declaration allows BOOTP clients to get dynamic addresses,
# which we don't really recommend.
```

```
subnet 10.254.239.32 netmask 255.255.255.224{
    range dynamic-bootp 10.254.239.40 10.254.239.60;
    option broadcast-address 10.254.239.31;
    option routers rtr-239-32-1.example.org;        }
# A slightly different configuration for an internal subnet.
subnet 10.5.5.0 netmask 255.255.255.224{
    range 10.5.5.26 10.5.5.30;
    option domain-name-servers ns1.internal.example.org;
    option domain-name "internal.example.org";
    option routers 10.5.5.1;
    option broadcast-address 10.5.5.31;
    default-lease-time 600;
    max-lease-time 7200;
}
# Hosts which require special configuration options can be listed in
# host statements.   If no address is specified, the address will be
# allocated dynamically (if possible), but the host-specific information
# will still come from the host declaration.
host passacaglia{
    hardware ethernet0:0:c0:5d:bd:95;
    filename "vmUNIX.passacaglia";
    server-name "toccata.fugue.com";
}
# Fixed IP addresses can also be specified for hosts.   These addresses
# should not also be listed as being available for dynamic assignment.
# Hosts for which fixed IP addresses have been specified can boot using
# BOOTP or DHCP.   Hosts for which no fixed address is specified can only
# be booted with DHCP, unless there is an address range on the subnet
# to which a BOOTP client is connected which has the dynamic-bootp flag
# set.
host fantasia{
    hardware ethernet 08:00:07:26:c0:a5;
    fixed-address fantasia.fugue.com;       }
# You can declare a class of clients and then do address allocation
# based on that.   The example below shows a case where all clients
# in a certain class get addresses on the 10.17.224/24 subnet, and all
# other clients get addresses on the 10.0.29/24 subnet.
class "foo"{
    match if substring (option vendor-class-identifier, 0, 4) = "SUNW";
}
shared-network 224-29{
    subnet 10.17.224.0 netmask 255.255.255.0{
        option routers rtr-224.example.org;
    }
    subnet 10.0.29.0 netmask 255.255.255.0{
        option routers rtr-29.example.org;
    }
    pool{
        allow members of "foo";
        range 10.17.224.10 10.17.224.250;
    }
```

```
    pool{
      deny members of "foo";
      range 10.0.29.10 10.0.29.230;}
}
```

从上面的模板可以看出,在主配置文件中,花括号所在行除外,以♯开头的行表示注释行,其他每行都以";"结束,主配置文件包括全局配置和局部配置,其整体框架格式如下:

```
♯全局配置
参数或选项    ♯对整个 DHCP 服务器全局范围内生效
♯局部配置
声明 1{
        参数或选项    ♯局部范围内生效
}
声明 2{
        参数或选项    ♯局部范围内生效
}
```

主配置文件 dhcpd.conf 由参数类(parameters)、声明类(declarations)和选项类(options)3 种语句构成。

(1) 参数类语句:表明如何执行任务,是否要执行任务,或者将哪些配置选项发送给客户端,如 IP 地址的租约时间、网关和 DNS 等。

常见的参数及其取值和解释说明如表 6-1 所示。

表 6-1 常见的参数及其取值和解释说明

参 数	取 值	功 能 解 释
ddns-update-style	{none|interim|ad-hoc}	配置 DHCP-DNS 互动更新模式
default-lease-time	数值	指定默认租约时间,数值单位是秒
max-lease-time	数值	指定最大租约时间,数值单位是秒
Hardware	Hardware-type hardware-address	指定网卡接口类型和 MAC 地址
ignore-client-updates	无	忽略客户端更新,只能用在服务器端
server-name	服务器名称	告诉 DHCP 客户端服务器名称
fixed-address	地址列表	指定客户端一个或狐多个固定 IP 地址
authoritative	无	拒绝不正确的 IP 地址的要求

(2) 声明类语句:用来描述网络布局,指定 IP 作用域、提供给客户端的 IP 地址池等,常见的声明语句如表 6-2 所示。

表 6-2 声明语句

声 明	功 能 解 释
share-network	用来告知 DHCP 服务器,是否 IP 子网共享一个物理网络
subnet	定义作用域,定义子网
range	用来设定要动态分配的 IP 地址池的范围,可选项 bootp 表示会为 BOOTP 客户端动态分配 IP 地址
host	用来为特定客户端提供静态 IP 等网络信息
group	给一组声明提供参数,这些参数会覆盖全局设置的参数

续表

声　　明	功　能　解　释
allow unknow-clients deny unknow-clients	用来指定是否动态分配 IP 地址给未知客户
allow bootp deny bootp	指定 DHCP 服务器是否响应 bootp 查询，默认是允许
allow booting deny booting	是否响应使用者查询
filename	开始启动文件的名称，应用于无盘工作站
next-server	设置服务器从引导文件中装入主机名，应用于无盘工作站

（3）选项类语句：用来配置 DHCP 可选参数，选项类语句以 option 关键字为开始，后面跟着选项名，其后才是选项数据。选项类语句如表 6-3 所示。

表 6-3　选项类语句

选　　项	功　能　解　释
option subnet-mask 子网掩码	为客户端指定子网掩码
option router　IP 地址	为客户端指定默认网关地址
option domain-name-server　IP 地址	为客户端指定默认 DNS 服务器地址
option host-name 主机名字串	为客户端指定主机名称
option domain-name 域名串	为客户端指定 DNS 名称
option time-server　IP 地址	为客户端指定时间服务器地址
option interface-mtu 整数值	指网络界面的 MTU，是个整数值
option broadcast-address IP 地址	为客户端指定广播地址

2. 认识租约数据库文件 dhcp.leases

租约数据库文件 dhcp.leases 用于保存一系列的租约声明，包括客户端的主机名、MAC 地址、已经分配出去的 IP 地址、IP 地址的租约期限等信息。在 Redhat Linux 发行版本中，该文件存放在/var/lib/dhcpd/目录中，服务器若是通过 RPM(reverse path multicast，反向通路多播)安装，该文件是一个已经存在的空白文件；若不是通过 RPM 安装，则可以通过如下命令手工建立一个空文件：

[root@localhost ~]# *touch　/var/lib/dhcpd/dhcpd.leases*

在 DHCP 服务器运行的过程中，当发生租约变化时，DHCP 服务器会自动在该文件末尾追加新的租约记录来保存租用信息，不断更新文件。可以使用 cat 命令来查看租约数据库文件的内容，以了解 IP 地址的分配情况。Cat 命令的格式如下：

[root@localhost ~]# *cat　/var/lib/dhcpd/dhcpd.leases*

典型情况下，查看到的 dhcpd.lease 文件内容如下：

\# dhcpd.conf
\#\# Sample configuration file for ISC dhcpd
\#\# option definitions common to all supported networks...
option domain-name "example.org";

```
option domain-name-servers ns1.example.org, ns2.example.org;
default-lease-time 600;
max-lease-time 7200;
# Use this to enble / disable dynamic dns updates globally.
#ddns-update-style none;
# If this DHCP server is the official DHCP server for the local
# network, the authoritative directive should be uncommented.
#authoritative;
# Use this to send dhcp log messages to a different log file(you also
# have to hack syslog.conf to complete the redirection).
log-facility local7;
# No service will be given on this subnet, but declaring it helps the
# DHCP server to understand the network topology.
subnet 10.152.187.0 netmask 255.255.255.0{
}
# This is a very basic subnet declaration.
subnet 10.254.239.0 netmask 255.255.255.224{
   range 10.254.239.10 10.254.239.20;
   option routers rtr-239-0-1.example.org, rtr-239-0-2.example.org;
}
# This declaration allows BOOTP clients to get dynamic addresses,
# which we don't really recommend.
subnet 10.254.239.32 netmask 255.255.255.224{
   range dynamic-bootp 10.254.239.40 10.254.239.60;
   option broadcast-address 10.254.239.31;
   option routers rtr-239-32-1.example.org;
}
# A slightly different configuration for an internal subnet.
subnet 10.5.5.0 netmask 255.255.255.224{
   range 10.5.5.26 10.5.5.30;
   option domain-name-servers ns1.internal.example.org;
   option domain-name "internal.example.org";
   option routers 10.5.5.1;
   option broadcast-address 10.5.5.31;
   default-lease-time 600;
   max-lease-time 7200;
}
# Hosts which require special configuration options can be listed in
# host statements.   If no address is specified, the address will be
# allocated dynamically (if possible), but the host-specific information
# will still come from the host declaration.
host passacaglia{
   hardware ethernet0:0:c0:5d:bd:95;
   filename "vmUNIX.passacaglia";
   server-name "toccata.fugue.com";
}
# Fixed IP addresses can also be specified for hosts.   These addresses
# should not also be listed as being available for dynamic assignment.
# Hosts for which fixed IP addresses have been specified can boot using
# BOOTP or DHCP.   Hosts for which no fixed address is specified can only
# be booted with DHCP, unless there is an address range on the subnet
```

```
# to which a BOOTP client is connected which has the dynamic-bootp flag
# set.
host fantasia{
    hardware ethernet 08:00:07:26:c0:a5;
    fixed-address fantasia.fugue.com;
}
# You can declare a class of clients and then do address allocation
# based on that.   The example below shows a case where all clients
# in a certain class get addresses on the 10.17.224/24 subnet, and all
# other clients get addresses on the 10.0.29/24 subnet.
class "foo"{
    match if substring (option vendor-class-identifier, 0, 4) = "SUNW";
}
shared-network 224-29{
    subnet 10.17.224.0 netmask 255.255.255.0{
        option routers rtr-224.example.org;
    }
    subnet 10.0.29.0 netmask 255.255.255.0{
        option routers rtr-29.example.org;}
    pool{
        allow members of "foo";
        range 10.17.224.10 10.17.224.250;    }

    pool{
        deny members of "foo";
        range 10.0.29.10 10.0.29.230;}
}
```

6.2 安装和配置 DHCP 服务器

在了解 DHCP 工作原理并认识 DHCP 配置文件之后,就可以动手来安装和配置 DHCP 服务器了。DHCP 服务器使用固定的 IP 地址,在安装和配置 DHCP 服务器之前必须使用前面的网络配置命令来设置好其静态的 IP 地址。下面详细介绍 DHCP 服务器的安装和配置过程。

6.2.1 DHCP 服务的安装

1. 安装 DHCP 所需要的软件

在 RHEL 6.5 中默认没有安装 DHCP 服务,可以在服务器上插入 RHEL 6.5 光盘,并使用挂载命令 mount 将光盘挂载到/mnt 目录下。在/mnt/Package/目录中,可以使用 ls 命令来查看 DHCP 服务所需的安装软件。DHCP 所需的相关软件如下。

(1) dhcp-4.1.1-38.P1.el6.x86_64.rpm 是 DHCP 服务器的主程序包,包括 DHCP 服务和中继代理程序,安装该软件包并进行 DHCP 的相应配置,就可以为 DHCP 客户端动态地分配 IP 地址及其他相关 TCP/IP 参数。

(2) dhcp-common-4.1.1-38.P1.el6.x86_64.rpm 是 DHCP 服务器的公共程序包,为进行 DHCP 开发提供相应的库文件支持。

(3) dhclient-4.1.1-38.P1.el6.x86_64.rpm 是 DHCP 客户端的软件包，完成 DHCP 客户端设置功能，帮助客户端动态获取地址。

2. 安装 DHCP 服务

(1) 查看系统中是否已经安装了 DHCP 相关软件。

[root@localhost ~]# *rpm - qa | grep dhcp*
dhcp_client-4.1.1-38.P1.el6.x86_64.rpm

(2) 挂载系统光盘到 /mnt 目录下。

[root@localhost ~]# *mount /dev/cdrom /mnt*

(3) 如果只启动 DHCP 服务功能，不需要 DHCP 服务器开发工具和 IPv6 工具，可以使用如下命令来安装 DHCP 服务主程序。

[root@localhost ~]# *cd /mnt/Package*
[root@localhost ~]# *rpm - ivh dhcp-4.1.1-38.P1.el6.x86_64.rpm* //不同版本数字不一样

(4) 查看软件的安装情况。

[root@localhost ~]# *rpm - qa | grep dhcp*
dhcpt-4.1.1.-38.P1.el6.x86_64
dhcp_common-4.1.1-38.P1.el6.x86_64

可以看出 DHCP 软件包已经安装了。

3. DHCP 启动与停止

(1) 启动 DHCP 服务。

[root@localhost ~]# *service dhcpd start*

(2) 重启 DHCP 服务。

[root@localhost ~]# *service dhcpd restart*

(3) 启动系统时自动加载 DHCP 服务。

[root@localhost ~]# *chkconfig dhcpd on*

(4) 停止 DHCP 服务。

[root@localhost ~]# *service dhcpd stop*

6.2.2 配置 DHCP 服务器

1. 配置实例

假定某业务部门有 3 个子网都需要 DHCP 来分配 IP 地址，3 个子网分别为 192.168.0.0/24、192.168.1.0/24 和 192.168.2.0/24，各个子网的默认网关 IP 地址分别为 192.168.0.1、192.168.1.1 和 192.168.2.1，DNS 服务器的地址为 202.96.168.134 和 202.96.88.134，默认的租约时间为 3h，最大租约时间为 6h，同时要为客户经理的主机指定 IP 地址。

2. 配置 DHCP 服务器

1) 设置 DHCP 服务器的 IP 地址。

使用如下命令设置 DHCP 服务器的 IP 地址为 192.168.1.2：

[root@localhost ~]# *ifconfig eth0 192.168.1.2 netmask 255.255.255.0*

2) 复制主配置文件 dhcpd.conf

DHCP 的默认主配置文件 dhcpd.conf 是一个空白文件，但在安装完 DHCP 服务器后，系统提供了配置文件的模板，即/usr/share/doc/dhcp-3.0.5/dhcpd.conf.sample 文件，可以使用如下命令将其复制到/etc 目录下并覆盖原来空白的主配置文件 dhcpd.conf。

[root@localhost ~]# *cp /usr/share/doc/dhcp-4.2.5/dhcp/dhcpd.conf.example /etc/dhcp/dhcpd.conf*

3) 修改 dhcpd.conf 文件

```
[root@localhost ~]# vi    /etc/dhcp/dhcpd.conf
#全局配置
ddns-update-style interim;
ignore client-updates;
#定义共享网络
shared-network share
{
        option subnet-mask 255.255.255.0;
        option domain-name-servers 202.96.168.134, 202.96.88.134;
        default-lease-time 10800;
        max-lease-time   21600;
#定义子网 1
subnet 192.168.0.0 netmask 255.255.255.0
{
    range 192.168.0.5 192.168.0.254;
    option routers 192.168.0.1;
    #定义特定主机所使用的固定 IP 地址
    host managerpc1
    {
        option host-name "managerpc1"
        hardware Ethernet   00:ec:0c:d5:78:f1
        fix-address 192.168.0.2;
    }
    host managerpc2
    {
        option host-name "managerpc2"
        hardware Ethernet   0c:2c:1f:d5:e8:e2
        fix-address 192.168.0.3;
    }
}
#定义子网 2
subnet 192.168.1.0 netmask 255.255.255.0
{
    range 192.168.1.5 192.168.1.254;
    option routers 192.168.1.1;
```

```
#定义特定主机所使用的固定 IP 地址
host pc1
{
    option host-name "managerpc1"
    hardware Ethernet60:1c:05:d3:a2:e6
    fix-address 192.168.1.2;
    }
}
#定义子网 3
subnet 192.168.2.0 netmask 255.255.255.0
{
    range 192.168.2.5 192.168.2.254;
    option routers 192.168.2.1;
    }
}   //与 shared-network 匹配
```

4) 重启 DHCP 服务

启动系统时自动加载 DHCP 服务。

```
[root@localhost ~]# service dhcpd restart
[root@localhost ~]# chkconfig  dhcpd on
```

6.3 配置 DHCP 客户端

作为 DHCP 的客户端可以是 Linux 操作系统,也可以是 Windows 操作系统。下面介绍在这两种操作系统中如何配置 DHCP 客户端来测试 DHCP 服务配置是否正确,DHCP 服务器是否正常分配 IP 地址。

6.3.1 Linux 客户端设置

1. 图形界面方式

方法 1:在 Linux 操作系统的桌面上,选择"系统"→"管理"→"网络"选项,弹出"网络连接"对话框,如图 6-3 所示。

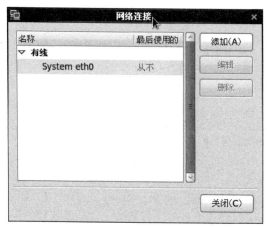

图 6-3 "网络连接"对话框

选择 System eth0，单击"编辑"按钮，弹出"正在编辑 System eth0"对话框，如图 6-4 所示。选择"IPv4 设置"选项卡，然后在"方法"下拉列表中选择"自动(DHCP)"选项，然后单击"应用"按钮。

方法 2：在 Linux 的终端上执行 setup 命令，在打开的如图 6-5 所示的窗口中选择"网络配置"选项，在如图 6-6 所示的打开的"选择动作"界面中选择"设备配置"选项，再在打开的界面中选择"以太网设备"选项，打开"网络配置"界面，如图 6-7 所示。将光标移至"使用 DHCP"选项后，按 Space 键选中，然后单击"确定"按钮保存退出。

2. 修改网络配置文件

下面使用 Vi 编辑器来修改网络配置文件/etc/sysconfig/network-scripts/ifcfg-eth0，将 BOOTPROTO＝none 改为 BOOTPROTO＝DHCP，然后执行如下命令，重启网卡。

[root@localhost ~]# *ifdown eth 0*
[root@localhost ~]# *ifup   eth 0*

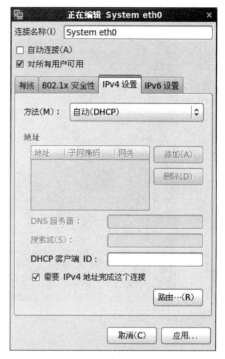

图 6-4　配置网络

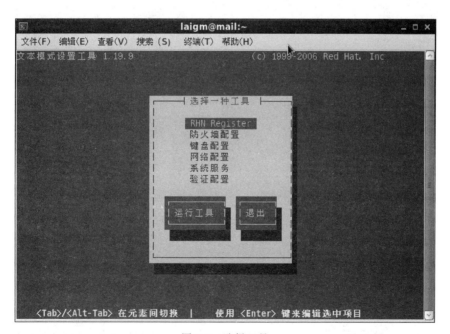

图 6-5　选择工具

6.3.2　Windows 客户端设置

对于 Windows 客户端的设置，可以在"控制面板"中选择"网络和 Internet"选项，并在本地连接属性窗口中选择"协议版本 4(TCP/IPv4)"选项，然后在弹出的"Internet 协议版

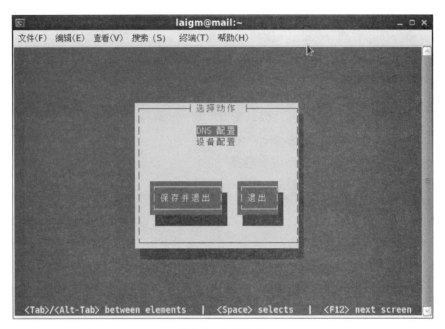

图 6-6 选择动作

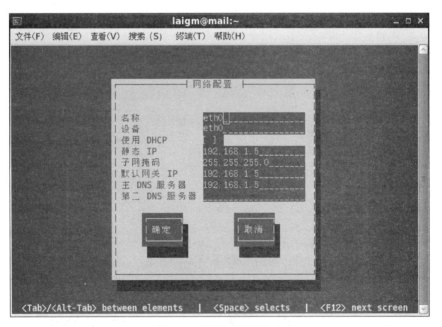

图 6-7 "网络配置"界面

本 4(TCP/IPv4)属性"对话框中选中"自动获得 IP 地址"和"自动获得 DNS 服务器地址"单选按钮,如图 6-8 所示。

设置完成后,可以通过 DOS 方式在命令行窗口中输入 ipconfig 命令来查看 IP 地址,如图 6-9 所示。用户可以通过 ipconfig /release 命令来释放所获得的 IP 地址,或者通过 ipconfig /renew 命令来重新获得 IP 地址。

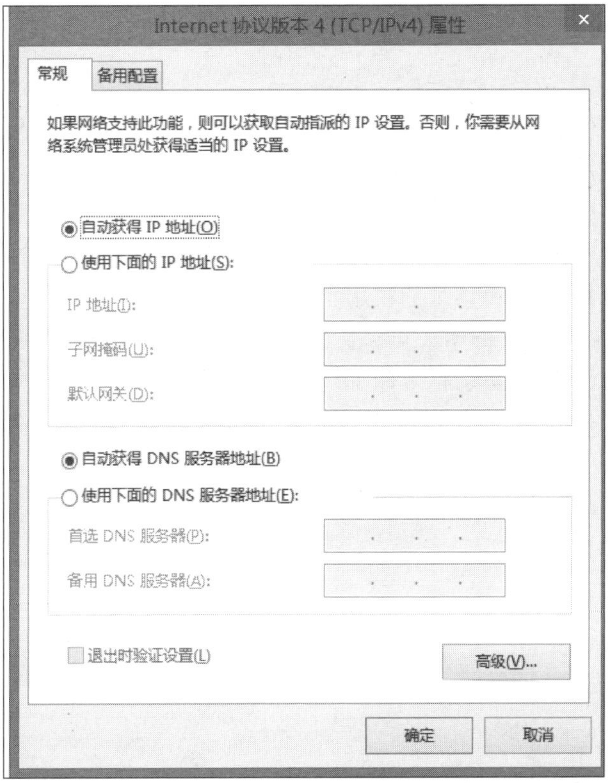

图 6-8　Windows 客户端设置

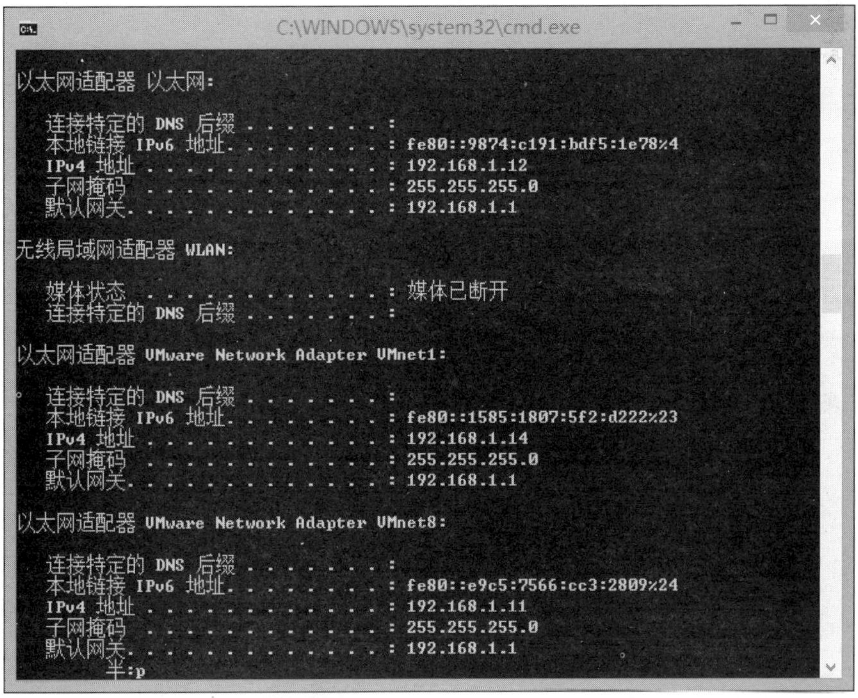

图 6-9　查看 IP 地址

项 目 小 结

在基于 TCP/IP 的网络中,网络主机必须设置 IP 地址等网络参数才能参与网络通信,在大中型网络中,利用手工配置主机网络参数的方法相当费时且容易出错。DHCP 服务提供了自动为连接到 TCP/IP 网络的主机分配和租用 IP 地址的机制,自动设置主机的网络参数,包括 IP 地址、子网掩码、DNS 等网络参数。实现 IP 地址的集中管理,大大减轻了网络管理员的工作负担,提高了 IP 地址的利用率。

本项目详细介绍 DHCP 的相关知识及其工作原理,Linux 操作系统中 DHCP 服务器的安装、配置方法,Linux 操作系统自带的 DHCP 服务器软件及其配置文件/etc/dhcpd.conf(通过修改主配置文件 dhcpd.conf,设置子网网段、网关地址、DNS 服务器地址、默认租期、可供分配的 IP 地址范围等,通过 host 和 hardware 来实现给某些主机绑定固定的 IP 地址)。最后,介绍 Linux 和 Windows 操作系统中客户端的设置。

项目 7　DNS 服务器的配置与管理

项目目标

➢ 了解 DNS 服务器的作用及其在网络中的重要性。
➢ 理解 DNS 的域名空间结构。
➢ 了解 DNS 的查询模式。
➢ 了解 DNS 服务器的类型和 DNS 资源记录。
➢ 掌握 DNS 域名解析的过程。
➢ 掌握 DNS 服务器的安装与配置。
➢ 理解 DNS 服务器软件 BIND 的相关配置文件。
➢ 掌握 DNS 客户端的配置和测试方法。

7.1　理解域名空间和 DNS 原理

在基于 TCP/IP 协议的网络中，每台主机都必须至少设置一个 IP 地址才能与其他主机进行通信，IP 地址采用点分十进制数的表示法，这种标识方法对于人们来说不方便记忆，为了解决这个问题，Internet 引入了域名系统（domain name system，DNS），以点分有意义的字符串来标识网络上的主机。DNS 提供了域名与 IP 地址之间一种相互转换的机制，DNS 服务是现在 Internet 上核心的服务之一。DNS 是一个比较复杂的系统，在 Linux 操作系统中架设 DNS 服务器，必须掌握 DNS 的原理和相关知识，包括域名结构、解析过程、资源记录等。

7.1.1　域名空间

DNS 是 Internet 上作为域名和 IP 地址相互映射的一个分布式数据库，其数据库系统分布在 Internet 上不同地域的 DNS 服务器上，每个 DNS 服务器只负责整个域名数据库中的一部分信息。DNS 使用户能够方便地访问互联网，而不用去记住能够被机器直接读取的 IP 数串。DNS 协议运行在 UDP 协议之上，使用端口号 53。在 Internet 上有数以亿计的主机的域名，为了便于对这些域名进行管理，保证其命名的唯一性，DNS 域名系统采用层次化的命名规则，在逻辑结构上如同一棵倒置的树，由所有域名组成的树状结构的逻辑空间称为域名空间，如图 7-1 所示。

DNS 系统将数据按照区域分段，并通过授权委托进行本地管理，使用客户机/服务器模式检索数据，并且通过复制和缓存机制，提供并发性和高性能。整个 DNS 系统由以下 3 部

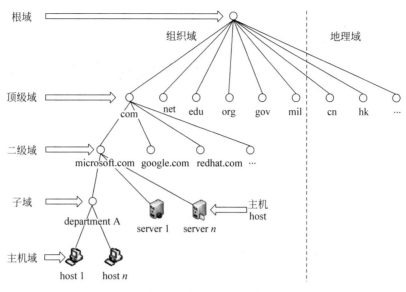

图 7-1 DNS 层次结构

分组成。

(1) 域名空间：指定结构化的域名层次结构和相应的数据。

(2) 域名服务器：存储和管理授权区域内的域名数据，用于管理区域(zone)内的资源记录，并负责其控制范围内所有主机的域名解析请求。

(3) 解析器：客户端向域名服务器提交的域名解析请求，翻译域名服务器返回的结果并递交给高层应用的程序。

在 DNS 中采用分层结构，包括根域、顶级域、二级域和主机域。在域名空间倒置的层次树状结构中，树根处于最高级别，称为根域。根下面的大树枝处于下一级别的顶级域，树叶处于最低级别。在域名层次结构中，每层称为一个域，每个域之间用一个点号(.)分开。每个域又可以进一步划分成子域，每个域都有一个域名，最底层就是主机名。每个区域都是 DNS 域名空间的一部分，区域中的 DNS 服务器负责维护该域名空间的数据记录。

1. 根域

域名空间中的最上层，也就是域名空间树的树根，是最大的域(空间)，称为根域，根域只有一个，用"."来表示，Internet 上所有计算机的域名无一例外地都置于这个根域下。根域由位于美国的 Internet 名称注册授权机构(INTERNIC)进行管理并授权，该机构把域名空间的各部分的管理责任分配给 Internet 的各个组织，全球目前共有 13 台服务器负责维护根域。

2. 顶级域

为了对根域中的计算机名称进行管理，将根域分割成若干子空间(子域)，这些子域称为顶级域。DNS 根域之下的第一级域就是顶级域，顶级域位于完全合格域名(fully qualified domain name，FQDN)的最右边，由 Internet 名称注册授权机构管理。顶级域的完整域名由自己的域名与根域的名称组合，如顶级域名 com 的完整域名为"com."。顶级域有 3 种类型：组织域、地理域、反射域(名称为 in-addr.arpa)。

(1) 组织域：Internet 的顶级域名有一些是将域名空间按功能分成若干类，分别表示不同的组织,称为组织域,也称为机构域。例如,com 表示商业组织、edu 表示教育机构、gov 表示政府机构等,常见的组织域如表 7-1 所示。

表 7-1 常见的组织域

组织域	说　　明
com	商业机构组织
gov	政府机构组织
org	非营利性机构组织
net	网络机构组织
edu	教育机构组织
mil	军事机构组织
int	国际机构组织

(2) 地理域:地址域是以按地理位置划分的国家或地区代码作为顶级域名,通常用两个字符表示,共有 243 个地理域名,常见的地理域如表 7-2 所示。

表 7-2 地理域

国家或地区	说　　明
cn	中国
de	德国
uk	英国
it	意大利
kr	韩国
tw	中国台湾
hk	中国香港

(3) 反射域:反射域是一个特殊域,名字为 in-addr.arpa,用于将 IP 地址映射到名字。

3. 二级域

为了进一步对顶级域中的计算机名称进行管理,在顶级域内继续分割了若干子域,这些子域称为二级域。二级域是注册给个人、公司和组织的名称,这些名称基于相关的顶级域,如图 7-1 所示的二级域 microsoft.com 就是基于.com 的域名。二级域还可以包含子域和主机,如 server1.microsoft.com 就是一台主机,而 department_a.microsoft.com 就是子域。

4. 主机域

主机名位于域名空间中的最底层的叶子节点中,在 FQDN 的最左侧就是主机名(host name),如 www.microsoft.com 中的 www 是主机名,microsoft.com 是 DNS 的扩展名。由主机名和 DNS 扩展名共同组成 FQDN。在 DNS 中,对命名存在若干限制,名称无论在层次中的哪一级都应该以 ASCII 字符开始,域名中只能使用字母、数据和连字符,各等级的名称大小被限制在 63 个字符以内,整个 FQDN 不能超过 255 个字符,域名中不区分大小写,可以随意使用。早期的域名必须以英文句点(.)结尾,按照 DNS 系统的严格定义,FQDN 域名应该包括域名最后的根域".",如用户要访问域名 www.microsoft.com 的 Web 服务时,必须在浏览器的地址栏中输入域名 http://www.microsoft.com.DNS 才能进行解析,如今的 DNS 解析程序已经可以自动补上结尾的句点了,用户不用输入最后的句点了。

7.1.2 DNS 服务器的分类

在互联网中分布着数以万计的 DNS 服务器,每台服务器都只负责一个有限范围内的域名和 IP 地址之间的解析。只要是合法注册的域名,总能在互联网中的某个 DNS 服务器获得解析。根据配置、实现、功能和身份的不同,DNS 服务器可以划分为以下 4 类。

1. 主 DNS 服务器

在主 DNS 服务器中储存了其所管辖区域的主机域名与 IP 地址映射关系的数据文件,文件中包含了区域的所有资源记录。主 DNS 服务器的区域数据文件由管理员负责创建并维护,经过恰当的配置,主 DNS 服务器的区域数据文件可以传送到辅助 DNS 服务器。对于某个特定的区域,主 DNS 服务器是唯一存在的。

2. 辅助 DNS 服务器

DNS 域名解析是 Internet 中十分重要的构成组件,负责一个区域的域名解析的 DNS 服务器可以只有一个主 DNS 服务器。但为了加强服务的可靠性,通常会为一个区域规划多台 DNS 服务器,这些服务器既可以都是主 DNS 服务器,也可以只有一台主 DNS 服务器,其他的都是辅助 DNS 服务器。辅助 DNS 服务器中也有区域数据文件,也能响应来自用户的域名解析请求,但辅助 DNS 服务器不需要管理员手工创建区域数据文件。辅助 DNS 服务器从主 DNS 服务器复制区域数据文件,它会对备份的数据定期地进行更新,以保持与主 DNS 服务器的数据一致性。设置辅助 DNS 服务器的目的是提供备份,即在主 DNS 服务器不能正常工作时,接替主 DNS 服务器承担域名解析,使用辅助 DNS 服务器可以提高 DNS 服务的可靠性,降低维护的工作量。

3. 转发 DNS 服务器

凡是可以向其他 DNS 服务器转发解析请求的 DNS 服务器都称为转发 DNS 服务器。当 DNS 服务器收到客户端的解析请求后,它首先会尝试从本机的 DNS 缓存和区域数据库文件中查找,若没有找到,则会向其他指定的 DNS 服务器转发解析请求,其他 DNS 服务器完成解析后会返回解析结果,转发 DNS 服务器将解析结果缓存到自己的 DNS 缓存中,同时向客户端返回解析结果。在缓存期内,如果客户端请求解析相同的域名,转发 DNS 服务器会立即回应客户端,否则,转发解析过程将会再次发生。实际上,目前网络中的所有 DNS 服务器都被设置成转发 DNS 服务器,向指定的其他 DNS 服务器转发自己无法解析的域名解析请求。

4. 缓存 DNS 服务器

缓存 DNS 服务器中没有独立、自主的具体某个区域的域名解析数据,而只是执行代理域名解析操作。缓存 DNS 服务器在内存中开辟一个比较大的缓存区域,只对用户查询过的解析记录进行缓存。当缓存 DNS 服务器接收到 DNS 客户端的域名解析请求时,它会将请求转发到指定的其他 DNS 服务器进行域名查询,在将解析结果返回给 DNS 客户端的同时,将解析结果保存在自己的缓冲区内。当下一次接收到相同域名的解析请求时,缓存 DNS 服务器就直接从缓冲区中获得结果并返回给 DNS 客户端,而不必将请求再次转发给指定的其他 DNS 服务器。查询结果保存在缓冲区中的时间由数据附带的 TTL 来决定,当时间超过时,系统会自动删除这条结果,即一条 DNS 记录在缓存 DNS 服务器中的生存时间是由管理(发布)这个记录的主域名服务器决定的。在网络中部署缓存 DNS 服务器可以提高常用域名的解析速度,其目的是提高域名解析速度和节约对互联网访问的出口带宽。

7.1.3 DNS 的查询模式和地址解析过程

1. DNS 的查询模式

DNS 查询过程是指客户端如何通过 DNS 服务器将一个 FQDN 解析为一个 IP 地址或将一个 IP 地址解析为 FQDN。

1) 按照查询方式分类

按照查询方式来划分,DNS 查询可以分为递归查询和迭代查询。

(1) 递归查询:客户端送出查询请求后,DNS 服务器必须告诉客户端正确的数据(IP 地址)或通知客户端找不到其所需数据。如果 DNS 服务器内没有所需要的数据,则 DNS 服务器会代替客户端向其他的 DNS 服务器查询。客户端只需接触一次 DNS 服务器系统,即可得到所需的节点地址。递归查询是最常见的发送到本地域名服务器的请求。

(2) 迭代查询:客户端送出查询请求后,若该 DNS 服务器中不包含所需数据,它会告诉客户端另外一台 DNS 服务器的 IP 地址,使客户端自动转向另外一台 DNS 服务器查询,以此类推,直到查到数据,否则由最后一台 DNS 服务器通知客户端查询失败。迭代查询的最好例子是一台本地域名服务器发送请求到根服务器。

2) 根据查询内容分类

按照查询内容来划分,DNS 查询可以分为正向查询和反向查询。

(1) 正向查询:将域名映射成 IP 地址,通过域名来查找 IP,即由 FQDN 域名查询其对应的 IP 地址,以别名查询和邮件交换器查询等。

(2) 反向查询:由 IP 地址查询 FQDN 域名,即通过 IP 查找域名服务器的 in-addr.arpa 特殊域,将 IP 地址映射成域名。

2. 正向地址解析过程

下面以一台客户端查询 www.163.com 为例来讲述 DNS 的工作原理及地址解析过程,可以分为如下几步,如图 7-2 所示。

(1) 客户在浏览器中输入 QFDN 域名地址 www.163.com,客户机查询自己的 hosts 文件,如果找到,完成域名解析,用对应的 IP 地址与其进行连接。

(2) 如果没有找到 hosts 文件,客户端向本地 DNS 服务器提交查询请求。

(3) 本地 DNS 服务器接到查询请求后,先检查本地缓存区域,再检查本地区域数据库,如果有该记录项,则本地域名服务器就直接把查询结构返回。

(4) 如果本地 DNS 服务器没有找到该记录项,则本地域名服务器就直接把请求转发给根 DNS 服务器。

(5) 根 DNS 服务器管理着.com、.edu、.gov 等顶级域名的地址解析,它收到请求后,把查询域所包含的.com 顶级域的主域名服务器 IP 地址返回给本地 DNS 服务器。

(6) 本地 DNS 服务器再向上步返回的.com 顶级域名服务器发送查询 www.163.com 请求。

(7) .com 顶级域名服务器查询自己的数据库,并返回此域名对应的子域名的域名服务器.163.com 地址给本地服务器。

(8) 本地服务器再向上步返回的.163.com 服务器地址发送查询 www.163.com 请求。

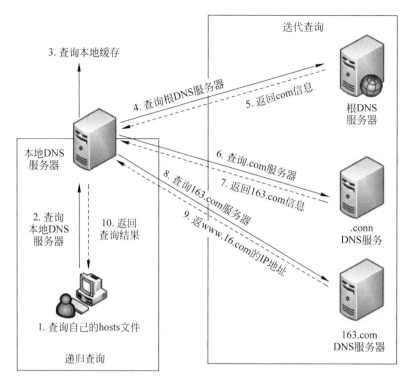

图 7-2 DNS 地址的解析过程

（9）.163.com DNS 服务器查询本地数据库，根据存储的域名与 IP 地址的映射关系，正常情况下会得到目标 IP 记录，连同一个 TTL 值。向本地 DNS 服务器返回该域名对应的 IP 地址和 TTL 值，本地 DNS 服务器会缓存这个域名和 IP 地址的对应关系，缓存时间由 TTL 的值控制，否则返回查询失败。

（10）本地 DNS 服务器把结果返回给客户端，客户端根据 TTL 值缓存在本地系统缓存中，域名解析过程结束。

7.2 安装 DNS 软件、理解 DNS 的配置文件

Linux 操作系统使用 BIND 软件来构建 DNS 时，主要涉及的配置文件分为全局配置文件、主配置文件和正反向解析区域声明文件，本节首先介绍 DNS 相关软件包的安装，然后介绍各配置文件的内容。

7.2.1 安装 BIND 软件包

RHEL 6.5 中使用 BIND 软件来实现 DNS 服务功能。BIND 由伯克里利大学开发并主持，是当前世界上大多数的 DNS 服务器软件，是一款开放源代码的 DNS 服务器软件。

1. 安装 BIND 所需要的软件包

在 RHEL 6.5 中默认没有安装 BIND 服务，可以在服务器上插入 RHEL 6.5 光盘，并使用挂载命令 mount 将光盘挂载到/mnt 目录下。在/mnt Package/目录下，可以使用 ls 命令查看 DNS 服务的 BIND 相关安装软件包。RHEL 6.5 自带有版本号为 9.8.2 的 BIND，

相关安装软件包如下。

（1）bind-9.8.2-0.17.rc1.el6_4.6.x86_64.rpm 是 DNS 服务的主程序包,但不会生成主配置文件,需要手动建立 named.conf 文件。

（2）bind-chroot-9.8.2-0.17.rc1.el6_4.6.x86_64.rpm 是使 BIND 运行在一个伪装的指定根目录(/var/named/chroot)中以增加安全性的工具程序。

（3）bind-dyndb-ldap-2.3-5.el6.x86_64.rpm 提供 BIND 的 LDAP 后台插件,它的主要特征是支持动态更新和内部缓存。

（4）bind-libs-9.8.2-0.17.rc1.el6_4.6.x86_64.rpm 是进行域名解析必备的库文件。

（5）bind-utils-9.8.2-0.17.rc1.el6_4.6.x86_64.rpm 提供一组 DNS 工具包,主要有 dig、host、nslookup 等,使用这些工具可以进行域名解析和 DNS 调试工作。

2. 检查系统是否已经安装了 DNS 相关软件

可以使用如下命令来查看系统中是否已经安装了 DNS 相关的软件包。

```
[root@RHEL /]# rpm - qa | grep bnid
[root@RHEL /]#
```

由此可见,系统中默认没有安装 DNS 相关文件,需要用户手工安装。

3. 安装 BIND 软件包

安装 RHEL 6.5 中自带的 BIND 软件包的操作如下:

```
[root@RHEL /]# mount  /dev/cdrom  /mnt            #挂载光驱
[root@RHEL /]# cd   /mnt/Packages                #进入安装包目录
[root@RHEL Packages]# rpm - ivh bind - 9.8.2 - 0.17.rc1.el6_4.6.x86_64.rpm #安装主程序包
warning: bind - 9.8.2 - 0.17.rc1.el6_4.6.x86_64.rpm: Header V3 RSA/SHA256 Signature, key ID fd431d51: NOKEY
Preparing...              ########################################### [100%]
   1:bind                 ########################################### [100%]
#安装库文件
[root@RHEL Packages]# rpm - ivh bind - libs - 9.8.2 - 0.17.rc1.el6_4.6.x86_64.rpm
warning: bind - libs - 9.8.2 - 0.17.rc1.el6_4.6.x86_64.rpm: Header V3 RSA/SHA256 Signature, key ID fd431d51: NOKEY
Preparing...              ########################################### [100%]
package bind - libs - 32:9.8.2 - 0.17.rc1.el6_4.6.x86_64 is already installed
#安装工具程序
[root@RHEL Packages]# rpm - ivh bind - utils - 9.8.2 - 0.17.rc1.el6_4.6.x86_64.rpm
warning: bind - utils - 9.8.2 - 0.17.rc1.el6_4.6.x86_64.rpm: Header V3 RSA/SHA256 Signature, key ID fd431d51: NOKEY
Preparing...              ########################################### [100%]
package bind - utils - 32:9.8.2 - 0.17.rc1.el6_4.6.x86_64 is already installed
#安装库动态文件
[root@RHEL Packages]# rpm - ivh bind - dyndb - ldap - 2.3 - 5.el6.x86_64.rpm
warning: bind - dyndb - ldap - 2.3 - 5.el6.x86_64.rpm: Header V3 RSA/SHA256 Signature, key ID fd431d51: NOKEY
Preparing...              ########################################### [100%]
   1:bind - dyndb - ldap  ########################################### [100%]
[root@RHEL Packages]#
```

4. 安装 chroot 软件包

早期的系统程序大都默认所有程序执行的根目录是"/",黑客或其他不法分子就容易通过绝对路径来窃取系统/etc/passwd 机密。从 RHEL 4 中的 BIND 开始,引入了一种称为 chroot 的技术,chroot 也就是 Change Root,该技术可以改变程序运行时所参考的根目录,即将某个特定的子目录作为程序伪装的"/"根目录,用于改变程序执行时的根目录位置。不仅如此,chroot 技术还可以对程序运行时所使用的系统资源、用户权限和伪装的"/"根目录进行严格控制,使 BIND 程序只能在这个伪装的根目录中具有某种访问权限,一旦跳出该目录就无任何权限了。有了 chroot 技术,BIND 的根目录就被改变为/var/named/chroot/,这样即使黑客突破了 BIND 账号,也只能访问/var/named/chroot/,把攻击对系统的危害降到了最小。

为了 BIND 程序具有 chroot 技术,让 DNS 以更加安全的状态运行,需要安装 bind-chroot 软件包,其操作如下:

```
[root@RHEL Packages]#rpm -ivh bind-chroot-9.8.2-0.17.rc1.el6_4.6.x86_64.rpm
warning: bind-chroot-9.8.2-0.17.rc1.el6_4.6.x86_64.rpm: Header V3 RSA/SHA256 Signature,
key ID fd431d51: NOKEY
Preparing...
(100%############################################[100%]
   1:bind-chroot
(  6%############################################[100%]
[root@RHEL Packages]#
```

安装好 chroot 后,bind-chroot 的配置文件是/etc/sysconfig/named,其内容如下:

```
[root@RHEL named]# grep -v ^# /etc/sysconfig/named
ROOTDIR=/var/named/chroot
[root@RHEL named]#
```

其中,ROOTDIR 参数定义了 BIND 使用了 chroot 机制后的根目录,默认是/var/named/chroot。使用了 chroot 机制后,BIND 会将/var/named/chroot 目录当作根目录,这样,即使 BIND 出现漏洞被入侵,入侵获得的目录也只是/var/named/chroot 目录,无法进入系统的其他目录中,从而加强了 BIND 的安全性。

7.2.2 认识 DNS 的配置文件

BIND 的全局配置文件为 named.conf,在没有使用 chroot 技术时,该文件位于/etc 目录下,如果使用了 chroot 机制,该文件位于/var/named/chroot/etc 目录下。不管是否使用 chroot 机制,BIND 的配置方法都相同,只是配置文件的路径不一样而已。

BIND 的配置文件分为全局配置文件 named.conf、主配置文件 name.zones 和区域配置文件。

1. 全局配置文件

在/etc/目录下有一个全局配置文件 named.conf 的模板,进入/var/named/chroot/etc/目录,利用 cp -p /etc/named.conf named.conf 命令将其复制为 named.conf 配置文件进行配置(注意,使用-p 参数,保留该文件原有的属性)。全局配置文件中主要可分为两部分:全局声明(option)和区域声明(zone)。

可以使用 cat named.conf 命令查看全局配置文件,该文件的内容如下:

[root@RHEL etc]# *cp -p /etc/named.conf named.conf*
[root@RHEL etc]# *cat named.conf*
// named.conf
//
// Provided by Red Hat bind package to configure the ISC BIND named(8) DNS
// server as a caching only nameserver (as a localhost DNS resolver only).
//
// See /usr/share/doc/bind*/sample/ for example named configuration files.
//
options{
　　listen-on port 53 { 127.0.0.1; };
　　listen-on-v6 port 53 { ::1; };
　　directory"/var/named";
　　dump-file"/var/named/data/cache_dump.db";
　　statistics-file "/var/named/data/named_stats.txt";
　　memstatistics-file "/var/named/data/named_mem_stats.txt";
　　allow-query　　{ localhost; };
　　recursion yes;
　　dnssec-enable yes;
　　dnssec-validation yes;
　　dnssec-lookaside auto;
　　/* Path to ISC DLV key */
　　bindkeys-file "/etc/named.iscdlv.key";
　　managed-keys-directory "/var/named/dynamic";
};
logging{
　　　　channel default_debug{
　　　　　　file "data/named.run";
　　　　　　severity dynamic;
　　　　};
};
zone "." IN{
　　type hint;
　　file "named.ca";
};
include "/etc/named.rfc1912.zones";
include "/etc/named.root.key";

下面简要介绍全局配置文件 named.conf 的内容。

1) 配置语句

named.conf 的配置语句及功能如下。

(1) acl——定义 IP 地址的访问控制列表。

(2) control——定义 rndc 命令使用的控制通道,若省略此项,则只允许使用经过 rndc.key 认证的 127.0.0.1 的 rndc 控制通道。

(3) include——将其他文件包含到该配置文件中。

(4) option——定义属于全局性的配置选项。

(5) key——定义授权的安全密钥。

(6) logging——定义日志的记录规范。

(7) server——设置每个服务器的特有选项。

(8) trusted-key——为服务器定义 DNSSEC 加密密钥。

(9) view——定义域名空间的一个视图。

(10) zone——定义一个区域。

2) 全局配置 options 语句

options 语句用于指定 BIND 服务有参数。options 语句在每个配置文件中只有一处，如果出现多个 options，则第一个 options 配置有效，并会产生一个警告信息。

options 语句的语法格式如下：

```
options{
    配置子句；
    配置子句；
}
```

options 语句常见的配置参数如下。

(1) listen-on——指定 named 守护进程监听的 IP 地址和端口，若未定义此项，默认监听 DNS 服务器所有 IP 地址的 53 号端口。当有多个 IP 地址时，可通过该配置命令来指定所要监听的 IP 地址，对于只有一个 IP 地址的服务器，不必设置。其参数格式为"listen-on port <端口> {IP 地址；}；"。例如，要设置 DNS 监听 IP 地址 192.168.1.200，端口 53，命令为 listen-on port 53 {192.168.1.200；}；。

(2) directory——用于指定 named 守护进程的工作目录，各区域正反向搜索解析文件和 DNS 根服务器地址列表文件{named.ca}所在的目录，其默认值是/var/named。如果使用 chroot 机制，该路径是一相对路径，其绝对路径是/var/named/chroot/var/named。

(3) allow-query——指定接收 DNS 查询请求的客户端，其格式是"allow-query{<客户端集合>}；"。此外，还可以使用地址匹配符来表达允许的计算机，如 any 可匹配所有的 IP 地址，none 表示不匹配任何 IP 地址；localhost 匹配本地主机使用的所有 IP 地址；localnet 匹配同本地主机所在的网络，或网段地址如 192.168.0.0/24。

(4) allow-query-cache——指定允许缓存查询结构的客户端。

(5) allow-recursion——指定允许提交递归查询的客户端，若不定义此项，则表示允许所有客户端提交递归查询。

(6) forwarders——指定 DNS 转发服务器，当设置转发服务器后，所有非本地的和缓存中无法找到的域名查询，可由指定的 DNS 转发服务器来完成解析工作并做缓存。

(7) forward——指定转发模式，仅在 forwarders 转发服务器不为空时有效。first 表示快速转发，首先转发到 forwarders 参数指定的服务器，然后通过本机查询；only 表示仅转发至 forwarders 参数中指定的服务器，不通过本机查询。不定义此参数，默认为 first 转发方式。

(8) allow-transfer——指定允许区域传输的辅助区域服务器，其格式为"allow-transfer{服务器集合}；"。

(9) recursion——指定 BIND 回应客户端的方式，如果是 yes，则表示 DNS 客户端提交一个递归查询，DNS 服务器会做所有能够回答的查询请求；如果是 off，且服务器不知道答案,将会返回一个推荐响应;如果是 no,则 BIND 阻止新数据作为查询的结果被 DNS 服务器缓存。

(10) dump-file——DNS 服务器存放数据库文件的路径名,格式为"dump-file <文件名>;"。

(11) statistics-file——设置服务器统计信息文件的路径名,格式为"statistics-file <文件名>;"。

(12) memstatistics-file——设置 DNS 服务器输出的内存,使用统计文件的路径名,其格式为"memstatistics-file <文件名>;"。

3) logging 部分

logging 用于 BIND 服务的日志参数,在默认情况下,BIND 把日志写到/var/log/messages 文件中,而记录的内容非常少,主要就是启动、关闭的上场记录和一些严重错误的信息。如果要详细记录服务器的运行状况,需要对全局配置文件的 logging 部分进行配置,主要有 channel(通道)和 category(类别)两种定义,格式如下:

```
logging{
channel < string >;{
    file log_file [ versions number |unlimited] [size sezespec];
    severity   < logseverity >;
    print - time   < yes|no >;
    print - severity   < yes|no >;
    print - category   < yes|no >;
    };
  category   < string >; { < string >; …};
};
```

其中,各个字段的含义如下。

(1) channel——用于指定日志发送目标,channel < string > 指定通道名称。

(2) file——指定日志的目标< log_file >文件,这里指定一个相对路径,实际路径由全局配置文件 options 块中的 directroy 决定。named 用户必须对路径拥有写权限,versions 指定允许同时存在多少个版本的日志文件,unlimited 表示无限制写入,size 指定日志文件的大小上限。

(3) severity——指定日志的级别。

(4) print-time——指定在日志中是否写入时间。

(5) print-severity——指定是否在日志中写入消息的级别。

(6) print-category——指定是否在日志中写入日志的类别。

(7) category——指定需要记录的内容。

4) 区域声明 zone

named.conf 文件中最重要的部分就是区域声明。区域声明语句 zone 的格式如下。

```
zone"zone - name"   IN {
    type 子句;
    file 子句;
    allow - update 子句;
    其他子句;
```

};

常用的区域声明子句如下。

(1) type——指定区域的类型，master 表示区域为主域名服务器，slaver 表示区域为辅助域名服务器，hint 表示区域为根服务器的索引，forward 说明区域为转发区域。

(2) file——指定一个区域的数据库文件，即区域配置文件。

(3) allow-update——设置允许动态更新的辅助服务器地址，none 表示禁止。

当全局配置文件 named.conf 中有 view 部分时，zone 必须包含在某个 view 中。

5) view 部分

view 用于指定区域配置文件的存放路径及名称，也用于配置策略 DNS。在实际的网络应用中，有时希望能够根据来自不同 IP 地址的请求，对同一域名解析到不同的 IP 地址，BIND 通过 view 来实现此功能。在主配置文件中，可以指定多个 view，实现基于源地址的策略 DNS。

view 可以看成 zone 的集合，如果在配置文件 named.conf 中一个 view 都没有，那么所有的 zone 默认属于一个 view。

2. 主配置文件

在/etc/目录中有区域配置文件的模板 named.rfc1912.zones，用于定义各个解析区域特征的文件。主配置文件中通过 zone 定义当前 BIND 可管辖的区域，定义方法如下：

```
zone "zone-name"   IN {
    type 子句;
    file 子句;
    allow-update 子句;
    其他子句;
    };
```

其中，type 指定区域类型，file 指定区域配置文件，allow-update 指定可动态更新的辅助 DNS 服务器。named.rfc1912.zones 模板内容如下：

```
// named.rfc1912.zones:
// Provided by Red Hat caching-nameserver package
// ISC BIND named zone configuration for zones recommended by
// RFC 1912 section 4.1 : localhost TLDs and address zones
// and http://www.ietf.org/internet-drafts/draft-ietf-dnsop-default-local-zones-02.txt
// (c)2007 R W Franks
//
// See /usr/share/doc/bind*/sample/ for example named configuration files.
//
zone "localhost.localdomain" IN{
        type master;
        file "named.localhost";
        allow-update { none; };
    };

zone "localhost" IN{
```

```
         type master;
         file "named.localhost";
         allow-update { none; };
```

3. 区域配置文件

一个区域内的所有数据,包括主机名、对应的 IP 地址、辅助服务器与主服务器刷新间隔和生存时间等,都必须存放在 DNS 服务器内,用来存放这些数据的文件就称为区域文件,包括正向解析文件和反向解析文件。在/var/named/目录中有正向解析文件模板 named.localhost 和反正解析文件模板 named.loopback。named.localhost 文件的内容如下:

```
$TTL 1D
@       IN SOA    @ rname.invalid. (
                                       0         ; serial
                                       1D        ; refresh
                                       1H        ; retry
                                       1W        ; expire
                                       3H )      ; minimum
        NS        @
        A         127.0.0.1
        AAAA::
```

named.loopback 文件的内容如下:

```
$TTL 1D
@       IN SOA    @ rname.invalid. (
                                       0         ; serial
                                       1D        ; refresh
                                       1H        ; retry
                                       1W        ; expire
                                       3H )      ; minimum
        NS        @
        A         127.0.0.1
        AAAA::1
        PTR       localhost.
```

区域文件使用";"表示注释,不管是正向还是反向,区域文件的所有记录行都要顶列开始写,前面不能有空格,否则可导致 DNS 服务器不能正常工作。BIND 能够解析哪些 IP 地址或 FQDN 是由区域文件中的资源记录来决定的。区域文件中资源记录的基本格式如下:

[名称]　[TTL]　[网络类型]　资源记录类型　数据

其中,各个字段说明如下。

(1) 名称——指定资源记录引用的对象名,既可以是主机名也可以是域名,其可以是相对名称或完整名称,完整名称必须使用根域"."结束。如果连续几条记录有同一个对象名,则除第一条外,后面几条记录的名称可以省略。

(2) TTL——指定资源记录在高速缓存中的存放时间,该字段通常省略,而使用位于文件开头的 $TTL 所设定的值。

(3) 网络类型——指定网络类型,可选的值包括 IN、CH、HS,目前使用广泛的是 IN

(Internet)。

(4) 资源记录类型——指定资源记录的类型,常见的资源记录类型有 SOA、NS、A、MX 和 PTR。在定义资源记录时,SOA 记录放在第一行,NS 记录在第二行,其他记录可以做任意排列。

每条资源记录的各个字段之间由空格或 Tab 分隔,字段可以包含如下的特殊字符。

(1) @——表示当前域,即当前配置文件中 zone 定义的区域名称。

(2) ( )——允许数据跨行,通常用于 SOA 记录。

(3) *——只能用于名称字段的通配符。

4. 资源记录类型说明

BIND 中支持很多资源记录,目前常用的资源记录有以下几种。

(1) SOA 资源记录。其基本格式如下:

区域名称　记录类型　SOA 主域名服务器 FQDN　管理员邮箱地址(序列号 刷新间隔 重试间隔　过期间隔 TTL)

(2) NS 记录,其基本格式如下:

区域名称　IN　NS　FQDN

(3) A 记录,其基本格式如下:

FQDN　IN　A　IP 地址

(4) MX 记录,其基本格式如下:

区域名称　IN　MX　优先级数　FQDN

(5) CANME 资源记录,其基本格式如下:

别名　IN　CNAME　FQDN

(6) PTR 资源记录,其基本格式如下:

IP 地址　IN　PTR　FQDN

7.3　DNS 服务器配置

本节以一个 DNS 配置实例来介绍 DNS 服务器的设置方法。

7.3.1　配置主 DNS 服务器

假设某单位要配置一台主 DNS 服务器,使企业内部的用户能够通过域名来访问公司的所有服务器。企业内部的服务器及员工计算机的参数如表 7-3 所示。

表 7-3　某公司的服务器与计算机

服务器及公司计算机	完全合格域名	IP 地址
主 DNS 服务器	dns1.example.com	192.168.1.1
辅助 DNS 服务器	dns2.example.com	192.168.1.2

续表

服务器及公司计算机	完全合格域名	IP 地址
Web 服务器	www.example.com	192.168.1.3
FTP 服务器	ftp.example.com	192.168.1.4
邮件服务器	mail.example.com	192.168.1.5
员工计算机 100 台	cp1.example.com~cp100.example.com	192.168.1.11~110

下面介绍主 DNS 服务器的配置过程。

（1）配置主 DNS 服务器网卡的 IP 地址为 192.168.1.1，主机名为 dns1.example.com，操作如下：

```
[root@RHEL ~]# vi /etc/sysconfig/network          //修改为如下内容
NETWORKING = yes
HOSTNAME = dns1.example.com
[root@RHEL ~]# vi /etc/sysconfig/network-scripts/ifcfg-eth0   //修改为如下内容
EVICE = eth0
TYPE = Ethernet
UUID = 0dbc4ce8-a052-461c-8810-7d1fee30a6a4
ONBOOT = yes
NM_CONTROLLED = yes
BOOTPROTO = none
IPADDR = 192.168.1.1                              //修改后的 IP 地址
PREFIX = 24
GATEWAY = 192.168.1.1
DNS1 = 202.96.128.166
DNS2 = 202.96.134.133
DEFROUTE = yes
IPV4_FAILURE_FATAL = yes
IPV6INIT = no
NAME = "System eth0"
IPADDR2 = 192.168.1.10
PREFIX2 = 24
GATEWAY2 = 192.168.1.1
HWADDR = 00:0C:29:20:A3:62
LAST_CONNECT = 1422847309
```

（2）在主 DNS 服务器上安装 BIND 软件包，操作如下：

```
[root@RHEL /]# mount /dev/cdrom /mnt          #挂载光驱
[root@RHEL /]# cd /mnt/Packages               #进入安装包目录
[root@RHEL Packages]# rpm -ivh bind-9.8.2-0.17.rc1.el6_4.6.x86_64.rpm
#安装主程序包
warning: bind-9.8.2-0.17.rc1.el6_4.6.x86_64.rpm: Header V3 RSA/SHA256 Signature, key ID fd431d51: NOKEY
Preparing...                ########################################### [100%]
   1:bind                   ########################################### [100%]
#安装库文件
[root@RHEL Packages]# rpm -ivh bind-libs-9.8.2-0.17.rc1.el6_4.6.x86_64.rpm
warning: bind-libs-9.8.2-0.17.rc1.el6_4.6.x86_64.rpm: Header V3 RSA/SHA256 Signature,
```

```
key ID fd431d51: NOKEY
Preparing...                ################################# [100%]
package bind-libs-32:9.8.2-0.17.rc1.el6_4.6.x86_64 is already installed
#安装工具程序
[root@RHEL Packages]# rpm -ivh bind-utils-9.8.2-0.17.rc1.el6_4.6.x86_64.rpm
warning: bind-utils-9.8.2-0.17.rc1.el6_4.6.x86_64.rpm: Header V3 RSA/SHA256 Signature,
key ID fd431d51: NOKEY
Preparing...                ################################# [100%]
package bind-utils-32:9.8.2-0.17.rc1.el6_4.6.x86_64 is already installed
#安装库动态升级文件
[root@RHEL Packages]# rpm -ivh bind-dyndb-ldap-2.3-5.el6.x86_64.rpm
warning: bind-dyndb-ldap-2.3-5.el6.x86_64.rpm: Header V3 RSA/SHA256 Signature, key ID
fd431d51: NOKEY
Preparing...                ################################# [100%]
   1:bind-dyndb-ldap        ################################# [100%]
```

(3) 编辑全局配置文件，操作如下：

```
[root@RHEL named]# vi /etc/named.conf
// named.conf
// Provided by Red Hat bind package to configure the ISC BIND named(8) DNS
// server as a caching only nameserver (as a localhost DNS resolver only).
// See /usr/share/doc/bind*/sample/ for example named configuration files.
options{             //全局说明部分
         listen-on port 53 {192.168.1.1;};        //设置DNS服务监听端口和IP地址
         listen-on-v6 port 53 {::1; };            //设置DNS服务监听IPv6的端口和IP地址
         directory       "/var/named";            //设置区域数据文件存放的相对路径
         dump-file       "/var/named/data/cache_dump.db";    //解析过的内容的缓存文件
         statistics-file "/var/named/data/named_stats.txt";  //静态缓存文件
         memstatistics-file "/var/named/data/named_mem_stats.txt";  //内存中静态缓存文件
         allow-query     {any; };    //设置允许DNS查询的客户端IP地址,any表示所有地址
         recursion yes;              //设置进行递归查询
         allow-transfer{192.168.1.2;};  //添加此行,设置允许传输给辅助DNS服务器
         dnssec-enable yes;          //设置DNS加密
         dnssec-validation yes;      //DNS加密算法
         dnssec-lookaside auto;      //DNS加密的相关内容
         /* Path to ISC DLV key */
         bindkeys-file "/etc/named.iscdlv.key";   //加密的密钥key
         managed-keys-directory "/var/named/dynamic";
};
logging{                               //设置域名服务器的日志
         channel default_debug{
                 file "data/named.run";
                 severity dynamic;
         };   };
zone "." IN{                           //设置根域
         type hint;                    //设置类型,hint为根域,master为主机域,slave为辅助域
         file "named.ca";              //设置根域地址数据库文件
};
include "/etc/named.rfc1912.zones";
include "/etc/named.root.key";
```

(4) 编辑主配置文件,在文件末尾添加本机解析的正向区域和反向区域,操作如下:

[root@RHEL named]# *vi /etc/named.rfc1912.zones*
// named.rfc1912.zones:
// Provided by Red Hat caching-nameserver package
// ISC BIND named zone configuration for zones recommended by
// RFC 1912 section 4.1 : localhost TLDs and address zones
// and http://www.ietf.org/internet-drafts/draft-ietf-dnsop-default-local-zones-02.txt
// (c)2007 R W Franks
// See /usr/share/doc/bind*/sample/ for example named configuration files.
zone "localhost.localdomain" IN{
    type master;
    file "named.localhost";
    allow-update { none; };
};
zone "localhost" IN{
    type master;
    file "named.localhost";
    allow-update { none; };
};
zone "1.0.0.0.0.0.0.0.0.0.0.0.0.0.0.0.0.0.0.0.0.0.0.0.0.0.0.0.0.0.0.ip6.arpa" IN{
    type master;
    file "named.loopback";
    allow-update { none; };
};
zone "1.0.0.127.in-addr.arpa" IN{
    type master;
    file "named.loopback";
    allow-update { none; };
};
zone "0.in-addr.arpa" IN{
    type master;
    file "named.empty";
    allow-update { none; };
};
zone "example.com" IN{   //添加正向解析区域
    type master;
    file "example.com.zone";
    allow-update { none; };
};
zone "1.168.192.in-addr.arpa" IN{   //添加反向解析区域
    type master;
    file "example.com.zero";
    allow-update { none; };
};

(5) 复制生成并编辑正向解析区域文件,操作如下:

[root@RHEL named]# *cp -p /var/named/named.localhost /var/named/example.com.zone*
[root@RHEL named]# *vi /var/named/example.com.zone*

```
$ TTL 1D      //$ TTL 定义生存期,默认为 1D 表示 1 天
@         IN SOA   dns1.example.com.    admin.example.com.(  //起始授权,指定主 DNS 的 AFDN
                                            0         ; serial
                                            1D        ; refresh
                                            1H        ; retry
                                            1W        ; expire
                                            3H )      ; minimum
@         IN     NS      dns1.example.com.
@         IN     NS      dns2.example.com.
dns1      IN     A       192.168.1.1
mail      IN     A       192.168.1.5
@         IN     MX      10  mail.example.com.
dns2      IN     A       192.168.1.2
www       IN     A       192.168.1.3
ftp       IN     A       192.168.1.4
web       IN     CNAME   www.example.com.
$ GENERATE   10 - 110   CP $    IN A 192.168.1. $   //$ GENERATE 是函数,可连续生成多个 IP 地址
                                                    //对应的 A 记录和 PTR 记录
@         A      127.0.0.1
          AAAA   ::1
```

(6) 复制生成并编辑反向解析区域文件,操作如下:

```
[root@RHEL named]# cp - p /var/named/named.loopback   /var/named/example.com.zero
[root@RHEL named]# vi /var/named/example.com.zero
$ TTL 1D
@         IN SOA    dns1.example.com.    admin.example.com. (
                                            0         ; serial
                                            1D        ; refresh
                                            1H        ; retry
                                            1W        ; expire
                                            3H )      ; minimum
@         IN     NS      dns1.example.com.
@         IN     NS      dns2.example.com.
1 IN      PTR    dns1.example.com.
2 IN      PTR    dns2.example.com.
3 IN      PTR    www.example.com.
4 IN      PTR    ftp.example.com.
5 IN      PTR    mail.example.com.
$ GENERATE   11 - 110   $  IN  PTR    cp $.example.com.
@         A      127.0.0.1
          AAAA   ::1
          PTR    localhost.
```

(7) 开放防火墙的 TCP 和 UDP 的 53 端口,在终端中输入如下命令:

```
[root@dns1 ~]# setup
```

打开如图 7-3 所示的窗口,选择"防火墙配置"选项,按 Enter 键,打开如图 7-4 所示的窗口。

在如图 7-4 所示的窗口中,按 Tab 键选择"定制"选项,打开如图 7-5 所示的窗口,此处

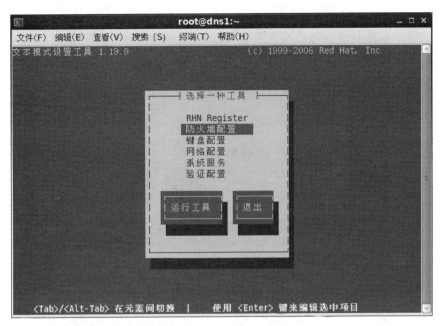

图 7-3 选择配置工具

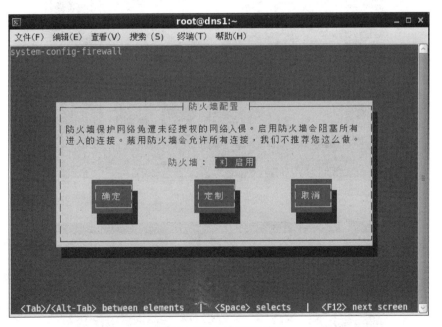

图 7-4 "防火墙配置"窗口

可以定义哪些服务是可信的,可信服务可以被任意主机或网络访问。这里按 Tab 键选择"转发"选项,打开如图 7-6 所示的窗口,按 Tab 键选择"添加"选项,打开如图 7-7 所示的窗口。在"端口/端口范围"文本框中输入端口号 53,在"协议"文本框中输入 tcp,单击"确定"按钮返回图 7-7 所示的窗口。使用同样的方法添加 UDP 协议的 53 号端口,添加后的其他端口如图 7-8 所示。

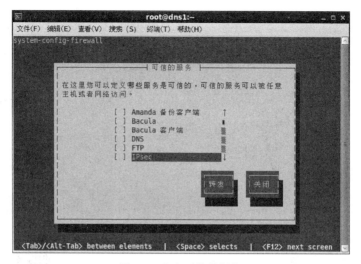

图 7-5 定义可信的服务

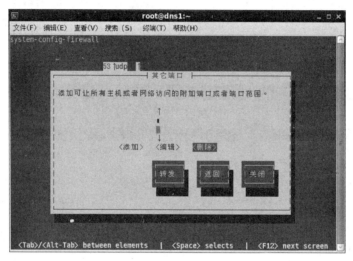

图 7-6 添加端口

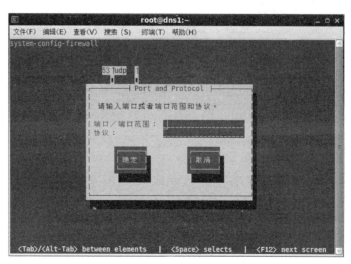

图 7-7 输入端口和协议

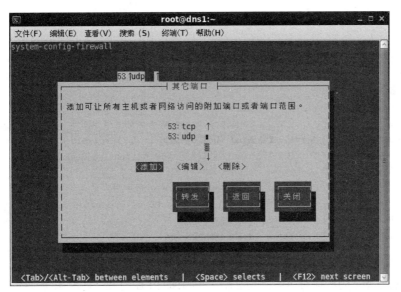

图 7-8 添加 TCP 和 UDP 的 53 号端口后的窗口

在依次返回的窗口中单击"关闭"→"确定"→"是"→"退出"按钮完成防火墙的设置操作。

(8) 启动 named 服务守护进程,开始域名解析服务,也可以使用 chkcofig 命令把 DNS 服务配置为开机自启动,操作如下。

[root@dns1 ~]# **service named start**
启动 named:named:正在运行　　　　　　　　　　　　　　　　　[确定]
[root@dns1 ~]# **chkconfig named on**

至此,主 DNS 服务器配置完成,可以进行域名的解析了,为了保证配置正确,可以进行 DNS 服务器配置的测试。

(9) 测试 DNS 服务器配置的操作详情见 7.5 节的 DNS 服务器测试部分,这里不再赘述。

7.3.2 配置辅助 DNS 服务器

在搭建好主 DNS 服务器的基础上,可以进行辅助 DNS 服务器的设置,具体配置过程如下。

(1) 在主 DNS 服务器的 options 全局配置中,确保添加了允许进行区域传输的配置项 allow-transfer。在上面的主 DNS 服务器配置中,已经添加了 allow-transfer 配置项。

(2) 在辅助 DNS 服务器上安装 BIND 软件包,并按示例假定设置其 IP 地址为 192.168.1.2,修改主机名为 dns2.example.com。

[root@dns1 ~]# **mount /dev/cdrom /mnt**
mount: block device /dev/sr0 is write-protected, mounting read-only
[root@dns1 ~]# **cd /mnt/Packages/**
[root@dns1 Packages]# **rpm -ivh bind-9.8.2-0.17.rc1.el6_4.6.x86_64.rpm**
warning: bind-9.8.2-0.17.rc1.el6_4.6.x86_64.rpm: Header V3 RSA/SHA256 Signature, key ID

```
fd431d51: NOKEY
Preparing...                ########################### [100%]
   1:bind                   ########################### [100%]
[root@dns1 Packages]# rpm -ivh bind-chroot-9.8.2-0.17.rc1.el6_4.6.x86_64.rpm
warning: bind-chroot-9.8.2-0.17.rc1.el6_4.6.x86_64.rpm: Header V3 RSA/SHA256 Signature,
key ID fd431d51: NOKEY
Preparing...                ########################### [100%]
   1:bind-chroot            ########################### [100%]
[root@dns1 Packages]# rpm -ivh bind-utils-9.8.2-0.17.rc1.el6_4.6.x86_64.rpm
warning: bind-utils-9.8.2-0.17.rc1.el6_4.6.x86_64.rpm: Header V3 RSA/SHA256 Signature,
key ID fd431d51: NOKEY
Preparing...                ########################### [100%]
package bind-utils-32:9.8.2-0.17.rc1.el6_4.6.x86_64 is already installed
[root@dns1 Packages]# ifconfig eth1 192.168.1.2
[root@dns1 Packages]# hostname dns2.example.com
```

（3）编辑辅助 DNS 服务器的全局配置文件 named.conf，配置项中监听 IP 地址设置为辅助 DNS 服务器的 IP 地址 192.168.1.2，其余的内容与主 DNS 服务器的 named.conf 相同。

（4）编辑辅助 DNS 服务器的主配置文件，在文档的末尾添加本机解析的正向区域和反向区域，要注意确保与主 DNS 服务器上的区域名称相同，其内容如下：

```
// named.rfc1912.zones:
// Provided by Red Hat caching-nameserver package
// ISC BIND named zone configuration for zones recommended by
// RFC 1912 section 4.1 : localhost TLDs and address zones
//and http://www.ietf.org/internet-drafts/draft-ietf-dnsop-default-local-zones-
02.txt
// (c)2007 R W Franks
//
// See /usr/share/doc/bind*/sample/ for example named configuration files.
//
zone "localhost.localdomain" IN{
    type slave;
    file "named.localhost";
    masters { 192.168.1.1;};
};
zone "localhost" IN{
    type slave;
    file "named.localhost";
    masters { 192.168.1.1;};
};
zone "1.0.0.0.0.0.0.0.0.0.0.0.0.0.0.0.0.0.0.0.0.0.0.0.0.0.0.0.0.0.0.0.ip6.arpa" IN{
    type slave;
    file "named.loopback";
    masters { 192.168.1.1;};
};
zone "1.0.0.127.in-addr.arpa" IN{
    type slave;
    file "named.loopback";
```

```
        masters { 192.168.1.1;};
};
zone "0.in-addr.arpa" IN{
    type slave;
    file "named.empty";
    masters { 192.168.1.1;};
};
zone "example.com" IN{              //添加的正向解析区域,名称与主 DNS 服务器的相同
    type   slave;                   //指定区域类型为辅助区域
    file   "slaves/example.com.zone";
    masters { 192.168.1.1;};
};
zone "1.168.192.in-addr.arpa" IN{  //添加的反向解析区域,名称与主 DNS 服务器的相同
    type slave;
    file "slaves/example.com.zero";
    masters { 192.168.1.1;};
};
```

(5) 重启主 DNS 服务器上的 named 服务,在辅助 DNS 服务器上启动 named 服务。

```
[root@dns1 ~]# service   named   restart
[root@dns2 ~]# service   named   start
```

如果辅助 DNS 服务器启动成功,就可以在/var/named/slaves/目录下看到正向和反向解析区域文件已经从主 DNS 服务器同步传输过来了,可以用 ls 命令显示如下:

```
[root@dns2 slaves]# ls
example.com.zero   example.com.zone
```

(6) 在辅助 DNS 服务器上配置防火墙,开启 TCP 和 UDP 的 53 号端口,其操作与主 DNS 服务器中的防火墙设置相同,这里不再赘述。同样,辅助 DNS 服务器与主 DNS 服务器并没有功能上的差异,能够从主 DNS 服务器获得解析的域名,在辅助 DNS 服务器上同样也能够获得解析,并且同样可以使用"nslookup"命令进行测试,只是要将客户端的 DNS 的 IP 地址调整为辅助 DNS 服务器的 IP 地址。

7.3.3 配置缓存 DNS 服务器

缓存 DNS 服务器也称为高速缓存服务器,主要用于将网络中客户端的 DNS 查询请求转发到外部 DNS 服务器,在将查询结果返回给客户端的同时会在本地进行缓存,可以提高网络中其他客户端的 DNS 请求速度。缓存服务器的配置很简单,只要配置好全局配置文件/etc/named.conf 就可以了。假设在搭建主 DNS 服务器的基础上,要增加一台缓存 DNS 服务器,其 IP 地址为 192.168.1.10,具体操作如下。

(1) 在 IP 地址为 192.168.1.10 的缓存 DNS 服务器上使用如下命令安装 BIND。

```
[root@dns1 ~]# mount /dev/cdrom /mnt
mount: block device /dev/sr0 is write-protected, mounting read-only
[root@dns1 ~]# cd /mnt/Packages/
[root@dns1 Packages]# rpm -ivh  bind-9.8.2-0.17.rc1.el6_4.6.x86_64.rpm
warning: bind-9.8.2-0.17.rc1.el6_4.6.x86_64.rpm: Header V3 RSA/SHA256 Signature, key ID
```

```
              fd431d51: NOKEY
Preparing...                ################################# [100%]
   1:bind                   ################################# [100%]
[root@dns1 Packages]#*rpm -ivh bind-chroot-9.8.2-0.17.rc1.el6_4.6.x86_64.rpm*
warning: bind-chroot-9.8.2-0.17.rc1.el6_4.6.x86_64.rpm: Header V3 RSA/SHA256 Signature,
key ID fd431d51: NOKEY
Preparing...                ################################# [100%]
   1:bind-chroot            ################################# [100%]
[root@dns1 Packages]# *rpm -ivh bind-utils-9.8.2-0.17.rc1.el6_4.6.x86_64.rpm*
warning: bind-utils-9.8.2-0.17.rc1.el6_4.6.x86_64.rpm: Header V3 RSA/SHA256 Signature,
key ID fd431d51: NOKEY
Preparing...                ################################# [100%]
package bind-utils-32:9.8.2-0.17.rc1.el6_4.6.x86_64 is already installed
[root@dns1 Packages]#*ifconfig eth1 192.168.1.2*
[root@dns1 Packages]#*hostname  dns2.example.com*
```

（2）编辑缓存 DNS 服务器的全局配置文件 named.conf，内容如下：

```
// named.conf
// Provided by Red Hat bind package to configure the ISC BIND named(8) DNS
// server as a caching only nameserver (as a localhost DNS resolver only).
// See /usr/share/doc/bind*/sample/ for example named configuration files.
options{
        listen-on port 53 { 192.168.1.10; };
        listen-on-v6 port 53 {::1; };
        directory        "/var/named";
        dump-file        "/var/named/data/cache_dump.db";
        statistics-file "/var/named/data/named_stats.txt";
        memstatistics-file "/var/named/data/named_mem_stats.txt";
        allow-query     { any; };
        recursion yes;
        forward only;
        forwarders {192.168.1.1;};
        dnssec-enable yes;
        dnssec-validation yes;
        dnssec-lookaside auto;
        /* Path to ISC DLV key */
        bindkeys-file "/etc/named.iscdlv.key";
        managed-keys-directory "/var/named/dynamic";
};
logging{
        channel default_debug{
                file "data/named.run";
                severity dynamic;
        };
};
zone "." IN{
        type hint;
        file "named.ca";
};
include "/etc/named.rfc1912.zones";
```

include "/etc/named.root.key";

（3）启动缓存 DNS 服务器上的 named 服务进程。

[root@dns3 ~]# *service   named   start*

（4）在缓存 DNS 服务器上配置防火墙，开启 TCP 和 UDP 的 53 号端口，其操作与主 DNS 服务器中的防火墙设置相同，这里不再赘述。同样可以使用 nslookup 命令进行测试，只是要将客户端的 DNS 服务器的 IP 地址调整为缓存 DNS 服务器的 IP 地址。

（5）检查 BIND 运行端口。

```
[root@dns1 ~]# netstat - nutap | grep named
tcp        0      0 192.168.1.10:53        0.0.0.0:*           LISTEN      467/named
tcp        0      0 192.168.1.1:53         0.0.0.0:*           LISTEN      4467/named
tcp        0      0 127.0.0.1:53           0.0.0.0:*           LISTEN      4467/named
tcp        0      0 127.0.0.1:953          0.0.0.0:*           LISTEN      4467/named
tcp        0      0 :::1:53                :::*                LISTEN      4467/named
tcp        0      0 :::1:953               :::*                LISTEN      4467/named
udp        0      0 192.168.1.10:53        0.0.0.0:*                       4467/named
udp        0      0 192.168.1.1:53         0.0.0.0:*                       4467/named
udp        0      0 127.0.0.1:53           0.0.0.0:*                       4467/named
udp        0      0 :::1:53                :::*                            4467/named
```

7.3.4　配置转发 DNS 服务器

任何 DNS 服务器不可能包括 Internet 中的所有域名的解析，其所能直接提供的解析区域和解析记录都是非常有限的。当用户请求解析的记录超出了其对应 DNS 服务器所能解析的范围时，都需要在该 DNS 服务器上设置转发功能，把超出范围无法解析的用户请求转发给其他 DNS 服务器来代理解析。前面介绍的主 DNS 服务器、辅助 DNS 服务器和缓存 DNS 服务器都可以设置转发器来实现转发功能。RHEL 6.5 服务器设置有转发到根域的 13 台服务器，会自动转发无法解析的域名给根域服务器。但这样的解析效率不高。为了提高解析效率，可以不向根域转发查询，而是将客户端的解析请求转发给电信提供的公共 DNS 服务器，如 CNNIC SDNS 的 IP 地址 1.2.4.8、210.2.4.8、广东电信 202.96.128.86、202.96.128.166、202.96.134.33、202.96.128.68 等。设置转发服务器可以在全局配置文件的 options 中使用 forwarders 字段来设置。例如，把上面的缓存 DNS 服务器的解析请求转发到广东的 DNS 服务器，可以把 named.conf 修改如下：

```
// named.conf
// Provided by Red Hat bind package to configure the ISC BIND named(8) DNS
// server as a caching only nameserver (as a localhost DNS resolver only).
// See /usr/share/doc/bind*/sample/ for example named configuration files.
//
options{
        listen-on port 53 { 192.168.1.10; };
        listen-on-v6 port 53 {::1; };
        directory       "/var/named";
        dump-file       "/var/named/data/cache_dump.db";
        statistics-file "/var/named/data/named_stats.txt";
```

```
        memstatistics-file "/var/named/data/named_mem_stats.txt";
        allow-query     { any; };
        recursion yes;
        forward only;
        forwarders {202.96.128.86;202.96.128.166;202.96.134.33;202.96.128.68;192.168.
1.1;};
        dnssec-enable yes;
        dnssec-validation yes;
        dnssec-lookaside auto;
        /* Path to ISC DLV key */
        bindkeys-file "/etc/named.iscdlv.key";
        managed-keys-directory "/var/named/dynamic";
};
logging{
        channel default_debug{
                file "data/named.run";
                severity dynamic;
        };
};
zone "." IN{
        type hint;
        file "named.ca";
};
include "/etc/named.rfc1912.zones";
include "/etc/named.root.key";
```

7.4　配置 DNS 客户端

客户端要能够正确地向 DNS 服务器提交域名解析请求,要在客户端启用并设置 DNS 功能,本节介绍 DNS 客户端的配置方法。

7.4.1　Windows 客户端配置

在 Windows 中配置 DNS 客户端非常简单,假如本地首选 DNS 服务器的 IP 地址为 192.168.1.1,备用 DNS 服务器的 IP 地址为 192.168.1.2,在设置本地连接属性的对话框中,双击"Internet 协议版本 4(TCP/IPv4)"选项,弹出"Internet 协议版本 4(TCP/IPv4)属性"对话框。选中"使用下面的 DNS 服务器地址"单选按钮,在文体框中输入首选 DNS 服务器和备用 DNS 服务器的 IP 地址,如图 7-9 所示,然后单击"确定"按钮即可。

7.4.2　Linux 客户端配置

在 Linux 操作系统中,客户端的 DNS 设置是通过修改/etc/resolv.conf 配置文件来设置的,如本地首选 DNS 服务器的 IP 地址为 192.168.1.1,备用 DNS 服务器的 IP 地址为 192.168.1.2,其配置文件修改为如下内容。

```
# Generated by NetworkManager
search example.com
nameserver 192.168.1.1
nameserver 192.168.1.2
```

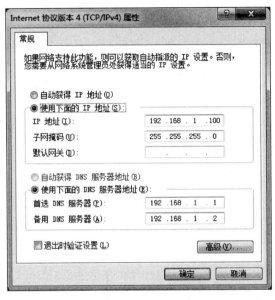

图 7-9　配置 DNS 客户端

7.5　测试 DNS 服务器

在完成域名 DNS 服务器的配置后,为了保证设置的正确性,应该对其进行测试。在安装完 BIND 的软件包 bind-utils-9.8.2-0.17.rc1.el6_4.6.x86_64.rpm 后,就会提供 3 个测试工具:nslookup、dig 和 host。其中,dig 和 host 是命令行工具,而 nslookup 命令既可以使用命令行模式也可以使用交互模式。此外,还有 named-checkconf 和 namedcheckzone 两个配置文件检测工具。

7.5.1　使用 BIND 检测工具检测配置文件

在配置 DNS 服务器时,一般通过手工修改配置文件来进行设置,在编辑中出现错误在所难免。例如,经常少写 QFDN 最后面的".",括号不匹配,或者把数字 0 写成字母 o 等。BIND 提供了一系列的检测工具来对配置文件进行检测,提示用户更正错误。

1. named-checkconf 工具

named-checkconf 工具用于检查全局配置文件 /etc/named.conf 是否有语法错误。如果执行 named-checkconf 命令没有任何输出,说明 /etc/named.conf 配置文件没有语法错误;如果有错误则会提示错误,可以根据错误提示信息来改正配置的语法错误。例如,在上面配置主 DNS 服务器时,可以执行 named-checkconf　/etc/named.conf 命令来检测全局配置文件 /etc/named.conf 是否有语法错误,执行结果如下:

```
[root@dns1 ~]# named-checkconf /etc/named.conf
[root@dns1 ~]#
```

说明配置文件没有语法错误,如果故意删除第 20 行最后的分号(;),修改后的/etc/named.conf 文件的部分代码如下:

```
options{
        listen-on port 53 {any;};
        listen-on-v6 port 53 {::1; };
        directory         "/var/named";
        dump-file         "/var/named/data/cache_dump.db";
        statistics-file "/var/named/data/named_stats.txt";
        memstatistics-file "/var/named/data/named_mem_stats.txt";
        allow-query       {any; };
        recursion yes;
        allow-transfer{192.168.1.2;}    //删除最后的分号";"
        dnssec-enable yes;
        dnssec-validation yes;
        dnssec-lookaside auto;
        /* Path to ISC DLV key */
        bindkeys-file "/etc/named.iscdlv.key";
        managed-keys-directory "/var/named/dynamic";
};
```

然后执行 named-checkconf /etc/named.conf 命令来检测,则显示如下:

```
[root@dns1 ~]# named-checkconf /etc/named.conf
/etc/named.conf:20: missing ';' before 'dnssec-enable'
[root@dns1 ~]#
```

说明第 20 行在 dnssec-enable 之前缺少分号(;)。

2. named-checkzone 工具

named-checkzone 工具用于检测区域文件的语法错误。如果执行后没有任何输出,则说明该区域配置文件没有语法错误;如果有错误,则提示错误,并报告错误。例如,要检测主 DNS 服务器的正向解析配置文件,可以执行 named-checkzone example.com /var/named/example.com.zone 命令,执行结果如下:

```
[root@dns1 ~]# named-checkzone example.com /var/named/example.com.zone
zone example.com/IN: loaded serial 0
OK
[root@dns1 ~]#
```

说明正向解析区域文件/var/named/example.com.zone 没有错误。如果把/var/named/example.com.zone 中的第 9 行最后的点号(.)删除,则出现如下的错误提示:

```
[root@dns1 ~]# named-checkzone example.com /var/named/example.com.zone
zone example.com/IN: NS 'dns2.example.com.example.com' has no address records (A or AAAA)
zone example.com/IN: not loaded due to errors.
```

根据错误提示 NS 'dns2.example.com.example.com' has no address records 可以找

到错误可能是在 dns2.example.com.example.com 处,经检查可以发现缺少了 QFDN 最后的点号(.),补上就可以了。

7.5.2 测试 DNS 服务器工具

nslookup 工具是 DNS 服务诊断的主要工具之一,nslookup 向 DNS 服务器发送域名查询请求,其主要功能是执行 DNS 服务查询、测试及显示详细信息。nslookup 命令有两种运行模式:非交互模式和交互模式,这里仅介绍常用的交互模式,非交互模式的使用请查阅相关文献。

交互模式命令的格式如下:

nslookup [- DNS 服务器地址]

例如,在交互模式下查询本项目中的主 DNS 服务器的中 example.com 域的相关信息,其操作如下:

```
[root@dns1 ~]# nslookup
> server 192.168.1.1  //设置 DNS 服务器的 IP 地址
Default server: 192.168.1.1
Address: 192.168.1.1#53
//正向查询,查询域名 web.example.com 所对应的 IP 地址
> web.example.com
Server:192.168.1.1
Address:192.168.1.1#53
web.example.comcanonical name = www.example.com.
Name:www.example.com
Address: 192.168.1.3
//正向查询,查询域名 ftp.example.com 所对应的 IP 地址
> ftp.example.com
Server:192.168.1.1
Address:192.168.1.1#53
Name:ftp.example.com
Address: 192.168.1.4
//正向查询,查询域名 mail.example.com 所对应的 IP 地址
> mail.example.com
Server:192.168.1.1
Address:192.168.1.1#53
Name:mail.example.com
Address: 192.168.1.5
//反向查询,查询 IP 地址 192.168.1.4 所对应的域名
>192.168.1.4
Server:192.168.1.1
Address:192.168.1.1#53
4.1.168.192.in-addr.arpaname = ftp.example.com.
//显示当前设置的所有值
> set all
Default server: 192.168.1.1
Address: 192.168.1.1#53
Set options:
   novc        nodebug        nod2
```

```
        sear    chrecurse
        timeout = 0    retry = 3    port = 53
        querytype = A              class = IN
        srchlist = example.com
//查询 example.com 域的 SOA 资源记录配置
> set type = SOA
> example.com
Server:         192.168.1.1
Address:192.168.1.1#53
example.com
        origin = dns1.example.com
        mail addr = admin.example.com
        serial = 0
        refresh = 86400
        retry = 3600
        expire = 604800
        minimum = 10800
//查询 example.com 域的 NS 资源记录配置
> set type = NS
> example.com
Server:192.168.1.1
Address:192.168.1.1#53
example.comnameserver = dns2.example.com.
example.comnameserver = dns1.example.com.
//退出 nslookup
> exit
```

7.5.3 使用 dig 工具测试 DNS 服务器

dig 是 UNIX/BSD 系统自带的 DNS 诊断工具，功能十分强大，在 RHEL 6.5 中也带有 dig 检测工具，其命令的格式如下：

dig [@dns 服务器] 域 [查询-类型] [查询-类] [+查询-选项] [-dig-选项] [%注释]

dig 是完全命令行工具，可以使用"dig -h"命令来查看所有的参数，如要查询本项目设置的 www.example.com 的详细信息，其操作如下：

```
[root@dns1 ~]# dig @192.168.1.1 www.example.com
; <<>> DiG 9.8.2rc1 - RedHat - 9.8.2 - 0.17.rc1.el6_4.6 <<>> @192.168.1.1 www.example.com
; (1 server found)
;;global options: + cmd
;;Got answer:
;; ->>HEADER<<- opcode: QUERY, status: NOERROR, id: 28205
;;flags: qr aa rd ra; QUERY: 1, ANSWER: 1, AUTHORITY: 2, ADDITIONAL: 2
;;QUESTION SECTION:
;www.example.com.             IN      A
;;ANSWER SECTION:
www.example.com.      86400    IN      A      192.168.1.3
;;AUTHORITY SECTION:
example.com.       86400    IN      NS     dns1.example.com.
```

```
example.com.          86400      IN      NS      dns2.example.com.
;;ADDITIONAL SECTION:
dns1.example.com.     86400      IN      A       192.168.1.1
dns2.example.com.     86400      IN      A       192.168.1.2
;;Query time: 1 msec
;;SERVER: 192.168.1.1#53(192.168.1.1)
;;WHEN: Mon Feb  9 00:24:37 2015
;;MSG SIZE   rcvd: 119
```

项 目 小 结

　　DNS 是为解决 IP 地址不方便记忆问题而引入的 Internet 服务，DNS 提供了域名与 IP 地址之间一种相互转换的机制，DNS 服务是现在 Internet 上核心的服务之一。DNS 采用层次化的分布式数据结构，将数据库分布在 Internet 上不同的 DNS 服务器上，每个 DNS 服务器仅负责整个域名数据库中的一部分信息。整个 DNS 主要由域名空间、域名服务器和域名解析器 3 部分组成。DNS 服务器分为主 DNS 服务器、辅助 DNS 服务器、缓存 DNS 服务器和转发 DNS 服务器。

　　Linux 操作系统中使用 BIND 软件来实现 DNS 服务的功能。本章首先介绍 DNS 的基本知识，包括域名空间、DNS 的类型、域名解析过程；其次介绍 BIND 的 DNS 服务软件包的安装过程、BIND 配置文件的内容，BIND 的配置文件分为全局配置文件 named.conf、主配置文件 name.zones 和区域配置文件；然后以一个实例介绍 BIND 的 DNS 服务器的配置方法，包括主 DNS 服务器的配置、辅助 DNS 服务器的配置、缓存 DNS 服务器的配置和转发 DNS 服务器的配置；最后介绍 BIND 检测工具检测配置文件和 Linux 操作系统自带的测试 DNS 操作工具，包括 nslookup 工具、dig 工具的使用。

项目 8　FTP 服务器的配置与管理

项目目标
- 理解 FTP 的基本知识及工作原理。
- 了解 FTP 配置文件。
- 掌握 FTP 服务器的配置方法。
- 掌握常见的 FTP 客户端的使用方法。

8.1　了解 FTP 服务相关知识

FTP 具有更强的文件传输可靠性和更高的效率。本项目将详细介绍 FTP 的基本知识、FTP 配置文件和常规 FTP 服务器的配置方法。

8.1.1　FTP 服务简介

1. FTP 简介

Internet 是一个非常复杂的网络环境，包含有 PC、工作站、MAC、大型机等，且这些机器可运行不同的操作系统，如 UNIX、DOS、Windows、macOS 和 Android 等。各种操作系统之间要实现文件传输并不是一件容易的事，需要建立一个统一的文件传输协议，这就是所谓的 FTP，其大大简化了文件传输的复杂性。

FTP 协议有着非常重要的地位，其任务就是将文件从一台计算机传送到另一台计算机中，与两台计算机所处的地理位置、Internet 连接方式及所使用的操作系统无关。FTP 是一个采用客户端/服务器架构的系统，用户通过客户端程序连接至运行在远程计算机上的服务器程序。依照 FTP 协议提供服务，进行文件传送的计算机就是 FTP 服务器，而连接 FTP 服务器，遵循 FTP 协议与服务器传送文件的计算机就是 FTP 客户端。一个完整的 FTP 文件传输需要在 FTP 客户端与远程的 FTP 服务器之间建立两条连接：一条是用于传输命令和参数的控制连接；另一条是用于实现文件传输的数据连接。在默认的情况下，FTP 服务器使用 20 号和 21 号端口，21 号端口用于打开控制连接，监听 FTP 客户端的连接请求；20 号端口用于打开数据连接，传输文件，如图 8-1 所示。

2. FTP 的传输方式

FTP 的传输有两种方式：ASCII 传输模式和二进制传输模式。

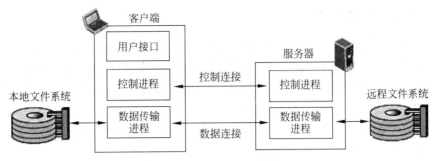

图 8-1　FTP 系统结构

（1）ASCII 传输模式。假定用户正在复制的文件包含简单 ASCII 码的文本，如果在远程机器上运行的不是 UNIX 操作系统，当文件传输时，FTP 通常会自动调整文件的内容，以便把文件解释成另外那台计算机存储文本文件的格式。在 ASCII 模式下传输二进制文件，即使不需要也仍会被转译。这会使传输变慢，也会损坏数据，使文件变得不能用。

（2）二进制传输模式。在二进制传输中，保存文件的位序，以便原始和复制的文件是逐位对应的，即使目的地机器上包含位序列的文件是没意义的。例如，macOS 以二进制模式传送可执行文件到 Windows 操作系统，在对方系统上，此文件不能执行。在大多数计算机上，ASCII 模式一般假设每字符的第一有效位无意义，因为 ASCII 字符组合不使用它。如果传输二进制文件，所有的位都是重要的。如果已知这两台机器的操作系统相同，则二进制方式对文本文件和数据文件都是有效的。

3．FTP 服务的工作模式

FTP 服务有两种工作模式：主动传输模式和被动传输模式。

（1）主动传输模式。在主动传输模式下，客户端随机开启一个大于 1024 的非特权端口连接到服务器的 21 号端口建立控制连接。当客户端提出目录列表或传输时，客户端向服务器发出 PORT 命令协商建立数据连接的客户端的端口，然后，FTP 服务器使用 20 号端口作为数据端口与客户端建立数据连接。在主动传输模式下，FTP 的数据连接和控制连接的方向相反，控制连接是客户端向服务器发起，数据连接是服务器向客户端发起。

在主动模式下，传输数据时，服务器要连接客户端的数据端口，如果客户端设有防火墙，服务器要连接客户端的数据端口时就有可能被防火墙拦截，所以主动模式传输一般用于没有防火墙的内部网络，如果存在防火墙，就要使用被动传输模式。

（2）被动传输模式。当客户端与服务器端的控制连接建立后，客户端提出目录列表或传输文件请求时，客户端发送 PASV 命令使服务器处于被动传输模式，FTP 服务器随机打开一个不是 20 号的高端端口，监听客户端的数据传输请求。在被动传输模式下，FTP 的数据连接和控制连接的方向是一致的，都是由客户端向服务器端发起。

所谓主动、被动传输模式，指的是服务器的工作角色。在主动模式下，服务器主动向客户端发出数据传输连接请求；在被动模式下，服务器被动接收客户端的数据传输请求。

8.1.2 FTP 工作原理

FTP 文件传输服务是 Internet 上重要的服务之一，它能够在不同的主机之间高效、可靠地传递文件。这里以主动传输模式介绍 FTP 服务的工作过程，如图 8-2 所示。

（1）客户端向 FTP 服务器 TCP 的 21 号端口发出连接请求，同时客户端动态地打开一个大于 1024 的端口 N，等待服务器的连接。

（2）若 FTP 服务器在端口 21 监听到连接请求，则会在客户的端口 N 和服务器的 21 号端口之间建立一个 FTP 会话控制连接。

（3）当需要传输数据时，FTP 客户端再动态地打开另一个大于 1024 的端口 M，与服务器的 20 号端口建立数据连接，并在两个端口之间进行数据传输。当数据传输完毕，这两个端口自动关闭。

（4）当 FTP 客户端完成数据传输后，与 FTP 服务器断开控制连接，客户端自动释放动态分配的端口 N。

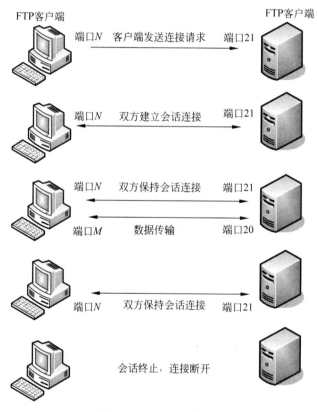

图 8-2 FTP 的工作过程

8.1.3 FTP 用户类型

客户端要连接 FTP 服务器时必须要有该 FTP 服务器授权的账号才能登录，以获得 FTP 服务器提供的服务。这个账号可以是本地用户账号，也可以是匿名用户账号。

1. 匿名用户

FTP 服务必须首先登录到服务器上才能进行文件的传输,这对于众多公开提供软件下载的服务器来讲是不可能的,于是便产生了匿名用户访问,通过使用一个共同的用户名 anonymous,密码一般使用用户的邮箱,就可以让任何用户方便地从这些服务器下载软件。

匿名文件传输能够让用户与远程 FTP 服务器建立连接,并以匿名身份从远程服务器上复制文件,而不用是该远程服务器的注册用户。匿名用户使用特殊的用户名 anonymous 或 ftp 登录 FTP 服务器。FTP 匿名用户一般只能下载文档,而不能上传文档。

2. 本地用户

本地用户是指在安装 vsftpd 服务器的 Linux 操作系统中实际拥有账户的用户,其用户名、密码等信息保存在 /etc/passwd 和 /etc/shadow 文件中。本地用户输入用户名和密码后可登录 vsftpd 服务器,并进入该用户的家目录。vsftpd 服务器默认允许本地用户访问,并进入其家目录。

3. 虚拟用户

虚拟用户是 FTP 服务器的专有用户,其用户名和密码都是由用户密码库指定的,一般采用 PAM 进行认证。虚拟用户只能访问 FTP 服务器所提供的资源,不能访问服务器主机的其他目录,可增强系统本身的安全性。虚拟用户登录后会进入所映射的系统用户的家目录。相对匿名用户,虚拟用户需要用户名和密码才能访问 FTP 服务器,增加了对用户和下载的可管理性。对于需要提供下载服务,但又不希望所有人都可以使用匿名进行下载,且又考虑到主机的安全和管理方便的 FTP 站点来说,虚拟用户是一种很好的解决方案。虚拟用户需要在 vsftpd 服务器中进行相应的配置才可以使用。

8.1.4 常用 FTP 软件简介

目前最常用的 FTP 服务软件有 vsftpd、wu-ftpd 和 proftpd 等。

1. vsftpd

vsftpd(very secure FTP daemon)是一个基于 GPL 发布的 FTP 服务器软件,它可以运行在诸如 Linux、BSD、Solaris、HP-UNIX 等系统上,是一个完全免费的、开源的 FTP 服务器软件,具有很多其他的 FTP 服务器所不支持的特征,如具有非常高的安全性需求、带宽限制和良好的可伸缩性,可创建虚拟用户,支持 IPv6,速率高等优点。

vsftpd 是一款在 Linux 操作系统发行版中最受推崇的 FTP 服务器软件,其小巧且安全易用。vsftpd 具有以下特点。

(1) 安全性、可靠性高,高速稳定。

(2) 支持虚拟 IP 配置,可以在提供一个 IP 地址的情况下,在域中建立多个 FTP 服务器。

(3) 支持配置并使用虚拟用户,从而与本地用户进行分离。

(4) 允许配置匿名服务器,支持匿名用户的上传和下载。

(5) 支持大量的突发连接,性能稳定。

(6) 不执行任何外部程序或脚本,减少安全隐患。

(7) 支持带宽的限制。

2. wu-ftpd

wu-ftpd(Wushington University FTP)是由华盛顿大学圣路易斯分校开发的开源免费 FTP 服务器软件。wu-ftpd 有很好的效率和稳定性,曾经是 Internet 上最流行的 FTP 软件。wu-ftpd 拥有许多强大的功能,适用于吞吐量较大的 FTP 服务器,但配置复杂,安全性不太好。其具有以下特点。

(1) 可以在用户下载文件的同时对文件做自动的压缩或解压缩操作。
(2) 可以对不同网络上的机器做不同的存取限制。
(3) 可以记录文件上传和下载时间。
(4) 可以显示传输时的相关信息,方便用户及时了解目前的传输动态。
(5) 可以设置最大连接数,提高了效率,有效地控制了负载。

3. proftpd

proftpd 是一个 UNIX 类平台上(如 Linux、FreeBSD 等)的 FTP 服务器程序,它是在自由软件基金会的版权声明(GPL)下开发和发布的免费软件,也就是说,任何人只要遵守 GPL 版权声明,都可以修改源代码。

proftpd 是针对 wu-ftpd 的不足而开发的,除了改进安全性,还具备许多 wu-ftpd 没有的特点,如能以 stand-alone、xinetd 模式运行等。proftpd 已经成为继 wu-ftpd 之后最流行的 FTP 服务器软件,越来越多的站点选用它构筑安全、高效的 FTP 站点。proftpd 配置方便,并有 MySQL 和 Quota 模块可供选择,利用它们的完美结合可以实现非系统账号的管理和用户磁盘的限制。其具有以下的特点。

(1) 含有一个单一的、与 Apache 的 httpd.conf 类似的配置文件。
(2) 易于配置,多个虚拟 FTP 服务器及匿名 FTP 服务。
(3) 采用模块化设计,允许服务器使用模块而便于扩展。
(4) 含有称为 gProFTPd 图形用户界面的 FTP 服务器程序。
(5) 可以单独运行,也可以从 inetd/xinetd 启动。
(6) 在单独运行方式下,以非特权用户运行,降低攻击风险。

本项目以 vsftpd 为例介绍 Linux 操作系统下 FTP 服务器的安装及配置方法。

8.2 安装 vsftpd、了解 vsftpd 配置文件

8.2.1 安装 vsftpd 软件

目前大多数的 Linux 操作系统发行版本自带 FTP 服务器,RHEL 6.5 中同样也自带了 FTP 服务器。在安装 Linux 操作系统时,若可以选择"FTP 服务器"选项,就表示系统已经安装了 vsftpd 服务器。如果不能选择 FTP 服务器,则需要安装 vsftpd 服务器,只要从安装文件中选择安装 vsftpd 服务器的 rpm 安装软件包即可。若希望 FTP 服务器在计算机启动时自动启动,可以使用 #ntsysv 命令,并选择 vsftpd 即可。vsftpd 服务器的安装过程如下。

1. 检查是否安装了 vsftpd

```
[root@ftp Packages]# rpm -qa|grep vsftpd
[root@ftp Packages]#
```

如果安装了 vsftpd,则显示各个安装文件的安装包;如果没有显示任何执行结果,则说明没有安装 vsftpd。

2. 安装 vsftpd 软件包

默认情况下,vsftpd 是没有安装的,可以使用下面的命令来安装。

[root@ftp ~]# *mount /dev/cdrom /mnt* //挂载光驱
mount: block device /dev/sr0 is write-protected, mounting read-only
[root@ftp ~]# *cd /mnt/Packages/* //进入安装包目录
[root@ftp Packages]# *rpm - ivh vsftpd-2.2.2-11.el6_4.1.x86_64.rpm* //安装 vsftpd
warning: vsftpd-2.2.2-11.el6_4.1.x86_64.rpm: Header V3 RSA/SHA256 Signature, key ID fd431d51: NOKEY
Preparing...   ### [100%]
   1:vsftpd   ### [100%]
[root@ftp Packages]# *rpm - qa|grep vsftpd* //检查安装结果
vsftpd-2.2.2-11.el6_4.1.x86_64

前面检查是否安装了 vsftpd 时没有显示结果,说明系统当时还没有安装 vsftpd,经过上面的操作后,再次检查时,系统显示 vsftpd-2.2.2-11.el6_4.1.x86_64,说明现在已经安装了 vsftpd-2.2.2-11.el6_4.1.x86_64.rpm 软件包。

8.2.2 启停和测试 vsftpd 服务

1. 启动和停止 vsftpd 服务

安装 vsftpd 服务器后,就可以启动 vsftpd 服务了。启动 vsftpd 服务的命令如下:

[root@ftp Packages]# *service vsftpd start*
为 vsftpd 启动 vsftpd: [确定]

在修改配置文件后,需要重新启动 vsftpd 服务才能使配置生效。重新启动 vsftpd 服务的操作如下:

[root@ftp Packages]# *service vsftpd restart*
关闭 vsftpd: [确定]
为 vsftpd 启动 vsftpd: [确定]

使用"service"命令启动的 vsftpd 服务重新启动系统后就会失效,若希望在每次开机时自动启动 vsftpd 服务,可以使用"ntsysv"或"chkconfig"命令进行设置,其操作如下。

(1) 在终端命令行中输入"ntsysv"命令,打开如图 8-3 所示的窗口。

使用上、下箭头键找到 vsftpd 选项,并按 Space 键选中,然后单击"确定"按钮。

(2) 使用 chkconfig 命令进行如下设置:

[root@ftp Packages]# *chkconfig vsftpd on*
[root@ftp Packages]#

2. 查看 vsftpd 服务端口的使用情况

[root@ftp Packages]# *netstat - nutap|grep ftp*
tcp   0   0 0.0.0.0:21   0.0.0.0:*   LISTEN   3368/vsftpd
[root@ftp Packages]#

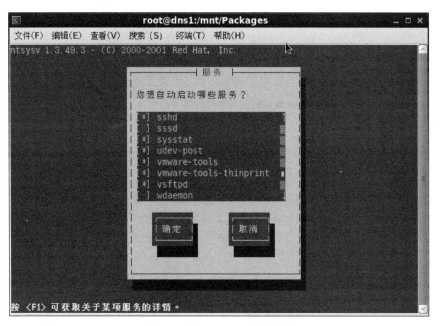

图 8-3 设置 vsftpd 自动启动

3. 测试 vsftpd 服务

在安装完 vsftpd 服务并启动服务后,其默认的配置就已经可以正常使用了,默认情况下可以接受匿名用户进行访问。我们可以对 FTP 服务进行如下测试。

(1) 在服务器端开启防火墙的 FTP 端口,输入 setup 命令,在弹出的对话框中选择"防火墙设置"选项。在弹出的对话框中按 Tab 键来选择"定制"选项,然后在弹出的对话框中按向下箭头选择 FTP 选项,按 Space 键使 FTP 前出现 * 来选中它。最后按 Tab 键选择"关闭"选项,在返回的对话框中依次单击"确定""是""退出"按钮完成防火墙的设置。

(2) 默认情况下没有安装 FTP 客户端,没有 ftp 命令可使用。在 RHEL 6.5 中安装 FTP 客户端软件包,其操作如下:

```
[root@ftp Packages]# rpm -ivh ftp-0.17-54.el6.x86_64.rpm
warning: ftp - 0. 17 - 54. el6. x86 _ 64. rpm: Header V3 RSA/SHA256 Signature, key ID fd431d51: NOKEY
Preparing...            ############################### [100%]
   1:ftp                ############################### [100%]
[root@ftp Packages]#
```

(3) 在 Linux 终端下使用 ftp 命令登录 vsftpd 服务器,检测 FTP 服务器是否正常工作,其操作如下(加粗部分为用户输入信息):

```
[root@ftp Packages]#ftp 192.168.1.3
Connected to 192.168.1.3 (192.168.1.3).
220 (vsFTPd 2.2.2)
Name (192.168.1.3:root):anonymous
331 Please specify the password.
Password:
230 Login successful.
```

```
Remote system type is UNIX.
Using binary mode to transfer files.
ftp> ls
227 Entering Passive Mode (192,168,1,3,50,17).
150 Here comes the directory listing.
drwxr-xr-x    2 0          0              4096 Feb 12   2013 pub
226 Directory send OK.
ftp> mkdir stud
550 Permission denied.      //权限被拒绝,表明匿名用户没有写入权限
ftp>?                       //查看FTP客户端命令
Commands may be abbreviated.    Commands are:
!           debug       mdir        sendport    site
$           dir         mget        put         size
account     disconnect  mkdir       pwd         status
append      exit        mls         quit        struct
ascii       form        mode        quote       system
bell        get         modtime     recv        sunique
binary      glob        mput        reget       tenex
bye         hash        newer       rstatus     tick
case        help        nmap        rhelp       trace
cd          idle        nlist       rename      type
cdup        image       ntrans      reset       user
chmod       lcd         open        restart     umask
close       ls          prompt      rmdir       verbose
cr          macdef      passive     runique     ?
delete      mdelete     proxy       send
ftp> bye
221 Goodbye.
[root@ftp Packages]#
```

8.2.3 认识 FTP 配置文件

在配置 FTP 之前,我们先来认识一下 vsftpd 的配置文件。与 vsftpd 相关的配置文件有主配置文件/etc/vsftpd/vsftpd.conf、用户控制文件/etc/vsftpd/ftpusers 和用户列表文件/etc/vsftpd/user_list 等。

1. 主配置文件/etc/vsftpd/vsftpd.conf

vsftpd 提供了 FTP 服务器所应该具有的所有功能。配置 FTP 服务器主要通过修改此文件来完成。vsftp.conf 文件的内容如下:

```
[root@ftp Packages]# cat /etc/vsftpd/vsftpd.conf
# Example config file /etc/vsftpd/vsftpd.conf
# The default compiled in settings are fairly paranoid. This sample file
# loosens things up a bit, to make the ftp daemon more usable.
# Please see vsftpd.conf.5 for all compiled in defaults.
# READ THIS: This example file is NOT an exhaustive list of vsftpd options.
# Please read the vsftpd.conf.5 manual page to get a full idea of vsftpd's
# capabilities.
# Allow anonymous FTP? (Beware - allowed by default if you comment this out).
anonymous_enable=YES
```

```
# Uncomment this to allow local users to log in.
local_enable = YES
# Uncomment this to enable any form of FTP write command.
write_enable = YES
# Default umask for local users is 077. You may wish to change this to 022,
# if your users expect that (022 is used by most other ftpd's)
local_umask = 022
# Uncomment this to allow the anonymous FTP user to upload files. This only
# has an effect if the above global write enable is activated. Also, you will
# obviously need to create a directory writable by the FTP user.
#anon_upload_enable = YES
# Uncomment this if you want the anonymous FTP user to be able to create
# new directories.
#anon_mkdir_write_enable = YES
# Activate directory messages - messages given to remote users when they
# go into a certain directory.
dirmessage_enable = YES
# The target log file can be vsftpd_log_file or xferlog_file.
# This depends on setting xferlog_std_format parameter
xferlog_enable = YES
# Make sure PORT transfer connections originate from port 20 (ftp-data).
connect_from_port_20 = YES
# If you want, you can arrange for uploaded anonymous files to be owned by
# a different user. Note! Using "root" for uploaded files is not
# recommended!
#chown_uploads = YES
#chown_username = whoever
# The name of log file when xferlog_enable = YES and xferlog_std_format = YES
# WARNING - changing this filename affects /etc/logrotate.d/vsftpd.log
#xferlog_file = /var/log/xferlog
# Switches between logging into vsftpd_log_file and xferlog_file files.
# NO writes to vsftpd_log_file, YES to xferlog_file
xferlog_std_format = YES
# You may change the default value for timing out an idle session.
#idle_session_timeout = 600
# You may change the default value for timing out a data connection.
#data_connection_timeout = 120
# It is recommended that you define on your system a unique user which the
# ftp server can use as a totally isolated and unprivileged user.
#nopriv_user = ftpsecure
# Enable this and the server will recognise asynchronous ABOR requests. Not
# recommended for security (the code is non-trivial). Not enabling it,
# however, may confuse older FTP clients.
#async_abor_enable = YES
# By default the server will pretend to allow ASCII mode but in fact ignore
# the request. Turn on the below options to have the server actually do ASCII
# mangling on files when in ASCII mode.
# Beware that on some FTP servers, ASCII support allows a denial of service
# attack (DoS) via the command "SIZE /big/file" in ASCII mode. vsftpd
# predicted this attack and has always been safe, reporting the size of the
# raw file.
```

```
# ASCII mangling is a horrible feature of the protocol.
#ascii_upload_enable = YES
#ascii_download_enable = YES
# You may fully customise the login banner string:
#ftpd_banner = Welcome to blah FTP service.
# You may specify a file of disallowed anonymous e-mail addresses. Apparently
# useful for combatting certain DoS attacks.
# deny_email_enable = YES
# (default follows)
#banned_email_file = /etc/vsftpd/banned_emails
# You may specify an explicit list of local users to chroot() to their home
# directory. If chroot_local_user is YES, then this list becomes a list of
# users to NOT chroot().
#chroot_local_user = YES
#chroot_list_enable = YES
# (default follows)
#chroot_list_file = /etc/vsftpd/chroot_list
# You may activate the "-R" option to the builtin ls. This is disabled by
# default to avoid remote users being able to cause excessive I/O on large
# sites. However, some broken FTP clients such as "ncftp" and "mirror" assume
# the presence of the "-R" option, so there is a strong case for enabling it.
#ls_recurse_enable = YES
# When "listen" directive is enabled, vsftpd runs in standalone mode and
# listens on IPv4 sockets. This directive cannot be used in conjunction
# with the listen_ipv6 directive.
listen = YES
# This directive enables listening on IPv6 sockets. To listen on IPv4 and IPv6
# sockets, you must run two copies of vsftpd with two configuration files.
# Make sure, that one of the listen options is commented!!
#listen_ipv6 = YES
pam_service_name = vsftpd
userlist_enable = YES
tcp_wrappers = YES
```

主配置文件 vsftpd.conf 中以"#"开头的是注释行或是被关掉的某项功能的配置行,有效配置行的一般格式为"配置项=参数值",且这个格式中不存在任何空格。vsftpd.conf 可以设置用户登录控制、用户的权限控制、超时设置和服务器功能设置等配置。主配置文件 vsftpd.conf 中的配置语句及其功能如表 8-1 所示。

表 8-1 vsftpd.conf 文件中的配置语句及其功能

类 别	配置语句及默认取值	功 能 说 明
全局配置选项	write_enable=YES	设置登录用户是否具有写权限
	listen=YES	是否使用独立运行的方式监听服务
	connect_from_port_20=YES	是否允许从 20 端口请求建立连接
	listen_port=21	设置建立控制连接监听的端口,默认为 21 号端口
	max_client=0	设置允许的最大并发连接数,默认为 0,表示无限制
	max_per_ip=0	每个 IP 地址允许的最大并发连接数,默认为 0,表示无限制
	pasv_enable=YES	设置是否使用被动模式,默认为 YES

续表

类别	配置语句及默认取值	功能说明
全局配置选项	pasv_max_port=0	设置 pasv 模式下,数据连接可以使用的端口上界,默认值为 0,表示任意端口
	pasv_min_port=0	设置 pasv 模式下,数据连接可以使用的端口下界,默认值为 0,表示任意端口
	pasv_address=IP	设置服务器在 pasv 模式时使用的 IP 地址,默认未设置
	port_enable=YES	设置是否使用主动传输模式,默认为 YES
	userlist_enable=YES	设置/etc/vsftpd/user_list 文件是否生效,默认为 YES
	userlist_deny=YES	设置/etc/vsftpd/user_list 文件中的用户是否允许访问 FTP 服务器,当为 YES 时,user_list 中的用户不许访问;当为 NO 时可以访问,默认为 YES
	ascii_upload_enable=NO	设置是否使用 ASCII 码方式上传文件,默认为 NO
	ascii_download_enable=NO	设置是否使用 ASCII 码方式下载文件,默认为 NO
	data_connection_timeout=300	设置数据传输中被阻塞的最长时间,默认为 300s
	idle_session_timeout=300	设置客户端空闲的最长时间,默认为 300s
	connect_timeout=60	设置客户端尝试连接 FTP 服务器的超时时间,默认为 60s
	xferlog_enable=NO	设置是否启用日志文件,默认为 NO
	xferlog_std_format=YES	设置是否启用标准的 xferlog 格式保存日志
	xferlog_file=/var/log/xferlog	设置是否启用日志文件
	dual_log_enable=NO	设置是否启用两个相似的日志文件,默认为 NO
	syslog_enable=NO	设置是否把日志输出到系统日志中,默认为 NO
	log_ftp_protocol=YES	设置是否记录所有 ftp 命令日志,默认为 YES
匿名用户配置选项	anonymous_enable=YES	设置是否允许匿名用户登录 FTP 服务器,默认为 YES
	anon_upload_enable=NO	设置匿名用户是否允许上传文件,默认为 NO
	anon_mkdir_write_enable=NO	设置是否允许匿名用户有创建目录和写入的权限
	ftp_username=ftp	设置匿名用户的名称,默认为 ftp,文件中默认无此设置项,设置时需要用户补充
	no_anon_password=NO	设置是否允许匿名用户不用输入密码,默认为 NO
	anon_root=/var/ftp	设置匿名用户的根目录,默认为/var/ftp
	anon_world_readable_only=YES	设置匿名用户是否被允许下载可阅读的档案,默认为 YES
	anon_max_rate=0	匿名用户的最大传输速率,单位为 b/s,默认为 0,表示不限制
	anon_umask=022	设置匿名用户上传文件的权限掩码,默认为 022
本地用户配置选项	local_enable=NO	设置本地用户是否允许登录 FTP 服务器,默认为 NO
	local_root	设置本地用户登录后的目录,默认未设置,用户主目录
	local_mask=022	设置本地用户上传文件的权限掩码,默认为 022
	local_max_rate=0	设置本地用户的最大传输速率,单位为 b/s,默认为 0,表示不限制
	chmod_enable=YES	设置禁止用户通过 FTP 修改文件或文件夹的权限
	chroot_local_user=NO	设置是否锁定本地用户在其家目录中,默认为 NO

续表

类别	配置语句及默认取值	功能说明
本地用户配置选项	chroot_list_enable=NO	设置是否所有在 chroot_list_file 中的用户不能更改根目录
	chroot_list_file=/etc/vsftpd/chroot_list	文件 chroot_list_file 需要手动建立,当 chroot_list_enable 为 YES 时,列表中的用户登录后被锁定在家目录中
	passwd_chroot_enable=NO	如果和 chroot_local_user 一起开启,那么用户锁定的目录来自/etc/passwd 中每个用户指定的目录
	hide_ids=NO	设置是否隐藏文件的所有者和组信息,YES 表示当用户使用"ls -al"之类的指令时,在目录列表中所有文件的拥有者和组信息都显示为 ftp,默认为 NO

2. /etc/vsftpd/ftpusers 配置文件

此文件用于指定不能访问 vsftpd 服务器的用户列表,通常是 Linux 操作系统的超级用户和系统用户,文件的默认内容如下。

```
[root@ftp ~]# cat /etc/vsftpd/ftpusers
# Users that are not allowed to login via ftp
root
bin
daemon
adm
lp
sync
shutdown
halt
mail
news
uucp
operator
games
nobody
[root@ftp ~]#
```

3. /etc/vsftpd/user_list 配置文件

这个文件中包括的用户有可能是被拒绝访问或是允许访问 vsftpd 服务器的,这取决于主配置文件 vsftpd.conf 中的 userlist_deny 参数是设置为 YES 还是 NO,默认是 YES,表示 user_list 中的用户不许访问 vsftpd 服务器,当为 NO 时可以访问服务器。

4. /etc/pam.d/vsftpd 配置文件

该配置文件是 vsftpd 的可插拔认证模块(pluggable authentication modules,PAM)配置文件,PAM 机制用来加强 vsftpd 服务器的用户认证。该文件的内容如下:

```
[root@ftp pam.d]# cat vsftpd
#%PAM-1.0
session    optional     pam_keyinit.so    force revoke
auth       requiredpam_listfile.so item=user sense=deny file=/etc/vsftpd/ftpusers
```

```
onerr = succeed
auth        required    pam_shells.so
auth        include     password-auth
account     include     password-auth
session     required    pam_loginuid.so
session     include     password-auth
[root@ftp pam.d]#
```

8.3 配置 vsftpd 服务器

上面介绍了 vsftpd 服务器的安装和配置文件,下面详细介绍常见的 vsftpd 服务器的配置方法。

8.3.1 vsftpd 常规设置项

在常规设置中通常对全局参数进行设置,下面介绍常见全局配置参数的应用。

1. 配置监听地址和端口

FTP 服务默认监听 21 号端口来监听服务请求,有时候内部服务器不想采用众所周知的端口,可以使用 listen_address 和 listen_port 命令来修改服务器的监听地址和监听端口。

1) listen_address

设置监听客户端 FTP 请求的 IP 地址,当 vsftpd 服务器有多个 IP 地址时,此参数让 vsftpd 服务器只接收特定的 IP 地址所监听到的请求。若不设置,则对服务器所绑定的所有 IP 地址进行监听。

2) listen_port

设置建立 FTP 控制连接时监听的端口,如果不想使用默认的 21 号端口来监听,可以设置一个大于 1024 的其他非特权端口,仅让内部人员知道而加强安全性。

3) connect_from_port_20

设置以 port 模式进行数据传输时是否使用 20 号端口请求建立数据连接,YES 表示使用,NO 表示不使用。

2. 配置连接

1) connect_timeout

设置客户端尝试连接 vsftpd 服务器的超时时间,单位为秒(s),默认为 60s。

2) data_connection_timeout

定义数据传输过程中被阻塞的最长时间,一旦超出设定的时间,就关闭客户端的连接,单位为秒(s),默认为 300s。

3) idle_session_timeout

定义客户端最长的空闲时间,默认为 300s。超过设置的时间后,将关闭与客户端的连接,以防客户端在没有传输数据时还连接在服务器上,占用宝贵的系统资源。

4) max_clients

设置 vsftpd 服务器同一时刻所允许的来自不同客户端的最大连接总数,默认为 0,表示不限制最大的连接数。

5) max_per_ip

设置 vsftpd 服务器所允许的每个 IP 地址的最大连接数,默认为 0,表示不限制每个 IP 地址的最大连接数。

3. 设置 FTP 的模式

1) port_enable

设置是否使用主动传输模式,取值为 YES 或 NO,默认为 YES。

2) pasv_enable

设置是否允许使用 pasv 被动传输模式,取值为 YES 或 NO,默认为 YES。

3) pasv_address

设置 vsftpd 服务器使用 pasv 模式时使用的 IP 地址,本项默认未设置,需要手动添加来设置。

4) pasv_min_port

设置 pasv 模式可以使用的最小端口,默认值为 0,表示不限制,一般使用大于 1024 且小于 65 535 的非特权端口。

5) pasv_promiscuous

设置是否屏蔽对 pasv 进行安全检查,如果想关闭被动模式安全检查(这个安全检查能确保数据连接源于同一个 IP 地址),则设置为 YES。在一些安全隧道配置环境下,或者为了更好地支持义件交换协议(file exchange protocol,FXP),默认为 NO。

6) ascii_download_enable

设置是否可用 ASCII 模式下载文件,默认为 NO。

7) ascii_upload_enable

设置是否可用 ASCII 模式上传文件,默认为 NO。

4. 设置日志

1) xferlog_enable

设置 vsftpd 服务器是否在用户上传/下载文件时记录日志,设置为 YES 时会维护一个日志文件,详细记录客户端的上传和下载操作,默认为 NO。

2) xferlog_std_format

设置是否启用标准的 xferlog 格式保存日志,设置为 YES 时,日志文件将以标准 xferlog 的格式书写。

3) daul_log_enable

设置是否启用两个相似的日志文件,默认为 NO。如果启用,则两个日志文件会自动生成,默认的是/var/log/xferlog 和/var/log/vsftpd.log。

4) syslog_enable

设置是否把日志输出到系统日志中,默认为 NO。如果启用,则会将原本输出到/var/log/vsftpd.log 中的日志输出到系统日志中。

5) log_ftp_protocol

设置是否记录所有 FTP 命令信息,如果启用,则所有 FTP 请求和响应都被记录到日志中。启用该选项时,xferlog_std_format 不能被激活。这个选项有助于调试,默认为 NO。

8.3.2 vsftpd 匿名用户配置

某公司搭建一台 FTP 服务器，允许所有员工匿名登录服务器上传和下载文件，更改日志文件的存放路径为/var/ftp/pub，具体配置如下。

（1）修改主配置文件 vsftpd.conf，允许匿名用户访问 FTP，并允许匿名上传文件、创建目录，限制带宽为 512kb/s，修改日志文件的存放路径为/var/ftp/pub。

```
[root@ftp pam.d]# vi /etc/vsftpd/vsftpd.conf
//按下面的内容，查找到相应的配置项修改为以下内容，其他行保持不变
anonymous_enable = YES
write_enable = YES
anon_upload_enable = YES
anon_mkdir_write_enable = YES
anon_other_write_enable = NO
anon_umask = 022
xferlog_file = /var/ftp/pub/xferlog
xferlog_std_format = YES
anon_max_rate = 512000
//按:wq 保存退出
```

（2）创建上传目录，在/var/ftp/目录下创建上传目录 upload，并且修改该目录的权限，确保匿名用户有权写入。

```
[root@ftp pam.d]# mkdir   /var/ftp/upload
[root@ftp pam.d]# chown   ftp   /var/ftp/upload
```

（3）若开启 SELinux，修改 SELinux 的布尔值，使匿名用户有上传写入权限，若没有开启 SELinux，则省略此步。

```
[root@ftp ~]# getsebool -a | grep ftp //查询与 FTP 有关的所有 SELinux 的布尔值
allow_ftpd_anon_write --> off
allow_ftpd_full_access --> off
allow_ftpd_use_cifs --> off
allow_ftpd_use_nfs --> off
ftp_home_dir --> off
ftpd_connect_db --> off
ftpd_use_fusefs --> off
ftpd_use_passive_mode --> off
httpd_enable_ftp_server --> off
tftp_anon_write --> off
tftp_use_cifs --> off
tftp_use_nfs --> off
[root@ftp ~]# setsebool -P allow_ftpd_anon_write on
[root@ftp ~]# setsebool -P ftp_home_dir on
[root@ftp ~]# chcon -R -t public_content_rw_t   /var/ftp/pub
[root@ftp ~]# chcon -R -t public_content_rw_t   /var/ftp/upload
```

（4）重启 FTP 服务器。

```
[root@ftp pam.d]# service   vsftpd   restart
```

(5) 匿名登录 FTP 服务器,下面黑体部分为用户输入。

[root@ftp ~]#*ftp 192.168.1.3*
Connected to 192.168.1.3 (192.168.1.3).
220 (vsFTPd 2.2.2)
Name (192.168.1.3:root): *ftp*   //匿名用户账号为 ftp 或 anonymous
331 Please specify the password.
Password: //密码为空
230 Login successful.
Remote system type is UNIX.
Using binary mode to transfer files.
ftp> *ls*   //查看/var/ftp 目录内容
227 Entering Passive Mode (192,168,1,3,233,211).
150 Here comes the directory listing.
drwxr-xrwx   2 0   0   4096 Feb 10 14:13 pub
drwxr-xrwx   2 0   0   4096 Feb 11 16:54 upload
226 Directory send OK.
ftp> *cd upload*   //进入 upload 目录
250 Directory successfully changed.
ftp> *!pwd*   //执行 shell 命令,查看当前路径
/root
ftp> *!dir*   //执行 shell 命令,查看当前目录的内容
anaconda-ks.cfg install.log.syslog 模板   图片   下载   桌面
install.log 公共的   视频   文档   音乐
ftp> *put install.log*   //将本地的 install.log 文件上传到 FTP 服务器
local: install.log remote: install.log
227 Entering Passive Mode (192,168,1,3,211,105).
150 Ok to send data.
226 Transfer complete.
49666 bytes sent in 0.000467 secs (106351.18 Kbytes/sec)   //上传成功
ftp> *dir*
227 Entering Passive Mode (192,168,1,3,144,99).
150 Here comes the directory listing.
-rw-r--r--   1 14   50   49666 Feb 11 17:10 install.log   //看到了上传的文件
226 Directory send OK.
ftp> *mkdir mydir*   //创建目录 mydir
257 "/upload/mydir" created
ftp> *ls*   //查看 upload 目录的内容
227 Entering Passive Mode (192,168,1,3,94,146).
150 Here comes the directory listing.
-rw-r--r--   1 14   50   49666 Feb 11 17:10 install.log
drwxr-xr-x   2 14   50   4096 Feb 11 17:10 mydir //看到创建的目录,创建成功
226 Directory send OK.
ftp> *exit*   //退出 ftp
221 Goodbye.

8.3.3 vsftpd 本地用户配置

公司已经配置 vsftpd 服务器允许匿名用户登录 FTP 服务器供上传和下载,为了方便管理和加强安全性,还要配置本地用户的参数。例如,有账号 user1、user2 和 user3,要求

user1 和 user2 能够登录服务器，但不能登录本地系统，并要求锁定用户 user1、user2 的家目录，禁止用户 user3 登录。其操作如下。

(1) 建立本地用户 use1、user2 和 user3，并设置密码，要求 use1、use2 不能本地登录。

[[root@ftp network-scripts]# *useradd -s /sbin/nologin user1*
[root@ftp network-scripts]# *useradd -s /sbin/nologin user2*
[root@ftp network-scripts]# *useradd user3*
[root@ftp network-scripts]# *passwd user1*
更改用户 user1 的密码。
新的 密码：
重新输入新的 密码：
passwd：所有的身份验证令牌已经成功更新．
[root@ftp network-scripts]# *passwd user2*
更改用户 user2 的密码。
新的 密码：
重新输入新的 密码：
passwd：所有的身份验证令牌已经成功更新。
[root@ftp network-scripts]# *passwd user3*
更改用户 user3 的密码。
新的 密码：
重新输入新的 密码：
passwd：所有的身份验证令牌已经成功更新。

(2) 配置 vsftpd.conf 主配置文件，并做如下修改。

[root@ftp pam.d]# *vi /etc/vsftpd/vsftpd.conf*
//按下面的内容，查找到相应的配置项修改为以下内容，其他行保持不变
local_enable = YES
write_enable = YES
local_umask = 022
chroot_local_user = YES
chroot_list_enable = YES
chroot_list_file = /etc/vsftpd/chroot_list
userlist_enable = YES
anon_max_rate = 512000
//按:wq 保存退出

(3) 创建/etc/vsftpd/chroot_list 文件，并在其中添加本地用户 user1 和 user2。

[root@ftp network-scripts]# *touch /etc/vsftpd/chroot_list*
[root@ftp network-scripts]# *vi /etc/vsftpd/chroot_list*
//输入如下内容
user1
user2
//按:wq 保存退出

(4) 修改 SELinux 的布尔值，允许本地用户登录。

[root@ftp network-scripts]# *getsebool -a | grep ftp*
allow_ftpd_anon_write --> on
allow_ftpd_full_access --> off
allow_ftpd_use_cifs --> off

```
allow_ftpd_use_nfs --> off
ftp_home_dir --> on
ftpd_connect_db --> off
ftpd_use_fusefs --> off
ftpd_use_passive_mode --> off
httpd_enable_ftp_server --> off
tftp_anon_write --> off
tftp_use_cifs --> off
tftp_use_nfs --> off
[root@ftp network-scripts]# setsebool -P ftp_home_dir on
```

(5) 重启 vsftpd 服务使配置生效。

```
[root@ftp network-scripts]# service vsftpd restart
关闭 vsftpd：                                              [确定]
为 vsftpd 启动 vsftpd：                                    [确定]
```

(6) 测试 FTP 服务器。

```
[root@ftp vsftpd]# ftp 192.168.1.3          //登录 FTP 服务器
Connected to 192.168.1.3 (192.168.1.3).
220 (vsFTPd 2.2.2)
Name (192.168.1.3:root): user1              // 以 user1 用户登录
331 Please specify the password.
Password:                                   //输入密码,注意密码不显示,只要不输错即可
230 Login successful.
Remote system type is UNIX.
Using binary mode to transfer files.
ftp> pwd                                    //显示当前路径
257 "/"
ftp> ls                                     //显示当前目录内容,下面仅有一个文件 user1file
227 Entering Passive Mode (192,168,1,3,105,129).
150 Here comes the directory listing.
-rw-r--r--    1 0       0             0 Feb 12 04:06 user1file
226 Directory send OK.
ftp> cd ..                                  //改变到上级目录
250 Directory successfully changed.
ftp> pwd                                    //再次显示当前路径还是"/",说明不能进入上级目录
257 "/"
ftp> ls                                     //再次显示当前目录内容,下面仅有一个文件 user1file
227 Entering Passive Mode (192,168,1,3,133,106).
150 Here comes the directory listing.
-rw-r--r--    1 0       0             0 Feb 12 04:06 user1file
226 Directory send OK.
ftp>
```

但是,如果以 user3 用户登录 FTP 服务器,同样要切换到上一级目录,具体如下:

```
//以下粗体的部分为用户输入的内容
[root@ftp vsftpd]# ftp 192.168.1.3          //登录 FTP 服务器
Connected to 192.168.1.3 (192.168.1.3).
220 (vsFTPd 2.2.2)
```

```
Name (192.168.1.3:root):user3        //输入 user3,以 user3 用户登录
331 Please specify the password.
Password:                             //输入密码,注意密码不显示,只要不输错即可
230 Login successful.
Remote system type is UNIX.
Using binary mode to transfer files.
ftp> pwd                              //显示当前路径,为 user3 家目录
257 "/home/user3"                     //当前目录为 user3 家目录
ftp> cd ..                            //改变到上级目录
250 Directory successfully changed.
ftp> pwd                              //再次显示当前路径
257 "/home"                           //当前目录为/home 目录
ftp> ls                               //显示当前/home 目录内容
227 Entering Passive Mode (192,168,1,3,254,124).
150 Here comes the directory listing.
drwx------    4 501      501          4096 Feb 12 04:07 user1
drwx------    4 502      502          4096 Feb 12 04:07 user2
drwx------    4 503      503          4096 Feb 12 02:46 user3
226 Directory send OK.
ftp>
```

说明当前还没有禁止 user3 用户改变到上级目录,user3 可以改变到上级目录/home。而 chroot_list_enable 属性已经改为 YES,user1 和 user2 已经加入/etc/vsftpd/chroot_list 文件中从而被锁定在用户家目录,不能改变到上级目录。

如果要禁止 user3 用户登录 FTP 服务器,只需把 user3 加入/etc/vsftpd/ftpusers 文件中即可,其操作如下:

```
[root@ftp vsftpd]# vi /etc/vsftpd/ftpusers
//在 ftpusers 文件中末尾加入 user3 并保存退出
[root@ftp vsftpd]# service vsftpd restart    //重启 vsftpd 服务
关闭 vsftpd:                                                [确定]
为 vsftpd 启动 vsftpd:                                      [确定]
[root@ftp vsftpd]# ftp 192.168.1.3            //登录 FTP 服务器
Connected to 192.168.1.3 (192.168.1.3).
220 (vsFTPd 2.2.2)
Name (192.168.1.3:root):user3                 //输入 user3 登录
331 Please specify the password.
Password:                                     //输入密码,注意密码不显示,只要不输错即可
530 Login incorrect.                          //登录失败,因为 user3 已经被禁止登录
Login failed.
ftp> exit
[root@ftp vsftpd]#
```

8.3.4 vsftpd 虚拟用户配置

基于安全方面的考虑,vsftpd 除了支持匿名用户和本地用户,还支持虚拟用户,vsftpd 支持多种虚拟用户来源。下面介绍通过本地数据文件来实现虚拟用户的访问,具体操作如下。

(1) 安装 db_load 转换工具软件包 db4-utils,用于将文件转换为数据库文件生成数据

库,命令如下:

```
[root@ftp vsftpd]# mount /dev/cdrom /mnt
mount: block device /dev/sr0 is write-protected, mounting read-only
[root@ftp vsftpd]# rpm -ivh /mnt/Packages/db4-utils-4.7.25-18.el6_4.x86_64.rpm
warning: /mnt/Packages/db4-utils-4.7.25-18.el6_4.x86_64.rpm: Header V3 RSA/SHA256 Signature, key ID fd431d51: NOKEY
Preparing...                ########################################### [100%]
package db4-utils-4.7.25-18.el6_4.x86_64 is already installed
[root@ftp vsftpd]#
```

(2) 建立虚拟用户的用户名和密码信息的(2)文件 vftpuser.txt。注意格式,第一行为用户名,第二行为密码。

```
[root@ftp vsftpd]# vi /etc/vsftpd/vftpuser.txt
vftp
123456
vadmin
654321
//保存退出
```

(3) 生成虚拟用户数据库,由于 vftpuser.txt 文件无法被系统直接调用,需要使用 db_load 工具将其转换为 DB 格式的数据库文件后才可以被调用。

```
[root@ftp vsftpd]# db_load -T -t hash -f vftpuser.txt vftpuser.db
```

其中,-T 选项表示允许非 Berkeley DB 的应用程序使用从文本格式转换的 DB 数据文件;-t hash 选项表示读取数据文件的基本方法;-f 选项表示用于转换的文本文件。

(4) 基于安全考虑,修改生成的数据文件的访问权限为 600,即只对 root 用户可读写,保护虚拟用户的密码信息,防止被非法盗取。

```
[root@ftp vsftpd]# chmod 600 /etc/vsftpd/vftpuser.db
```

(5) 创建虚拟用户对应的本地用户,并指定其家目录为/var/ftp/vuserdir,同时修改本地映射用户的家目录权限。vsftpd 虚拟用户需要映射到一个对应的系统用户,该系统用户的家目录就是虚拟用户登录后的 FTP 根目录。

```
[root@ftp ftp]# useradd -d /var/ftp/vuserdir -s /sbind/nologin ftpuser
[root@ftp ftp]# useradd -d /var/ftp/vadmindir -s /sbind/nologin ftpadmin
[root@ftp ftp]# chmod 500 /var/ftp/vuserdir
[root@ftp ftp]# chmod 700 /var/ftp/vadmindir
[root@ftp ftp]# chcon -t public_content_rw_t /var/ftp/vuserdir
[root@ftp ftp]# chcon -t public_content_rw_t /var/ftp/vadmindir
```

(6) 修改 PAM 认证文件/etc/pam.d/vsftpd,建立支持虚拟用户登录时进行验证的 PAM 认证文件。

```
[root@ftp vsftpd]# vi /etc/pam.d/vuser
auth     required    pam_userdb.so    db=/etc/vsftpd/vftpuser
account  required    pam_userdb.so    db=/etc/vsftpd/vftpuser
```

（7）修改/etc/vsftpd/vsftpd.conf 主配置文件，添加对虚拟用户的支持。

[root@ftp ftp]# *vi /etc/vsftpd/vsftpd.conf*
//修改内容如下：
local_enable = YES
chroot_local_user = YES
guest_enable = YES   //开启虚拟用户映射功能，允许虚拟用户登录，需要手工添加
pam_service_name = vuser   //设置对虚拟用户进行 PAM 认证的文件，即创建的 vuser
user_config_dir = /etc/vsftpd/vconfig   //设置虚拟用户配置文件的位置，需要手工添加

（8）针对不同虚拟用户的权限要求，配置各自的专用配置文件。

[root@ftp ftp]# *vi /etc/vsftpd/vconfig/vftp*
guest_username = ftpuser
local_root = /var/ftp/vuserdir
anon_world_readable_only = NO
anon_max_rate = 51000
[root@ftp ftp]# vi /etc/vsftpd/vconfig/vadmin
guest_username = ftpadmin
local_root = /var/ftp/vadmindir
anon_world_readable_only = NO
write_enable = YES   //允许写入权限
anon_upload_enable = YES   //允许上传文件
anon_mkdir_write_enable = YES   //允许创建目录
anon_max_rate = 0   //0 表示不限制速度

（9）修改 SELinux 允许本地用户登录，并使匿名用户具有写入权限，然后重新启动 vsftpd 服务使配置生效。

[root@ftp ftp]# *setsebool - P ftp_home_dir on*
[root@ftp ftp]# *setsebool - P allow_ftpd_anon_write on*
[root@ftp vconfig]# *service vsftpd restart*

（10）测试虚拟用户访问 FTP，分别使用虚拟用户 vftp 和 vadmin 登录 FTP 服务器，并进行上传和下载文件。vftp 虚拟用户不能上传文件和创建目录；vadmin 虚拟用户可以上传、下载文件，并可以创建目录。

[root@ftp vsftpd]# *ftp 192.168.1.3*   //登录 vsftpd
Connected to 192.168.1.3 (192.168.1.3).
220 (vsFTPd 2.2.2)
Name (192.168.1.3:root):*vftp*   //以 vftp 虚拟用户登录
331 Please specify the password.
Password:
230 Login successful.
Remote system type is UNIX.
Using binary mode to transfer files.
ftp> *put install.log*   //尝试上传文件
local: /root/install.log remote: /root/install.log
227 Entering Passive Mode (192,168,1,3,82,143).
553 Could not create file.   //显示失败
ftp>

```
[root@ftp ~]# ftp 192.168.1.3
Connected to 192.168.1.3 (192.168.1.3).
220 (vsFTPd 2.2.2)
Name (192.168.1.3:root): vadmin                    //以 vftp 虚拟用户登录
331 Please specify the password.
Password:
230 Login successful.
Remote system type is UNIX.
Using binary mode to transfer files.
ftp> ls
227 Entering Passive Mode (192,168,1,3,238,125).
150 Here comes the directory listing.
226 Directory send OK.
ftp> put install.log                               //尝试上传文件
local: install.log remote: install.log
227 Entering Passive Mode (192,168,1,3,211,76).
150 Ok to send data.
226 Transfer complete.                             //显示完成
ftp> ls
227 Entering Passive Mode (192,168,1,3,30,17).
150 Here comes the directory listing.
-rw-r--r--    1 505      505         49666 Feb 13 13:12 install.log
226 Directory send OK. 49666 bytes sent in 0.0547 secs (908.12 Kbytes/sec)
ftp> exit
```

8.4 客户端访问 FTP 服务器

FTP 客户端访问服务器的方式有命令行方式、使用浏览器方式和使用专用图形化工具方式，下面分别介绍。

8.4.1 通过命令行访问 FTP 服务器

使用命令行方式访问 FTP 服务器是一种常见的 FTP 方法，使用的命令是 ftp 命令，在 Linux 和 Windows 中的使用方法基本相同，基本语法如下。

ftp　[用户名:密码@＜FQDN＞｜＜IP 地址＞]

这里以宿主机 Windows 7 访问 RHEL 6.5 系统中的 vsftpd 服务器为例。在 Windows 操作系统的"开始"菜单的"运行"文本框中输入 cmd 命令来打开 CMD 命令行窗口。在提示符后输入 ftp 命令，命令的格式为"ftp 服务器的 IP 地址"，在此输入 ftp 192.168.1.3 来连接 FTP 服务器。然后输入 FTP 的用户名和密码，匿名登录输入 ftp 或 anonymous 为用户名，密码任意，即可登录到 FTP 服务器。然后就可以使用 ftp 命令了，如图 8-4 所示。注意，必须在 vsftpd 服务器中的防火墙开放 FTP 端口，否则无法连接上 FTP 服务器。

在使用 ftp 命令连接上服务器之后，可以使用 help 命令或"?"来查看所有的 ftp 操作命令，常用的有以下几个。

(1) open ＜FQDN＞｜＜IP 地址＞——打开指定的 FTP 服务器。

图 8-4　命令行窗口

(2) cd<目录>——切换 FTP 服务器的当前目录。

(3) put<文件>——上传一个文件到服务器。

(4) mput<文件>——上传多个文件到服务器。

(5) get<文件>——从服务器下载一个文件到本地当前目录。

(6) mget<文件>——从服务器下载多个文件到本地当前目录。

(7) delete<文件>——删除服务器上的文件(必须有权限才能删除)。

(8) close——关闭 FTP 连接,但不退回 DOS 命令下。

(9) ls 或 dir——查看 FTP 服务器的当前目录内容。

(10) bye——退出 FTP 会话。

(11) quit——退出 FTP。

8.4.2　通过浏览器访问 FTP 服务器

使用浏览器方式访问 FTP 服务器时,在 Linux 与 Windows 操作系统中除了所使用的浏览器可能不同,其操作基本相同,都是直接在浏览器的地址栏中输入 URL 即可,地址的格式是"ftp://FTP 服务器 IP 地址或 FQDN",如图 8-5 所示。也有可能要先弹出如图 8-6 所示的"登录身份"对话框,先登录才可以进入。

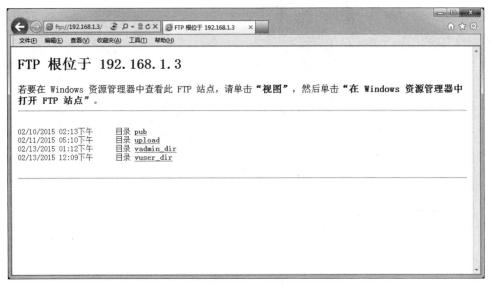

图 8-5 使用浏览器访问 FTP 服务器

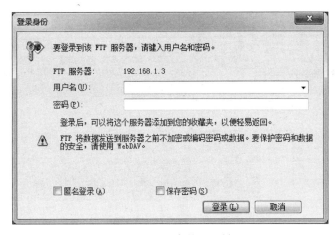

图 8-6 "登录身份"对话框

8.4.3 通过专用图形化工具访问 FTP 服务器

在 Windows 中有很多优秀的图形界面的 FTP 客户端软件,常见的有 LeapFTP、CuteFTP、FlashFXP 等,这里以 CuteFTP 软件为例进行介绍。首先客户端必须安装 CuteFTP 软件,然后运行 CuteFTP 软件打开如图 8-7 所示的窗口。

使用 CuteFTP 软件连接到 FTP 服务器的操作如下。

(1) 选择 File→Connect→Quick Connect 选项,如图 8-8 所示。

(2) 在弹出的对话框中输入服务器的 IP 地址、用户名和密码,如图 8-9 所示。

(3) 在成功连接 FTP 服务器后,左侧的子窗口中显示本地的目录,右侧的子窗口中将显示远程 FTP 的目录内容,如图 8-10 所示。上传或下载文件很简单,可使用拖动目录或文件的方法来实现。

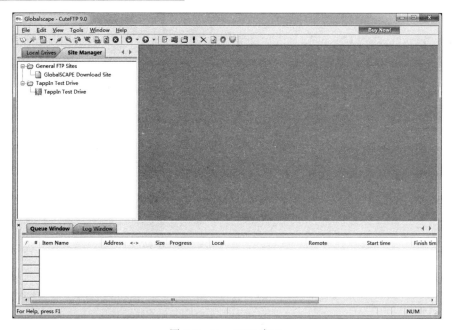

图 8-7 CuteFTP 窗口

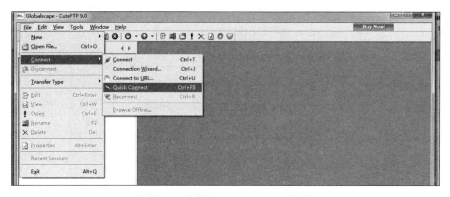

图 8-8 选择 Quick Connect 选项

图 8-9 登录 FTP 服务器

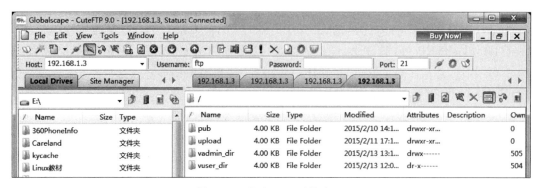

图 8-10 登录 FTP 后的窗口

项 目 小 结

本项目首先介绍 FTP 服务的基本知识和工作原理、Linux 中 vsftpd 服务的用户类型、常用 FTP 服务软件等。其次，介绍 vsftpd 服务软件包的安装，详细介绍 vsftpd 的配置文件、配置选项等。然后，介绍 vsftpd 的常规配置项，vsftpd 匿名用户、本地用户和虚拟用户的配置过程。最后，介绍客户端访问 FTP 的方式，包括命令行方式、浏览器方式和专用图形化工具方式。Linux 中的 vsftpd 基本配置过程并不复杂，通过本项目的学习，读者应该能够快速掌握 vsftpd 服务的安装、配置方法。

项目 9　Web 服务器的配置与管理

项目目标
- 理解 Web 服务的基本知识及工作原理。
- 认识 Apache 软件。
- 掌握 Apache 服务的安装和启动。
- 理解 Apache 服务的主配置文件。
- 掌握 Apache 服务器的配置方法。
- 掌握 Web 网站和虚拟主机。

9.1　理解 Web 服务和 Web 服务的工作原理

Internet 上热门的服务之一就是 World Wibe Web 服务，World Wide Web 服务器简称为 WWW 服务器或 Web 服务器，其主要功能是提供网上信息浏览服务。Web 是 Internet 的多媒体信息查询工具，是发展最快和目前应用最广泛的服务。正是因为有了 Web 工具，才使近年来 Internet 发展迅速，且用户数量飞速增长。

9.1.1　Web 服务概述

Web 起源于 1989 年 3 月，由欧洲量子物理实验室发展出来的主从结构分布式超媒体系统。通过 Web 人们只要使用简单的方法，就可以迅速、方便地取得丰富的信息资料。由于用户在通过 Web 浏览器访问信息资源的过程中，无须再关心一些技术性的细节，而且界面非常友好，因此 Web 在 Internet 上一经推出就受到了热烈的欢迎，并得到了爆炸性的发展。Web 为 Internet 的普及迈出了开创性的一步。

1. Web 服务简介

Web 服务是 Internet 上使用广泛的一种信息服务技术，采用客户端/服务器结构，整理和存储各种 Web 资源，并响应客户端软件的请求，所需要的信息资源从服务器端传输到客户端。Web 服务通常可分为两种：静态 Web 服务和动态 Web 服务。Web 服务最主要的两项功能是超文本文件和访问 Internet 资源。Web 服务的特点如下。

（1）应用层使用 HTTP 协议。
（2）HTML 文档格式。
（3）浏览器统一资源定位器(uniform resource locator，URL)。

2. URL 与资源定位

URL 是对可以从互联网上得到的资源的位置和访问方法的一种简洁表示，是互联网上标准资源的地址。互联网上的每个文件都有一个唯一的 URL,它包含的信息指出文件的位置及浏览器应该怎么处理它。标准 URL 由三部分组成:服务类型或协议、主机地址和路径及文件名,其模式如下:<协议>://<主机地址或域名>[:port]/路径/<文件名>。

3. HTTP

HTTP 是客户端浏览器或其他程序与 Web 服务器之间的应用层通信协议,是用于从 Web 服务器传输超文本到本地浏览器的传输协议。Internet Web 服务器上存放的都是超文本信息,客户端需要通过 HTTP 传输所要访问的超文本信息。它可以使浏览器更加高效,使网络传输减少。它不仅保证计算机正确快速地传输超文本文档,还确定传输文档中的哪一部分,以及哪部分内容首先显示(如文本先于图形)等。

9.1.2 Web 服务的工作原理

Web 系统采用客户端/服务器的工作模式,由服务端程序、客户端程序和通信协议 3 部分组成,用户在浏览器的地址栏中输入 URL 地址来访问 Web 页面。客户端访问 Web 服务器的过程经过 3 个阶段,即客户端和服务器间建立连接、传输内容、关闭连接,具体过程如下:

(1) Web 浏览器使用 HTTP 命令向服务器发出 Web 请求。

(2) 服务器接收到 Web 页面请求后,就发送一个应答并在客户端和服务器之间建立一个连接。

(3) Web 服务器查找客户端所需的文档,若在服务器中找到所请求的文档,就将该文档传送给 Web 浏览器;若不存在,则发送一个相应的错误提示文档给客户端。

(4) Web 浏览器接收到文档后,将它解释并显示在屏幕上。

(5) 客户端浏览完成后,断开与服务器的连接。

整个过程如图 9-1 所示。

9.1.3 Apache 简介

Apache 是世界流行的 Web 服务器软件,它可以运行在大多数广泛使用的计算机平台上,由于其跨平台和安全性被广泛使用,是流行的 Web 服务器端软件之一。它快速、可靠,并且可通过简单的 API 扩充,将 Perl/Python 等解释器编译到服务器中。Apache 起初由伊利诺伊大学香槟分校的国家超级计算机应用中心(NCSA)开发。此后,Apache 被开放源代码团体的成员不断发展和加强。Apache 服务器拥有牢靠可信的美誉,已用在超过半数的 Internet 中——特别是最热门和访问量最大的网站。

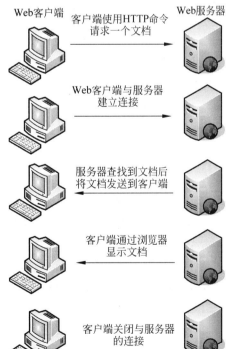

图 9-1 Web 服务的工作过程

Apache 最开始是 Netscape 网页服务器之外的开放源代码选择，后来它开始在功能和速度上超越其他基于 UNIX 的 HTTP 服务器。自 1996 年 4 月以来，Apache 一直是 Internet 上最流行的 HTTP 服务器；1999 年 5 月，它在 57％ 的网页服务器上运行；到了 2005 年 11 月达到接近 70％的市场占有率。随着拥有大量域名数量的主机域名商转换为微软 IIS 平台，Apache 的市场占有率近年来出现一些微下滑。在 Google 自己的网页服务器平台 GWS 推出后，加上使用 Lighttpd 这个轻量化网页服务器软件的网站慢慢增加，反映在整体网页服务器市占有率上，根据 netcraft 在 2015 年 10 月的统计数据，Apache 的市场占有率在 2014 年 12 月已经降为 39.11％，2015 年 1 月略有上升为 39.74％。

Apache 的主要特征如下。

(1) 支持 HTTP/1.1 协议。Apache 是最先使用 HTTP/1.1 协议的 Web 服务器之一，它完全兼容 HTTP/1.1 协议并与 HTTP/1.0 协议向后兼容。

(2) 支持通用网关接口(common gateway interface,CGI)。Apache 用 mod_cgi 模块来支持 CGI，它遵循 CGI/1.1 标准并且提供了扩充的特征，如定制环境变量和调试支持功能。

(3) 支持 HTTP 认证。Apache 支持基于 Web 的基本认证，Apache 通过使用标准的口令文件 DBM SQL 调用，或通过对外部认证程序的调用来实现基本的认证。

(4) 集成的 Perl 语言。Perl 已成为 CGI 脚本编程的基本标准。Apache 肯定是使 Perl 成为这样流行的 CGI 编程语言的因素之一，现在 Apache 比以往任何时候都更加支持 Perl，通过使用它 mod_perl 模块可以将基于 Perl 的 CGI 脚本装入内存，并可以根据需要多次重复使用该脚本，消除了经常与解释性语言联系在一起的启动开销。

(5) 集成的代理 Proxy 服务器。Apache 既可作为前向代理服务器，也可作为后向代理服务器。

(6) 服务器的状态和可定制的日志。Apache 在记录日志和监视服务器本身状态方面提供了很大的灵活性，可以通过 Web 浏览器来监视服务器的状态，也可以根据自己的需要来定制日志。

(7) 允许根据客户主机名或 IP 地址限制访问。

(8) 支持 CGI 脚本，如 Perl、PHP 等。

(9) 支持用户 Web 目录。Apache 允许主机上的用户使用特定的目录存放自己的主页。

(10) 支持虚拟主机。即通过在一个机器上使用不同的主机名来提供多个 HTTP 服务。Apache 支持包括基于 IP、名称和 Port 3 种类型的虚拟主机服务。

(11) 支持动态共享对象。Apache 的模块可在运行时动态加载，这意味着这些模块可以被装入服务器进程空间，从而减少系统的内存开销。

(12) 支持服务器包含命令 SSI。Apache 提供扩展的服务器包含命令该项功能，为 Web 站点开发人员提供了更大的灵活性。

(13) 支持安全套接层(secure sockets layer,SSL)。

(14) 用户会话过程的跟踪能力。通过使用 HTTP cookies，一个称为 mod_usertrack 的 Apache 模块可以在用户浏览 Apache Web 站点时对用户进行跟踪。

(15) 支持 FastCGI。Apache 使用 mod_fcgi 模块来实现 FastCGI 环境，并使 FastCGI 应用程序运行得更快。

（16）支持 Java Servlets。Apache 的 mod_jserv 模块支持 Java Servlets 功能,可使 Apache 运行服务器的 Java 应用程序。

（17）支持多进程。当负载增加时,服务器会快速生成子进程来处理,从而提高系统的响应能力。

9.2 安装 Apache、了解 Apache 主配置文件

9.2.1 安装 Apache

1. Apache 相关软件

RHEL 6.5 中自带了 Apache 安装软件包,其主要文件包括以下几个。

（1）httpd-2.2.15-29.el6_4.x86_64.rpm——Apache 服务的主程序包,服务端必须安装此软件包。

（2）httpd-manual-2.2.15-29.el6_4.noarch.rpm——Apache 的手册文档和 Apache User's Guide 说明指南。

（3）httpd-tools-2.2.15-29.el6_4.x86_64.rpm——Apache 的工具软件包。

（4）httpd-devel-2.2.15-29.el6_4.x86_64.rpm——Apache 的开发程序包。

2. 查询是否安装了 Apache 软件包

[root@ftp Packages]# *rpm - qa | grep httpd*
httpd-tools-2.2.15-29.el6_4.x86_64
httpd-devel-2.2.15-29.el6_4.x86_64

在 RHEL 6.5 中默认已经安装了上面的两个 Apache 软件包,若没有显示上面的信息,则说明未安装,可以用下面的命令来完成安装。

[root@ftp ~]# mount /dev/cdrom /mnt
mount: block device /dev/sr0 is write-protected, mounting read-only
[root@ftp ~]# cd /mnt/Packages/
[root@ftp Packages]# *rpm - ivh httpd - 2.2.15 - 29.el6_4.x86_64.rpm*
warning: httpd - 2.2.15 - 29.el6_4.x86_64.rpm: Header V3 RSA/SHA256 Signature, key ID fd431d51: NOKEY
Preparing...   ### [100%]
package httpd-2.2.15-29.el6_4.x86_64 is already installed
[root@ftp Packages]# *rpm - ivh httpd - manual - 2.2.15 - 29.el6_4.noarch.rpm*
warning: httpd - manual - 2.2.15 - 29.el6_4.noarch.rpm: Header V3 RSA/SHA256 Signature, key ID fd431d51: NOKEY
Preparing...   ### [100%]
  1:httpd-manual   ### [100%]
[root@ftp Packages]# *rpm - ivh httpd - tools - 2.2.15 - 29.el6_4.x86_64.rpm*
warning: httpd - tools - 2.2.15 - 29.el6_4.x86_64.rpm: Header V3 RSA/SHA256 Signature, key ID fd431d51: NOKEY
Preparing...   ### [100%]
package httpd-tools-2.2.15-29.el6_4.x86_64 is already installed

9.2.2 启停和测试 Apache

1. 启动、停止 Apache

(1) 启动、重启、停止、状态查询和重新装载的命令如下:

[root@ftp Packages]# *service httpd start*
正在启动 httpd:httpd: apr_sockaddr_info_get() failed for ftp.example.com
httpd: Could not reliably determine the server's fully qualified domain name, using 127.0.0.1
for ServerName   [确定]
[root@ftp Packages]# *service httpd restart*
停止 httpd: [确定]
正在启动 httpd:httpd: apr_sockaddr_info_get() failed for ftp.example.com
httpd: Could not reliably determine the server's fully qualified domain name, using 127.0.0.1
for ServerName   [确定]
[root@ftp Packages]# *service httpd stop*
停止 httpd: [确定]
[root@ftp Packages]# *service httpd status*
httpd (pid 6643)正在运行...
[root@ftp Packages]# *service httpd reload*
重新载入 httpd:

(2) 开机自动启动 Apache 服务,其操作如下:

[root@ftp Packages]# *chkconfig httpd on*

(3) 防火墙放行 Web 端口。

[root@ftp Packages]# *iptables -I INPUT -p tcp --dport 80 -j ACCEPT*

2. 测试 Apache

安装并启动 Apache 服务后,下面就可以测试 Apache 服务了。

(1) 检查 httpd 进程,其操作如下:

[root@ftp Packages]# *ps   -ef | grep   httpd*
root   6791   6414   0 22:47 pts/0   00:00:00   grep   httpd

(2) 查看 httpd 使用的端口号,httpd 默认使用 80 号端口,操作如下:

[root@ftp Packages]# *netstat -nutap | grep   httpd*
tcp   0   0   :::80   :::*   LISTEN   6844/httpd

(3) 用客户端浏览器测试。

在安装并启动 Apache 服务后,可以在客户端浏览器中输入 http://Apache 服务器 IP 地址来进行测试,若看到如图 9-2 所示的默认测试页面,则说明 Apache 正常工作。

9.2.3 认识 Apache 目录结构和主配置文件

1. Apache 主要工作目录和文件

Apache 服务器安装完成后,会自动生成一系列的目录和文件,其主要工作目录和文件如表 9-1 所示。

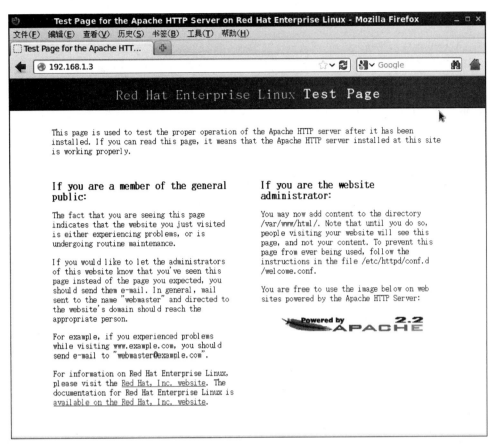

图 9-2　Apache 默认页面

表 9-1　Apache 的主要工作目录和文件

工作目录和文件	说　　明
/etc/httpd/	Apache 服务器守护进程 httpd 的工作目录
/etc/httpd/conf/httpd.conf	Apache 服务的主配置文件
/var/www/html/	默认 Web 站点的网页文件的存放目录
/var/www/cgi-bin/	CGI 脚本、Perl 脚本等可执行脚本的存放目录
/var/www/error	错误提示文件的存放目录
/var/www/icons	服务器的图标文件的存放目录
/var/www/mrtg	流量监控器文件的存放目录
/var/log/httpd/access_log	主服务器访问的日志文件
/var/log/httpd/error_log	主服务器错误的日志文件

2．Apache 主配置文件

Apache 服务器的主配置文件位于/etc/httpd/conf/目录下的 httpd.conf 文件中，httpd.conf 文件除选项的参数值外，所有选项的指令不区分字母大小写，文件中以"♯"开始的行是注释行，用于对配置项进行说明解释。除注释和空行外，其他的行都被服务器认为是完整的或部分的指令，指令又分为类似于 shell 的命令和伪 HTML 标记。shell 命令的语法为"配置参数名称参数值"，伪 HTML 标记的语法格式如下：

```
<Directory />
    Options FollowSymLinks
    AllowOverride None
</Directory>
```

httpd.conf 文件主要由全局环境配置、主服务器配置和虚拟主机配置 3 部分组成,每部分都有相应的配置语句。

1) 全局环境配置

这部分的指令将影响整个 Apache 服务器,常见的全局环境配置如表 9-2 所示。

表 9-2 全局环境配置项

配置项	功 能 说 明	默认值
ServerRoot	Apache 的根目录,配置文件、记录文件和模块文件都在该目录下	/etc/httpd
PidFile	保存 Apache 父进程 ID 的文件	run/httpd.pid
Timeout	设定超时时间,超过这个时间还没连上服务器或还没传回消息给客户端,会强制断线	60
KeepAlive	设置是否保持连接,设为 On 时,客户端与服务器间用于传输 HTTP 数据的连接不会被关闭	Off
MaxKeepAliveRequests	当 KeepAlive 为 On 时,该选项用于控制最大连接请求数,0 表示不限制	100
KeepAliveTimeout	设置在下次请求前还保持当前连接的超时时间,0 表示无限的时长,单位为秒	15
Listen	设置 Apache 服务器监听的 IP 地址和端口	80
StartServers	设置 Apache 服务启动时打开的 httpd 的进程数目	8
MaxClients	设置客户端最大的同时连接数	256
MinSpareThreads	设置用来监听用户请求的最少闲置 httpd 进程数	25
MaxSpareThreads	设置用来监听用户请求的最大闲置 httpd 进程数	75
ThreadsPerChild	设置每个子进程建立的线程数	25
MaxRequestsPerChild	设置每个子进程在其生存期内允许伺服的最大请求数量	0
Include	加载包含的其他子配置文件	conf.d/*.conf
User	设置 Apache 工作时的用户	Apache
Group	设置 Apache 工作时的群组	Apache

2) 主服务器配置

设置用于主服务器的参数值,这些值也提供任何虚拟主机所需的公共参数的默认值。常见的主服务器配置项如表 9-3 所示。

表 9-3 常见的主服务器配置项

配置项	功 能 说 明	默认值
ServerAdmin	设置管理员的电子邮件,若 Apache 有问题会给管理员发邮件	root@localhost
ServerName	设置网站服务器的 FQDN 或 IP 地址	www.example.com:80

续表

配置项	功能说明	默认值
UseCanonicalName	用来构造 Apache 的自引用 URL（一个指回相同服务器的 URL）	Off
DocumentRoot	配置 Apache 主服务器网页文件的存放目录	/var/www/html
DirectoryIndex	设置站点主页文件的文件名及搜索顺序，各文件间用空格隔开，排在前面的文件优先	index.html index.html.var
AccessFileName	设置 Apache 目录访问权限的控制文件	.htaccess
TypesConfig	设置存放 MIME 文件类型的文件，自动将它当成文件处理	/etc/mime.types
DefaultType	设置 Apache 不能识别的文件处理方式	text/plain
HostnameLookups	设置是否每次向 DNS 服务器要求解析主机名	Off
ErrorLog	设置错误发生时记录日志文件的位置	logs/error_log
LogLevel	设置记录到日志的错误级别	warn
LogFormat	设置日志文件存放信息的模式，有 combined、common、referer、agent	combined
CustomLog	设置存取文件记录采用的模式	logs/access_log combined
ServerSignature	设置服务器出错产生的页面是否显示版本号等信息	On
Alias /icons/	定义一个图标虚拟目录并设置访问权限	/var/www/icons/
ScriptAlias	定义一个脚本文件虚拟目录并设置访问权限	/cgi-bin//var/www/cgi-bin/
ReadmeName	设置帮助文件的名称	README.html
HeaderName	设置头文件的名称	HEADER.html
IndexIgnore	设置忽略的这些类型的文件	?? *、*~、*# HEADER*、README*、RCS、CVS *、v*t
AddDefaultCharset	设置默认字符集	UTF-8

3）虚拟主机配置

通过配置虚拟主机，可以在单个服务器上运行多个 Web 站点，从而降低单个站点的运营成本。虚拟主机可以是基于 IP 地址、主机名或端口号的虚拟主机。基于 IP 地址的虚拟主机服务器配有多个 IP 地址，并为每个 Web 站点分配唯一的 IP 地址。基于主机名的虚拟主机要求拥有多个主机名，且为每个 Web 站点分配一个主机名。基于端口号的虚拟主机，要求不同的 Web 站点通过不同的端口来监听，这些端口号系统不使用就可以了。Httpd.conf 配置默认提供了一个虚拟主机的配置如下：

```
NameVirtualHost *:80
#<VirtualHost *:80>
    ServerAdmin webmaster@dummy-host.example.com
    DocumentRoot /www/docs/dummy-host.example.com
    ServerName dummy-host.example.com
    ErrorLog logs/dummy-host.example.com-error_log
    CustomLog logs/dummy-host.example.com-access_log common
</VirtualHost>
```

9.3 配置 Apache

9.3.1 配置常规 Apache

常规设置通常是设置表 9-2 中的全局环境配置部分,下面介绍常见的设置选项。

1. 根目录设置(ServerRoot)

配置文件 httpd.conf 中的 ServerRoot 字段用来设置 Apache 服务的根目录,该目录用来存放 Apache 配置文件、错误文件和日志文件,默认情况下的根目录为/etc/httpd/。虽然可以根据需要进行更改,但要涉及很多权限设置问题,因此不建议对此进行修改,否则可能服务启动不了! 例如,在/var 目录中创建 myweb 目录,并以此目录为根目录,操作如下:

```
[root@ftp var]# mkdir myweb
[root@ftp var]# vi /etc/httpd/conf/httpd.conf
#并修改 ServerRoot 如下:
ServerRoot "/var/myweb"
```

2. 设置超时(2. Timeout)

Timeout 字段用于设置建立连接和发送数据时等待响应的超时时间,单位为秒。如果超过设定的超时时间,客户端仍无法连接上服务器,则以断线处理,默认值为 120s,可根据需要进行更改,例如,为节省服务器的宝贵的资源,设置时间为 60s。

```
[root@ftp var]# vi /etc/httpd/conf/httpd.conf
#查找并修改 Timeout 如下:
Timeout  60
```

3. 设置是否保持连接(KeepAlive)

KeepAlive 字段设置是否保持连接,当设置为 On 时,表示保持连接,即当一个网页打开完成后,客户端和服务器间用于 HTTP 数据的 TCP 连接不会关闭。当客户端再次访问这个服务器上的网页时,可以继续使用这一条已经建立的连接,从而可以提高文件传输效率。当设为 Off 时,表示不保持连接,传输效率较低,但会增加服务器的并发连接数。KeepAlive 默认设置为 Off,若要修改为 On,操作如下:

```
[root@ftp var]# vi /etc/httpd/conf/httpd.conf
#查找并修改 KeepAlive 如下:
KeepAlive  On
```

4. 设置连接数限制(MaxClients)

为了防止连接数过多对服务器的性能造成影响,以及预防分布式拒绝服务(DDoS)的攻击,Apache 服务器有必要限制最大的连接数。MaxClients 字段用于设置同一时刻内最大的客户端访问数量,默认值是 256。对于小型网站已经够用,但是对于大型网站,要根据实际情况进行修改,如修改为 800,操作如下:

```
[root@ftp var]# vi /etc/httpd/conf/httpd.conf
#查找并修改 MaxClients 如下:
<IfModule prefork.c>
```

```
StartServers          8
MinSpareServers       5
MaxSpareServers       20
ServerLimit           256
MaxClients800
MaxRequestsPerChild   4000
</IfModule>
```

5. 设置主机名称（ServerName）

ServerName 字段设置服务器的完全合格域名，如果没有注册 DNS 名称，也可以输入 IP 地址。例如，设置为在项目 7 DNS 服务器设置时设定的 www 服务器为 www.example.com，操作如下：

```
[root@ftp var]# vi   /etc/httpd/conf/httpd.conf
#查找并修改 ServerName 如下：
ServerName   www.example.com:80
```

6. 设置管理员邮箱地址（ServerAdmin）

ServerAdmin 字段设置管理员邮箱，当 Apache 服务器发生错误时，会把带有错误信息和管理员邮箱的网页反馈给客户端，以便让用户和管理员联系，报告错误。默认设置为 root@localhost，若要修改为 root@example.com，则修改如下：

```
[root@ftp var]# vi   /etc/httpd/conf/httpd.conf
#查找并修改 ServerAdmin 如下：
ServerAdmin   root@example.com
```

7. 设置网页编码（AddDefaultCharset）

AddDefaultCharset 字段来设置服务器的默认编码，默认是 UTF-8。如果要修改为汉字的编码 GB2312，则操作如下：

```
[root@ftp var]# vi   /etc/httpd/conf/httpd.conf
#查找并修改 AddDefaultCharset 如下：
AddDefaultCharset   GB2312
```

8. 设置网页文档主目录（DocumentRoot）

DocumentRoot 字段设置服务器对外发布的网页文件存放的目录，客户端请求的 URL 被映射到该目录中，该目录的权限必须设置为允许访问用户读取和执行，否则客户端无法浏览目录内容，默认设置为/var/www/html。若要修改为上面创建的 myweb 目录下的 www/html 目录，修改如下：

```
[root@ftp var]# vi   /etc/httpd/conf/httpd.conf
#查找并修改 DocumentRoot 如下：
DocumentRoot   "/var/myweb/www/html"
```

9. 设置首页（DirectoryIndex）

首页的文件名由 DirectoryIndex 字段定义，Apache 默认首页名称为 index.html，可以根据实际需要修改，也可以同时设置多个首页文件名称，多个文件名间用空格隔开。例如，要修改为 index.html 和 index.php，则修改如下：

```
[root@ftp var]# vi /etc/httpd/conf/httpd.conf
#查找并修改 DirectoryIndex 如下:
DirectoryIndex   index.html   index.php
```

10. 虚拟目录设置(Alias)

在主目录以外用于存放网页文件并能让 Internet 用户作为网站访问的目录就是虚拟目录,创建虚拟目录后,输入站点的 URL 地址并依次加上"/"和虚拟目录的别名,即可访问虚拟目录中的网页。在 Apache 服务器的主配置文件中使用 Alias 指令设置虚拟目录。假设要在 192.168.1.3 主服务器中为计算机系统建立子站点,用虚拟目录操作如下。

(1) 创建物理目录路径,设置虚拟目录默认为首页文件。

```
[root@ftp ~]# mkdir -p /alias/jsjx
[root@ftp ~]# echo "Welcome to  Computer Department! " >/alias/jsjx/index.html
```

(2) 修改主配置文件 httpd.conf,添加虚拟目录。

```
[root@ftp var]# vi /etc/httpd/conf/httpd.conf
#查找并修改 DirectoryIndex 如下:
Alias   /jsjx"/alias/jsjx/"
```

(3) 若开户 SELinux,修改/alias/目录的安全上下文,使 httpd 用户有权访问其中的网页。

```
[root@ftp ~]# chcon -R -t httpd_sys_content_t /alias/
```

(4) 重启 httpd 服务。

```
[root@ftp ~]# service   httpd   restart
停止 httpd:                                              [确定]
正在启动 httpd:                                          [确定]
```

(5) 测试虚拟目录,打开浏览器,在地址栏中输入 http://192.168.1.3/jsjx,访问计算机主页,如图 9-3 所示。

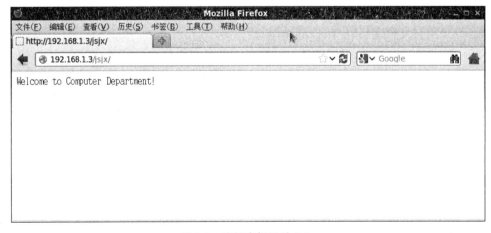

图 9-3　访问虚拟目录/jsjx

9.3.2 配置虚拟主机

1. 虚拟主机简介

虚拟主机是使用特殊的软硬件技术把一台服务器划分为多台"虚拟"的服务器,每台虚拟主机都具有独立的域名和完整的服务功能。虚拟主机之间完全独立,并由用户自行管理。在外界看来,一台虚拟主机和一台独立的主机完全一样。虚拟主机使企业和个人都有机会拥有自己的网站和服务器,从而解决了单个服务器价格高的问题。

虚拟主机具有完整的 Internet 服务器功能,在同一台主机、同一个操作系统上运行着为多个用户打开的不同服务器程序,互不干扰,每个用户都拥有自己的一部分系统资源。在使用意义上,虚拟主机只是服务器硬盘上的一块空间,并为每个虚拟主机分配相应的网络资源。由属于不同用户的虚拟主机共享一台真实的主机资源,每个虚拟主机的用户所承担的硬件费用、网络维护费用和通信线路费用大幅降低。虚拟主机由用户自行管理,由高级网管负责监控。

系统根据 Web 站点的 IP 地址、端口号和完全合格域名 3 个标识来区分不同的虚拟主机,变更三者中的任何一个,都可以在同一台计算机上架设不同的虚拟主机。根据虚拟主机的架设方式,可分为以下 3 种。

(1) 基于域名的虚拟主机:多个虚拟主机共享同一个 IP 地址,各虚拟主机以域名进行区分,是最普遍的虚拟主机构建方式。

(2) 基于 IP 地址的虚拟主机:需要在服务器上绑定多个 IP 地址,配置 Apache 服务器时,把多个网站绑定在不同的 IP 地址上,访问不同的 IP 地址就是访问不同的网站。

(3) 基于端口的虚拟主机:多个虚拟主机共享同一个 IP 地址,各虚拟主机通过不同的端口进行区分。在设置基于端口的虚拟主机时,要利用 Listen 指令设置所监听的端口。

2. 配置基于域名的虚拟主机

基于域名的虚拟主机是最常见的虚拟主机架设方式,当 Web 服务器只有一个 IP 地址时,可通过基于域名的虚拟主机技术来共享多个站点,当服务器收到访问请求时,就可以根据不同的 DNS 域名来访问不同的网站。下面介绍配置基本域名的虚拟主机的步骤。

1) 配置 DNS 服务器

修改/var/named/example.com.zone 文件,添加域名 www1.example.com 和 www2.example.com,使两个域名都指向 192.168.1.3,修改后的/var/named/example.com.zone 文件内容如下:

```
$TTL 1D      //$TTL 定义生存期,默认为 1D 表示 1 天
@    IN SOA  dns1.example.com.  admin.example.com.(//起始授权,指定主 DNS 服务器的 AFDN
                                0        ; serial
                                1D       ; refresh
                                1H       ; retry
                                1W       ; expire
                                3H )     ; minimum
@       IN      NS      dns1.example.com.
@       IN      NS      dns2.example.com.
dns1    IN      A       192.168.1.1
mail    IN      A       192.168.1.5
```

```
@       IN    MX       10    mail.example.com.
dns2    IN    A        192.168.1.2
www1    IN    A        192.168.1.3
www2    IN    A        192.168.1.3
ftp     IN    A        192.168.1.4
web     IN    CNAME    www1.example.com.
$GENERATE   10-110 CP$     IN A 192.168.1.$
//$GENERATE 是函数,可连续生成多个 IP 地址对应的 A 记录和 PTR 记录
```

2) 创建虚拟主机目录

在/var/www/目录中创建两个目录,分别为 virtualhost1 和 virtualhost2,并在两个目录中创建各自的主页文件,操作如下:

```
[root@dns1 ~]#mkdir /var/www/virtualhost1
[root@dns1 ~]#echo "this is the homepage of virtualhost1" >/var/www/virtualhost1/index.html
[root@dns1 ~]#mkdir /var/www/virtualhost2
[root@dns1 ~]#echo "this is the homepage of virtualhost 2" >/var/www/virtualhost2/index.html
```

3) 修改主配置文件 httpd.conf

在主配置文件 httpd.conf 文件末尾添加如下内容,保存 httpd.conf 文件,并重启 Apache 服务。

```
NameVirtualHost *:80           //定义虚拟主机
<VirtualHost *:80>             //此处 3 行定义的虚拟机保留能够访问原来的默认网站/var/www/html
//DocumentRoot /var/www/html
</VirtualHost>
<VirtualHost *:80>             //定义虚拟主机 1
   DocumentRoot /var/www/virtualhost1
ServerName  www1.example.com
</VirtualHost>
<VirtualHost *:80>             //定义虚拟主机 2
DocumentRoot /var/www/virtualhost2
   ServerName  www2.example.com
</VirtualHost>
```

4) 测试虚拟主机

在浏览器的地址栏中输入 http://www1.example.com,即可访问虚拟主机 virtualhost1,如图 9-4 所示。在浏览器的地址栏中输入 http://www2.example.com 即可访问虚拟主机 virtualhost2,如图 9-5 所示。在浏览器的地址栏中输入 http://192.168.1.3 即可访问原来的默认网站,如图 9-6 所示。

3. 配置基于 IP 的虚拟主机

1) 设置服务器绑定多个 IP 地址

在服务器的一块网卡上绑定多个 IP 地址,其操作如下:

```
[root@dns1 ~]#ifconfig eth1:1 192.168.1.4 up
[root@dns1 ~]#ifconfig eth1:0 192.168.1.5 up
```

图 9-4 访问虚拟主机 virtualhost1

图 9-5 访问虚拟主机 virtualhost2

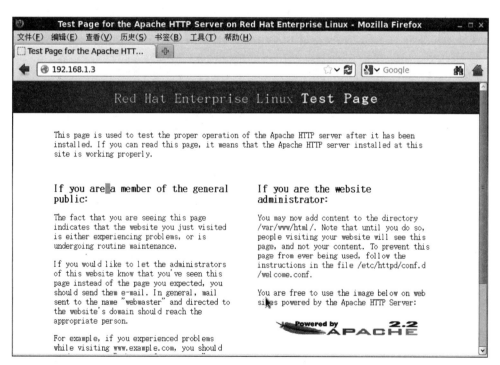

图 9-6 访问默认网站

2）创建虚拟主机目录

在/var/www/目录中创建两个目录，分别为 virtualhostip1 和 virtualhostip2，并在两个目录中创建各自的主页文件，操作如下：

```
[root@dns1 ~]#mkdir /var/www/virtualhostip1
[root@dns1 ~]#echo " this is the homepage of virtualhost IP 1" >/var/www/ virtualhostip1/index.html
[root@dns1 ~]#mkdir /var/www/virtualhostip2
[root@dns1 ~]#echo " this is the homepage of virtualhost IP 2 " >/var/www/ virtualhostip2/index.html
```

3) 修改主配置文件 httpd.conf

在主配置文件 httpd.conf 文件末尾添加如下内容,保存 httpd.conf 文件,并重启 Apache 服务。

```
<VirtualHost 192.168.1.4:80>       //定义虚拟主机 virtualhostip1
  DocumentRoot /var/www/ virtualhostip1
</VirtualHost>
<VirtualHost 192.168.1.5:80>       //定义虚拟主机 virtualhostip2
DocumentRoot /var/www/ virtualhostip2
</VirtualHost>
```

4) 测试基于 IP 的虚拟主机

在浏览器的地址栏中输入 http://192.168.1.4,即可访问虚拟主机 virtualhostip IP1,如图 9-7 所示。在浏览器的地址栏中输入 http://192.168.1.5,即可访问虚拟主机 virtualhostip IP2,如图 9-8 所示。

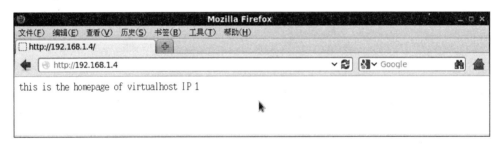

图 9-7 访问虚拟主机 virtualhostip IP1

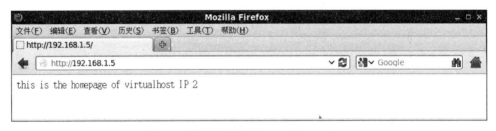

图 9-8 访问虚拟主机 virtualhostip IP2

4. 配置基于端口的虚拟主机

(1) 创建虚拟主机目录。

在/var/www/目录中创建两个目录,分别为 virtualhostport1 和 virtualhostport2,并在两个目录中创建各自的主页文件,操作如下:

```
[root@dns1 ~]#mkdir /var/www/virtualhostport1
```

[root@dns1 ~]# *echo " this is the homepage of virtualhost on　PORT　1" > /var/www/virtualhostport1/index.html*
[root@dns1 ~]# *mkdir /var/www/virtualhostport2*
[root@dns1 ~]# *echo " this is the homepage of virtualhost on　PORT 2 " > /var/www/virtualhostport2/index.html*

（2）修改 httpd.conf 文件，设置基于端口的虚拟主机 virtualhostport1 和 virtualhostport2。

在主配置文件 httpd.conf 文件末尾添加如下内容，保存 httpd.conf 文件，并重启 Apache 服务。

```
Listen 80
Listen 8080
<VirtualHost 192.168.1.3:80>
    DocumentRoot /var/www/virtualhostport1
</VirtualHost>
<VirtualHost 192.168.1.3:8080>
    DocumentRoot /var/www/virtualhostport2
</VirtualHost>
```

（3）在开启防火墙的情况下，开放 8080 端口，操作如下：

[root@dns1 ~]# *iptables　- I INPUT - p tcp　-- dport 8080　- j ACCEPT*

（4）测试基于端口的虚拟主机。

在浏览器的地址栏中输入 http://192.168.1.3:80，即可访问虚拟主机 virtualhostport1，如图 9-9 所示，在浏览器的地址栏中输入 http://192.168.1.3:8080，即可访问虚拟主机 virtualhostport2，如图 9-10 所示。

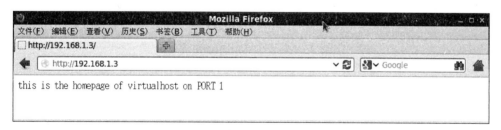

图 9-9　访问虚拟主机 virtualhostport1

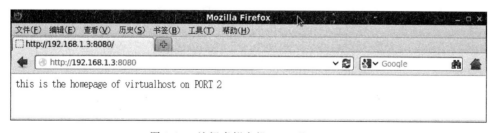

图 9-10　访问虚拟主机 virtualhostport2

项 目 小 结

本项目首先介绍 Web 服务的基本概念和工作原理；然后介绍目前最流行的 Apache 服务器软件包；其次详细介绍 Linux 操作系统中 Apache 服务器的目录结构和主配置文件的基本配置项；最后以实例详细介绍 Apache 服务器的配置方法，包括常规的配置项以及基于域名、基于 IP 和基于端口的各种虚拟主机的配置方法。通过本项目的学习，学生应该能够熟练地掌握 Linux 操作系统中 Apache 服务器的配置方法。

项目 10　邮件服务器配置与管理

项目目标
- 理解电子邮件的基本知识及工作原理。
- 了解常见的电子邮件软件。
- 掌握 Sendmail 和 Dovecot 软件包的安装方法。
- 理解 Sendmail 服务器的配置文件。
- 理解 Dovecot 服务器的配置文件。
- 掌握 Sendmail SMTP 服务器的配置方法。
- 掌握 Dovecot POP3 服务器的配置方法。

10.1　理解邮件服务的基本知识

电子邮件(E-mail)是较早的 Internet 服务之一,是在 Internet 上广泛应用的服务,通过电子邮件系统,用户可以以低廉的价格、极快的速度与世界上任何角落的 Internet 用户进行联系。电子邮件不但可以传输传统的文字信息,还可以传输图像、声音和视频等多媒体信息,电子邮件是公司、企业或个人必备的现代通信工具。电子邮件服务已成为 Internet 上仅次于 Web 的服务之一,是互联网上最早开发、应用较广泛的一项非交互式服务,其特点是方便快捷和经济适用。

在使用电子邮件客户端收发电子邮件之前,有必要了解电子邮件的基本概念和协议。

10.1.1　电子邮件的基本概念

1. 电子邮件系统

电子邮件系统是一种能够书写、发送、存储和接收信件的电子信息通信系统,是在通信网上设立的"电子信箱系统",由邮件用户代理(mail user agent,MUA)、邮件传送代理(mail transfer agent,MTA)、邮件投递代理(mail delivery agent,MDA)及电子邮件协议 4 部分组成,如图 10-1 所示。MUA 指用于收发 E-mail 的程序,MTA 指将来自 MUA 的信件转发给指定用户的程序,MDA 用于将 MTA 接收的信件依照信件的流向(送到哪里)将该信件放置到本机账户下的邮件文件中(收件箱),当用户从 MUA 中发送一封邮件时,该邮件会被发送到 MTA,而后在一系列 MTA 中转发,直到它到达最终发送目标为止。

2. 电子邮件服务器

对电子邮件服务器的理解有两种:一种是提供电子邮件服务的计算机系统,另一种是指提供电子邮件服务的软件系统,既有各种常用的邮件服务器包括 Windows 平台下的

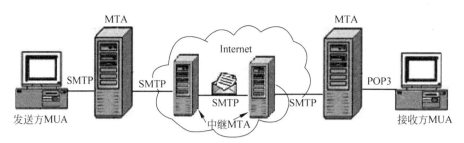

图 10-1 电子邮件系统的组成

Exchange、Mdaemon 等服务器软件,也有 Linux 平台下的 Sendmail、Posfix 和 Exim4 等提供 SMTP 服务的配合 Dovecot 的 POP3(post office protocol vesion 3,邮局协议第 3 版)的服务软件。

3. 邮件服务器地址

Internet 上每台主机都必须有其 IP 地址,为了能够发送、接收邮件,邮件服务器也必须有其 IP 地址或域名,每个邮件服务器的地址由其邮件服务提供商设置并管理。例如,126.com 的电子邮件传送服务器的地址为 smtp.126.com,接收邮件服务器的地址为 pop.126.com。

4. 电子邮件地址

每个电子邮件用户要收发邮件都必须有一个电子邮件地址,电子邮件地址的格式是"username@邮件服务器域名",username 是邮箱的用户名,由用户申请邮箱时注册,邮件服务器域名是邮件服务器所在的域名。

5. 邮件传输协议

与 Web 一样,邮件服务有其专用的应用层协议,邮件服务器采用 SMTP 来实现邮件的发送及中继服务器之间的邮件转发,采用 POP3 或 IMAP4(Internet message access protocol 4,交互式数据消息访问协议第 4 版)实现邮件客户端从服务器收到邮件。

10.1.2 电子邮件的工作原理

用户要收发电子邮件,必须先向邮件服务提供商注册自己的邮件地址,然后登录用户自己注册的电子邮件地址来发送和接收电子邮件,其工作过程如图 10-2 所示。

(1) 用户 1 使用 Outlook 或 Foxmail 等 MUA 软件编辑撰写要发送的邮件,邮件中要有发送方和接收方的电子邮件地址。

(2) 当发送方单击"发送邮件"按钮后,发送方向发送方的邮件服务器发送邮件,通过 SMTP 协议把邮件发送到发送方的邮件服务器,发送之前建立 TCP 连接。

(3) 发送方的 SMTP 服务器收到邮件后,将邮件放到邮件缓冲队列中,等待发送到接收的服务器中。

(4) 发送方 SMTP 邮件服务器每隔一定时间处理一次缓冲区中的邮件队列,若是本地域的邮件,则根据设定的规则决定接收或拒绝此邮件。若非本地域的邮件,则 SMTP 服务器根据目的 E-mail 地址,使用 DNS 服务器的 MX(邮件交换器资源记录)查询解析目标服务器的域名的 SMTP 服务器地址,并通过网络将邮件发送出去。可能要经过多次中继,最终,邮件会传送到目标域的 SMTP 服务器。

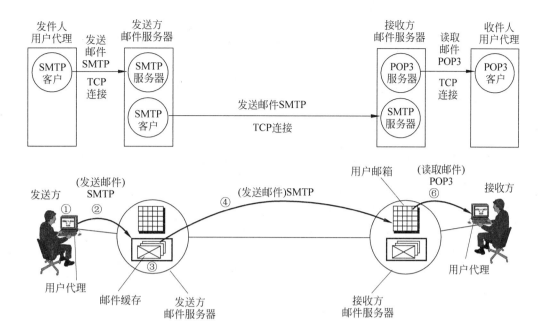

图 10-2 电子邮件的工作过程

（5）接收方的 SMTP 服务器收到发送来的邮件后，根据邮件地址中的用户名判断用户的邮箱，并通过 MDA 将邮件投递到用户的邮箱中保存，等待用户登录来读取或下载。

（6）接收方利用客户端 MUA 软件登录到其 POP 服务器，从其邮箱中读取邮件或下载并浏览邮件，完成电子邮件的发送、接收过程。

10.1.3 Sendmail 和 Dovecot 简介

1. Sendmail 简介

Sendmail 是 Linux 上应用较广泛的邮件服务器之一，大部分的 Linux 发布商都附带了最新的 Sendmail 程序。实际上，它是一个邮件传输代理，能够将邮件从一台主机发送到其他主机上。Sendmail 是 Linux 操作系统中最常用、最重要的电子邮件传输代理程序，得到大量的商业支持，拥有大量的用户群。Sendmail 具有常规的 Internet 网络邮件路由功能，可以进行别名伪装、自动网络网关路由，并具有非常高的可配置性。虽然 Sendmail 在 UNIX 及 Linux 操作系统中广泛使用，但也被发现有很多安全漏洞，目前有被 Postfix 等其他邮件服务器软件取代的趋势。本项目介绍常用的 Sendmail 服务器的配置。

2. Dovecot 简介

Dovecot 是一个开源的 IMAP 和 POP3 邮件服务器，支持 Linux/UNIX 操作系统。POP/IMAP 是 MUA 从邮件服务器中读取邮件时使用的协议。其中，POP3 是从邮件服务器中下载邮件并存起来，IMAP4 则是将邮件留在服务器端直接对邮件进行管理、操作。Dovecot 由 Timo Sirainen 开发，最初发布于 2002 年 7 月。其优点是 Dovecot 在安全性方面比较出众，支持多种认证方式，在功能方面也比较符合一般的应用需求。

10.2 安装电子邮件软件、了解电子邮件配置文件

RHEL 6.5 自带了 Postfix 和 Sendmail 两种 SMTP 邮件服务的 rpm 软件包,如果在安装 Linux 时选择了 E-mail 服务,Linux 操作系统就会安装 Sendmail 软件包,如果在安装系统时没有选择 E-mail 服务,就需要手动安装 Sendmail 软件包。

10.2.1 安装 Sendmail 软件

1. Sendmail 软件所需的软件包

在 Linux 操作系统安装光盘中有 Sendmail 安装软件包,该相关的软件包如下。

(1) Sendmail 主程序包——sendmail-8.14.4-8.el6.x86_64.rpm。
(2) Sendmail.cf 生成器——sendmail-cf-8.14.4-8.el6.noarch.rpm。
(3) Sendmail 宏指令处理器——m4-1.4.13-5.el6.x86_64.rpm。
(4) Procmail 是一个可以自定义的强大的邮件过滤工具——procmail-3.22-25.1.el6.x86_64.rpm。

2. 安装 Sendmail 软件包

可以使用如下命令来安装 Sendmail 软件包。

```
[root@dns1 Packages]# rpm -ivh procmail-3.22-25.1.el6.x86_64.rpm
warning: procmail-3.22-25.1.el6.x86_64.rpm: Header V3 RSA/SHA256 Signature, key ID fd431d51: NOKEY
Preparing...        ########################################### [100%]
   1:procmail       ########################################### [100%]
[root@dns1 Packages]# rpm -ivh sendmail-8.14.4-8.el6.x86_64.rpm
warning: /mnt/Packages/sendmail-8.14.4-8.el6.x86_64.rpm: Header V3 RSA/SHA256 Signature, key ID fd431d51: NOKEY
Preparing...        ########################################### [100%]
   1:sendmail       ########################################### [100%]
[root@dns1 Packages]# rpm -ivh sendmail-cf-8.14.4-8.el6.noarch.rpm
warning: sendmail-cf-8.14.4-8.el6.noarch.rpm: Header V3 RSA/SHA256 Signature, key ID fd431d51: NOKEY
Preparing...        ########################################### [100%]
   1:sendmail-cf    ########################################### [100%]
[root@dns1 Packages]# rpm -ivh m4-1.4.13-5.el6.x86_64.rpm
warning: m4-1.4.13-5.el6.x86_64.rpm: Header V3 RSA/SHA256 Signature, key ID fd431d51: NOKEY
Preparing...        ########################################### [100%]
1:m4                ########################################### [100%]
[root@dns1 Packages]#
```

10.2.2 安装 Dovecot 软件

Dovecot 是一个开源的 IMAP4 和 POP3 邮件服务器,可以使用如下的命令安装 Dovecot 软件。

```
[root@dns1 Packages]# rpm -ivh dovecot-2.0.9-7.el6.x86_64.rpm
```

```
warning: dovecot - 2.0.9 - 7.el6.x86_64.rpm: Header V3 RSA/SHA256 Signature, key ID
fd431d51: NOKEY
Preparing...             ########################### [100%]
1:dovecot                ########################### [100%]
[root@dns1 Packages]#
```

10.2.3 了解 Sendmail 配置文件

1. Sendmail 配置文件

Sendmail 的配置文件多数位于/etc/mail 目录下,其相关配置文件如下。

(1) /etc/mail/sendmail.cf——是 Sendmail 软件的主配置文件,控制着 Sendmail 的所有行为,在安装完 Sendmai 软件后会在/etc/mail 目录下自动生成一个仅适合本系统使用的 sendmail.cf 文件。sendmail.cf 文件使用了大量的宏代码进行配置,很难看懂,Sendmail 提供一个 sendmail.cf 的生成器 m4,它通过一系列的人机对话来生成一个用户定制的 sendmail.cf 主配置文件。

(2) /etc/mail/sendmail.mc——Sendmail 提供的 Sendmail 软件的宏模板,通过编辑此文件后,再使用 m4 工具将结果导入 sendmail.cf 文件中。

(3) /etc/mail/local-host-names——设置服务器所负责投递的域,保存接收邮件的主机列表。

(4) /etc/mail/access.db——访问数据库文件,用于实现中继代理,定义什么主机或 IP 地址能访问本地邮件服务器,该数据库需要与 makemap 和/etc/mail/access 文件配合使用。

(5) virtusertable.db——定义虚拟用户和域的数据库文件。

2. sendmail.mc 的常用配置项

Sendmail 软件的主配置文件 semdmail.cf 中使用了大量的宏代码进行配置,很难看懂,通常利用配置模板文件 sendmail.mc 来生成 sendmail.cf。下面介绍 sendmail.mc 的常用配置项。sendmail.mc 文件以 dnl 或 # 开头的部分是注释部分,该文件的最前面几行完成一些辅助工作,内容如下:

```
divert(-1)dnl
dnl # 在生成配置文件时删除额外的输出.
dnl #
dnl # This is the sendmail macro config file for m4. If you make changes to
dnl # /etc/mail/sendmail.mc, you will need to regenerate the
dnl # /etc/mail/sendmail.cf file by confirming that the sendmail-cf package is
dnl # installed and then performing a make -C /etc/mail
dnl #
dnl #
dnl #
include('/usr/share/sendmail-cf/m4/cf.m4')
dnl 将 sendmail 所需的规则包含进来
VERSIONID('setup for Red Hat Linux')
dnl 指出配置文件是针对 Red Hat Linux(可以为任意值)
OSTYPE('linux')
dnl 必须设置为 linux 以获得 Sendmail 所需文件的正确位置
dnl #
```

```
dnl # Uncomment and edit the following line if your outgoing mail needs to
dnl # be sent out through an external mail server:
dnl # #指定邮件服务器中继,如果邮件需要外部服务器中继,去掉下面的注释
dnl define('SMART_HOST','smtp.your.provider')
define('confDEF_USER_ID',"8:12")
dnl 指定以 mail 用户(UID:8)和 mail 组(GID:12)的身份运行守护进程
Define('confTRUSTED_USER','SMMSP')
dnl 将 smmsp 添加到 Sendmail 的可信用户列表中,其他的可信用户是 root、uucp、daemon dnl(smmsp 用
户被赋予部分 Sendmail 假脱机目录和邮件数据库文件的所有权
dnl define('confAUTO_REBUILD')
dnl 如果有必要,Sendmail 将自动重建别名数据库
define('confTO_CONNECT','1m')
dnl 将 Sendmail 等待初始连接完成的时间设置为 1 分钟(1min)
define('confTRY_NULL_MX_LIST',true)
dnl 设为 true,如果接收服务器是一台主机最佳的 MX,试着直接连接那台主机
define('confDONT_PROBE_INTERFACES',true)
dnl 设为 true,Sendmai 守护进程将不会把本地网络接口插入已知等效地址列表中
define('PROCMAIL_MAILER_PATH','/usr/bin/procmail')
dnl 设置分发接收邮件的程序(默认是 procmail)
define('ALIAS_FILE','/etc/aliases')
dnl 设置分发接收邮件的邮件别名数据库
dnl define('STATUS_FILE','/etc/mail/statistics')
dnl 设置分发接收邮件的邮件统计文件的位置
define('UUCP_MAILER_MAX','2000000')
dnl 设置 UUCP 邮件程序接收的最大信息(以字节计)
define('confUSERDB_SPEC','/etc/mail/userdb.db')
dnl 设置用户数据库(在该数据库中可替换特定用户的默认邮件服务器)的位置
define('confPRIVACY_FLAGS', 'authwarnings,novrfy,noexpn,restrictqrun')
#强制 Sendmail 使用某种邮件协议,如 authwarnings 表明使用 X- Authentication-
#Warning 标题,并记录在日志文件中;novrfy 和 noexpn 设置防止请求相应的服务,#restrictqrun
选项禁止 Sendmail 使用-q 选项.
define('confAUTH_OPTIONS', 'A')
dnl 设置由于 SMTP 验证
dnl # The following allows relaying if the user authenticates, and disallows
dnl # plaintext authentication (PLAIN/LOGIN) on non-TLS links
dnl define('confAUTH_OPTIONS', 'A p')dnl 使用明文登入
dnl # PLAIN is the preferred plaintext authentication method and used by
dnl # Mozilla Mail and Evolution, though Outlook Express and other MUAs do
dnl # use LOGIN. Other mechanisms should be used if the connection is not
dnl # guaranteed secure.
dnl TRUST_AUTH_MECH('EXTERNAL DIGEST-MD5 CRAM-MD5 LOGIN PLAIN')dnl
dnl define('confAUTH_MECHANISMS', 'EXTERNAL GSSAPI DIGEST-MD5 CRAM-MD5 LOGIN PLAIN')
dnl 允许 Sendmail 使用明文密码以外的其他验证机制
dnl # Rudimentary information on creating certificates for sendmail TLS:
dnl # make -C /usr/share/ssl/certs usage
dnl define('confCACERT_PATH','/usr/share/ssl/certs')
dnl define('confCACERT','/usr/share/ssl/certs/ca-bundle.crt')
dnl define('confSERVER_CERT','/usr/share/ssl/certs/sendmail.pem')
dnl define('confSERVER_KEY','/usr/share/ssl/certs/sendmail.pem')
dnl #以上 4 行启用证书
dnl # This allows sendmail to use a keyfile that is shared with OpenLDAP's
```

```
dnl # slapd, which requires the file to be readble by group ldap
dnl #
dnl define('confDONT_BLAME_SENDMAIL','groupreadablekeyfile')
dnl 如果密钥文件需要被除 Sendmail 外的其他应用程序读取,那么显示以上行
dnl #
dnl define('confTO_QUEUEWARN', '4h')
dnl 设置邮件发送被延期多久之后向发送人发送通知消息,默认为 4 小时
dnl define('confTO_QUEUERETURN', '5d')
dnl 设置多长时间返回一个无法发送消息
dnl define('confQUEUE_LA', '12')
dnl define('confREFUSE_LA', '18')
dnl 以上两行分别设置排队或拒绝的接收邮件的系统负载平均水平
define('confTO_IDENT','0')
dnl 设置等待接收 IDENT 查询响应的超时值(默认为 0,永不超时)
dnl FEATURE 宏用于设置一些特殊的 Sendmail 特性
dnl FEATURE(delay_checks)
FEATURE('no_default_msa','dnl')
FEATURE('smrsh','/usr/sbin/smrsh')
dnl  smrsh 定义/usr/sbin/smrsh 作为 Sendmail 用来接收命令的简单 shell
FEATURE('mailertable','hash - o /etc/mail/mailertable.db')
dnl 设置 mailertable 数据库的位置
FEATURE('virtusertable','hash - o /etc/mail/virtusertable.db')
dnl 设置 virtusertable 数据库的位置
FEATURE(redirect)
dnl 允许拒绝接收已移走的用户的邮件并提供其新地址
FEATURE(always_add_domain)
dnl  always_add_domain 可在所有发送的邮件上为主机名添加本地域名
FEATURE(use_cw_file)
dnl 表明 Sendmail 使用/etc/mail/local - host - names 文件为该邮件服务器提供另外的主机名
FEATURE(use_ct_file)
dnl 表明 Sendmail 使用/etc/mail/trusted - users 文件提供可信用户名(可信用户可用另一个 dnl 用
户名发送邮件而不会收到警告消息)
dnl # The - t option will retry delivery if e.g. the user runs over his quota.
FEATURE(local_procmail,'','procmail - t - Y - a $ h - d $ u')
dnl 设置用于递送本地邮件的命令(procmail)及其选项($ h:hostname, $ u:user name).
FEATURE('access_db','hash - T < TMPF > - o /etc/mail/access.db')
dnl 设置访问数据库的位置,该数据库指出允许哪些主机通过此服务器中继邮件
FEATURE('blacklist_recipients')
dnl 启用该服务器为所选用户、主机或地址阻塞接收邮件的功能(access_db 和 blacklist_ dnl
recipients 特性对防止垃圾邮件有用)
EXPOSED_USER('root')dnl
dnl #
dnl # The following causes sendmail to only listen on the IPv4 loopback address
dnl # 127.0.0.1 and not on any other network devices. Remove the loopback
dnl # address restriction to accept email from the internet or intranet.
dnl #
dnl # DAEMON_OPTIONS('Port = smtp,Addr = 127.0.0.1, Name = MTA')
dnl 允许接收本地主机创建的邮件,如果要允许接收从 Internet 或其他网络接口(如局域 dnl 网)
传入的邮件,一定要注释掉此行
dnl # The following causes sendmail to additionally listen to port 587 for
dnl # mail from MUAs that authenticate. Roaming users who can't reach their
```

```
dnl # preferred sendmail daemon due to port 25 being blocked or redirected find
dnl # this useful.
dnl DAEMON_OPTIONS(''Port = submission, Name = MSA, M = Ea')dnl
dnl # The following causes sendmail to additionally listen to port 465, but
dnl # starting immediately in TLS mode upon connecting. Port 25 or 587 followed
dnl # by STARTTLS is preferred, but roaming clients using Outlook Express can't
dnl # do STARTTLS on ports other than 25. Mozilla Mail can ONLY use STARTTLS
dnl # and doesn't support the deprecated smtps; Evolution < 1.1.1 uses smtps
dnl # when SSL is enabled -- STARTTLS support is available in version 1.1.1.
dnl # For this to work your OpenSSL certificates must be configured.
dnl DAEMON_OPTIONS('Port = smtps, Name = TLSMTA, M = s')dnl
dnl #
dnl # The following causes sendmail to additionally listen on the IPv6 loopback
dnl # device. Remove the loopback address restriction listen to the network.
dnl # NOTE: binding both IPv4 and IPv6 daemon to the same port requires a kernel patch
dnl DAEMON_OPTIONS('port = smtp,Addr = ::1, Name = MTA - v6, Family = inet6')dnl
dnl #
dnl # We strongly recommend not accepting unresolvable domains if you want to
dnl # protect yourself from spam. However, the laptop and users on computers
dnl # that do not have 24x7 DNS do need this.
FEATURE('accept_unresolvable_domains')
dnl 启用 accept_unresolvable_domains,使能够接收域名不可解析的主机发送来的邮件
dnl # 如果有需要使用邮件服务器的客户端(如拨号计算机),启用该选项.关闭该选项 dnl 有助于防止垃圾邮件
dnl FEATURE('relay_based_on_MX')
dnl # Also accept email sent to "localhost.localdomain" as local email.
LOCAL_DOMAIN('localhost.localdomain')
dnl 使域名 localhost.localdomain 作为本地计算机名被接收
dnl # The following example makes mail from this host and any additional
dnl # specified domains appear to be sent from mydomain.com
dnl MASQUERADE_AS('mydomain.com')dnl
dnl # masquerade not just the headers, but the envelope as well
dnl FEATURE(masquerade_envelope)dnl
dnl # masquerade not just @mydomainalias.com, but @ *.mydomainalias.com as well
dnl #
dnl FEATURE(masquerade_entire_domain)dnl
dnl MASQUERADE_DOMAIN(localhost)dnl
dnl MASQUERADE_DOMAIN(localhost.localdomain)dnl
dnl MASQUERADE_DOMAIN(mydomainalias.com)dnl
dnl MASQUERADE_DOMAIN(mydomain.lan)dnl
MAILER(smtp)dnl
MAILER(procmail)dnl
```

10.2.4 了解 Dovecot 配置文件

Dovecot 是一个开源的 IMAP4 和 POP3 邮件服务器,其配置文件为/etc/dovecot/dovecot.conf。配置文件中以#开头的行为注释行,默认有些配置项是注释掉的,没有起作用,去掉某些行的#来配置相应的功能,该配置文件的内容如下:

```
## Dovecot configuration file
```

```
# If you're in a hurry, see http://wiki.dovecot.org/QuickConfiguration
# "doveconf -n" command gives a clean output of the changed settings. Use it
# instead of copy&pasting files when posting to the Dovecot mailing list.
# '#' character and everything after it is treated as comments. Extra spaces
# and tabs are ignored. If you want to use either of these explicitly, put the
# value inside quotes, eg.: key = "# char and trailing whitespace"
# Default values are shown for each setting, it's not required to uncomment
# those. These are exceptions to this though: No sections (e.g. namespace {})
# or plugin settings are added by default, they're listed only as examples.
# Paths are also just examples with the real defaults being based on configure
# options. The paths listed here are for configure --prefix=/usr
# --sysconfdir=/etc --localstatedir=/var
# Protocols we want to be serving.
#protocols = imap pop3 lmtp
# A comma separated list of IPs or hosts where to listen in for connections.
# "*" listens in all IPv4 interfaces, "::" listens in all IPv6 interfaces.
# If you want to specify non-default ports or anything more complex,
# edit conf.d/master.conf.
#listen = *, ::
# Base directory where to store runtime data.
#base_dir = /var/run/dovecot/
# Greeting message for clients.
#login_greeting = Dovecot ready.
# Space separated list of trusted network ranges. Connections from these
# IPs are allowed to override their IP addresses and ports(for logging and
# for authentication checks). disable_plaintext_auth is also ignored for
# these networks. Typically you'd specify your IMAP proxy servers here.
#login_trusted_networks =
# Sepace separated list of login access check sockets (e.g. tcpwrap)
#login_access_sockets =
# Show more verbose process titles (in ps). Currently shows user name and
# IP address. Useful for seeing who are actually using the IMAP processes
# (eg. shared mailboxes or if same uid is used for multiple accounts).
#verbose_proctitle = no
# Should all processes be killed when Dovecot master process shuts down.
# Setting this to "no" means that Dovecot can be upgraded without
# forcing existing client connections to close(although that could also be
# a problem if the upgrade is e.g. because of a security fix).
#shutdown_clients = yes
# If non-zero, run mail commands via this many connections to doveadm server,
# instead of running them directly in the same process.
#doveadm_worker_count = 0
# UNIX socket or host:port used for connecting to doveadm server
#doveadm_socket_path = doveadm-server
##
## Dictionary server settings
# Dictionary can be used to store key=value lists. This is used by several
# plugins. The dictionary can be accessed either directly or though a
# dictionary server. The following dict block maps dictionary names to URIs
# when the server is used. These can then be referenced using URIs in format
# "proxy::<name>".
```

```
dict{
  #quota = mysql:/etc/dovecot/dovecot-dict-sql.conf.ext
  #expire = sqlite:/etc/dovecot/dovecot-dict-sql.conf.ext
}
# Most of the actual configuration gets included below. The filenames are
# first sorted by their ASCII value and parsed in that order. The 00-prefixes
# in filenames are intended to make it easier to understand the ordering.
!include conf.d/*.conf
# A config file can also tried to be included without giving an error if
# it's not found:
#!include_try /etc/dovecot/local.conf
```

10.3 配置邮件服务器

10.3.1 配置简单邮件服务器 Sendmail

1. 配置 DNS 服务器的 MX 记录

（1）为了能够在网络中正确定位邮件服务器，需要设置 DNS 服务器的 MX（邮件转发器）资源记录，修改 DNS 区域配置文件 example.com.zone，添加 example.com.zone 正向区域数据文件的相关字段，其内容如下：

```
[root@RHEL named]# vi  /var/named/example.com.zone
$ TTL 1D      //$TTL 定义生存期，默认为 1D 表示 1 天
@     IN SOA  dns1.example.com.    admin.example.com.(//起始授权,指定主 DNS 的 QFDN
                                   0        ; serial
                                   1D       ; refresh
                                   1H       ; retry
                                   1W       ; expire
                                   3H )     ; minimum
@     IN    NS     dns1.example.com.
@     IN    NS     dns2.example.com.
@     IN    MX     10    mail.example.com.    //添加的 MX 记录
mail  IN    A      192.168.1.5               //添加的正向解释记录
dns1  IN    A      192.168.1.1
dns2  IN    A      192.168.1.2
www   IN    A      192.168.1.3
ftp   IN    A      192.168.1.4
web   IN    CNAME  www.example.com.
```

（2）修改 DNS 反向配置文件 example.com.zero，添加反向解释记录。

```
[root@dns1 named]# vi example.com.zero
$ TTL 1D
@       IN SOA  dns1.example.com.    admin.example.com.(
                                     0        ; serial
                                     1D       ; refresh
                                     1H       ; retry
                                     1W       ; expire
                                     3H )     ; minimum
```

@	IN	NS	dns1.example.com.
@	IN	NS	dns2.example.com.
1	IN	PTR	dns1.example.com.
2	IN	PTR	dns2.example.com.
3	IN	PTR	www.example.com.
4	IN	PTR	ftp.example.com.
5	IN	PTR	mail.example.com. //添加的反向解释记录

(3) 重启 DNS 服务，操作如下：

[root@dns1 named]# ***service named restart***
停止 named:.   [确定]
启动 named: [确定]

2. 配置 Sendmail SMTP 服务

1) 修改 Sendmail 配置文件

(1) 修改 sendmail.mc 配置文件，需要修改的内容如下：

//39 行，去掉前面的 dnl
define('confAUTH_OPTIONS', 'A')dnl
//52 行，去掉前面的 dnl
TRUST_AUTH_MECH('EXTERNAL DIGEST-MD5 CRAM-MD5 LOGIN PLAIN')dnl
//53 行，去掉前面的 dnl
define('confAUTH_MECHANISMS', 'EXTERNAL GSSAPI DIGEST-MD5 CRAM-MD5 LOGIN PLAIN')dnl
//116 行，去掉前面的 dnl，将 DAEMON_OPTIONS 括号中的 Addr 值 127.0.0.1 改为 0.0.0.0，允许从
//任何网络接收邮件
DAEMON_OPTIONS('Port=smtp, Addr=0.0.0.0, Name=MTA')dnl
//123 行，去掉前面的 dnl，开启发件验证端口 587
DAEMON_OPTIONS('Port=submission, Name=MSA, M=Ea')dnl

(2) 使用 m4 命令，从 endmail.mc 生成 sendmail.cf，注意先保存原来的 sendmail.cf。

[root@dns1 mail]# ***cp sendmail.cf sendmail.cf.bak***
[root@dns1 mail]# ***m4 sendmail.mc > sendmail.cf***

(3) 重启 Sendmail 服务，并确认 Sendmail 服务已经监听本机所有 IP。

[root@dns1 mail]# ***service sendmail restart***
关闭 sm-client: [确定]
关闭 sendmail: [确定]
正在启动 sendmail: [确定]
启动 sm-client: [确定]
[root@dns1 mail]# *netstat -ntlp | grep sendmail*
tcp 0   0 0.0.0.0:587   0.0.0.0:*   LISTEN 4671/sendmail //已经开启 587 端口
tcp 0   0 0.0.0.0:25   0.0.0.0:*   LISTEN 4671/sendmail //已经开启 25 端口

2) 配置 access 文件

(1) 修改 access 文件，编辑加入允许接入的域和网段。

Check the /usr/share/doc/sendmail/README.cf file for a description
of the format of this file. (search for access_db in that file)
The /usr/share/doc/sendmail/README.cf is part of the sendmail-doc

```
# package.
# If you want to use AuthInfo with "M:PLAIN LOGIN", make sure to have the
# cyrus-sasl-plain package installed. By default we allow relaying from localhost...
Connect:localhost.localdomain          RELAY
Connect:localhost                      RELAY
Connect:127.0.0.1                      RELAY
Connect:192.168.1.5                    RELAY
Connect:example.com                    RELAY
```

（2）使用 makemap 命令，备份并重新生成 access.db 数据库文件。

```
[root@dns1 mail]# cp access.db access.db.bak
[root@dns1 mail]# makemap hash access.db < access
```

3）修改 local-host-names 文件

（1）修改 local-host-names 文件，添加本服务器负责接收的域 example.com。

```
[root@dns1 mail]# vi local-host-names
# local-host-names - include all aliases for your machine here.
example.com    //添加这个字段
```

（2）重启 Sendmail 服务。

```
[root@dns1 mail]# service sendmail restart
关闭 sm-client:                              [确定]
关闭 sendmail:                               [确定]
正在启动 sendmail:                            [确定]
启动 sm-client:                              [确定]
```

10.3.2 配置 POP3 和 IMAP4 的 Dovecot 服务

1. 修改 dovecot.conf 文件

将 dovecot.conf 文件第 20 行 protocols 前面的注释号（#）删除，并保存退出，开启 IMAP 和 POP3 等服务的支持。

```
protocols = imap pop3 lmtp
```

2. 修改 10-mail.conf 文件

修改位于/etc/dovecot/conf.d/目录下的 10-mail.conf 文件，找到 mail_location = mbox:~/mail:INBOX=/var/mail/%u 这一行并去掉前面的 # 注释，保存退出。

```
mail_location = mbox:~/mail:INBOX = /var/mail/%u
```

3. 关闭默认的 SSL 验证

Dovecot 在默认情况下会打开 POP3 的 SSL 安全连接认证（端口 995），在进行普通认证（端口 110）时要关闭 SSL，修改/etc/dovecot/conf.d/目录下的 10-ssl.conf 文件，找到第 8 行的 ssl=required，去掉前面的 #，将原来的 required 改为 no，关闭 SSL 认证，并新增一行，允许明文传输。

```
ssl = no      //第 8 行去掉前面的 #,将原来的 required 改为 no
```

disable_plaintext_auth = no   //新增一行,允许明文传输

4. 重启 dovecot 服务

[root@dns1 mail]# *service dovecot restart*

10.3.3 邮件服务器的测试

1. 开启防火墙

[root@mail mail]# *service sendmail restart*
iptables 设定
[root@mail mail]# *iptables -A INPUT -p tcp --dport 25 -j ACCEPT*
[root@mail mail]# *iptables -A INPUT -p udp --dport 25 -j ACCEPT*

2. 使用 telnet 命令测试

[root@mail mail]# *telnet mail.example.com 25*
Trying 192.168.1.5...
Connected to mail.example.com.
Escape character is '^]'.
220 mail.example.com ESMTP Sendmail 8.14.4/8.14.4; Thu, 26 Feb 2015 18:27:13 +0800
helo example.com
250 mail.example.com Hello mail.example.com [192.168.1.5], pleased to meet you
mail from :root@example.com
250 2.1.0 root@example.com... Sender ok
rcpt to :stud1@example.com
250 2.1.5 stud1@example.com... Recipient ok
data
354 Enter mail, end with "." on a line by itself
This mail is send tostudent1 for test mail server!
.   //退出邮件编辑
250 2.0.0 t1QARDc5008011 Message accepted for delivery
quit   //退出邮件编辑
221 2.0.0 mail.example.com closing connection
Connection closed by foreign host.
[root@mail mail]# *cat /var/spool/mail/stud1*
From root@example.com   Thu Feb 26 18:28:59 2015
Return-Path: <root@example.com>
Received: fromstud1 (mail.example.com [192.168.1.5])
      by mail.example.com (8.14.4/8.14.4) with SMTP id t1QARDc5008011
      for stud1@example.com; Thu, 26 Feb 2015 18:28:34 +0800
Date: Thu, 26 Feb 2015 18:27:13 +0800
From: root <root@example.com>
Message-Id: <201502261028.t1QARDc5008011@mail.example.com>

This mail is send tostudent1 for test mail server!

[root@mail ~]#

3. 使用 Outlook2010 测试

(1) 将 Windows 客户端网络连接的 DNS 地址设置为 Linux 中配置的 DNS 服务器的 IP 地址,在本例中为 192.168.1.5,如图 10-3 所示。

图 10-3 客户端 DNS 地址

(2) 添加测试邮件用户,修改密码。

[root@mail ~]# *useradd test*
[root@mail ~]# *useradd soft*
[root@mail ~]# *passwd test*
更改用户 test 的密码.
新的 密码:
重新输入新的 密码:
passwd: 所有的身份验证令牌已经成功更新.
[root@mail ~]# *passwd soft*
更改用户 soft 的密码.
新的 密码:
重新输入新的 密码:
passwd: 所有的身份验证令牌已经成功更新.

(3) 启动 Outlook。

选择"开始"→"程序"→Microsoft Office→Microsoft Office Outlook 2010 选项。

(4) 添加 Outlook 电子邮件账户。

① 在 Outlook 主窗口中单击"文件"→"信息"→"添加账户"按钮,如图 10-4 所示。

图 10-4　在 Outlook 中添加账户

② 在弹出的"添加新账中"对话框中选中"手动配置服务器设置或其他服务器类型"单选按钮，单击"下一步"按钮，如图 10-5 所示。

图 10-5　"添加新账户"对话框

③ 在弹出的对话框中选择"Internet 电子邮件"选项并单击"下一步"按钮，弹出"更改账户"对话框，如图 10-6 所示。

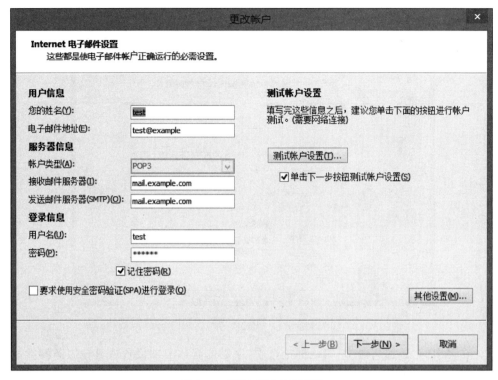

图 10-6 "更改账户"对话框

④ 填写账户信息,并单击"测试账户设置"按钮,弹出"测试账户设置"对话框,若无错误发生,就可以通过测试,如图 10-7 所示,然后单击"关闭"按钮来完成测试账户,最后依次单击"下一步"→"完成"按钮来完成账户添加的任务。使用同样的方法可以添加 soft@example.com 账户。

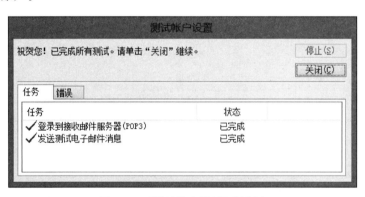

图 10-7 "测试账户设置"对话框

(5) 客户端收发邮件。

在 Outlook 主窗口中选择"开始"→"新建电子邮件"选项,打开填写并发送电子邮件窗口,如图 10-8 所示。单击"发送"按钮即可完成发送电子邮件,也可以保存后,在 Outlook 主窗口中单击"发送/接收所有文件夹"按钮来发送电子邮件。

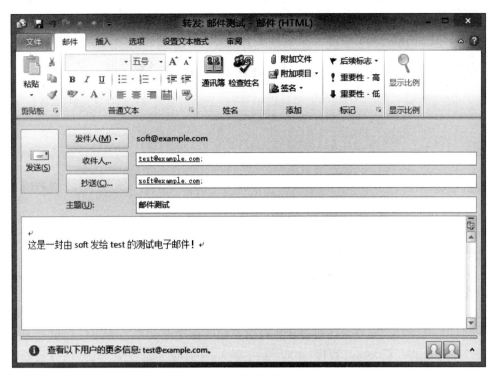

图 10 8　填写邮件窗口

项 目 小 结

本项目首先介绍电子邮件的基本概念、工作原理等基本知识。然后介绍 Linux 操作系统中电子邮件的安装及配置方法，详细介绍了实现 SMTP 的 Sendmail 电子邮件软件的安装、配置文件、配置方法，以及实现 POP3 和 IMAP 的 Dovecot 软件的安装和配置方法。最后介绍了电子邮件服务器的测试，包括使用 Telnet 测试 Sendmail，以及使用 Outlook 2010 来收发电子邮件。

项目 11 Linux Shell 编程

项目目标
- 了解 Linux Shell 的基本知识和功能。
- 掌握 Shell 变量的定义和使用方法。
- 掌握和熟练运用 Shell 中的分支语句。
- 掌握和熟练运用 Shell 中的循环语句。
- 理解和熟练运用 Shell 的函数。

Linux 操作系统的 Shell 既是一种命令解释器,又是一种程序设计语言。作为命令解释器,它接收用户的输入,交互式地解释和执行用户输入的命令。作为程序设计语言,与其他许多程序设计语言一样,Shell 程序(也叫 Shell 脚本)中可以定义变量和函数、传递参数、具有流程控制结构。本项目将介绍 Shell 的相关概念和 Shell 程序设计知识。

11.1 Shell 概述

11.1.1 认识 Shell

英文单词 Shell 是"壳"或"外壳"的意思,Linux 操作系统中的 Shell 就是 Linux 内核的外壳或外层保护工具,它是一种特殊功能的程序,是用户与系统内核之间的接口,负责完成用户与 Linux 内核之间的交互操作。Shell 是系统的用户界面,它提供了用户与内核进行交互操作的一种接口,就是一个命令解释器,它的作用就是接收用户输入的命令,并遵循一定的语法将输入的命令加以解释并传给系统内核去执行。一个命令就是用户和 Shell 之间对话的一个基本单位,由多个字符组成并以回车换行结束的字符串,用户使用 Linux 时就是通过命令来完成所需工作的。Shell 与内核及用户之间的关系如图 11-1 所示。

Shell 本身是一个用 C 语言编写的程序,它是用户使用 Linux 的桥梁,为用户提供了一个向 Linux 内核发送请求以便运行程序的界面系统级接口程序,用户可以用 Shell 来启动、挂起、停止甚至是编写一些程序。作为命令解释器,Shell 拥有自己内建的 Shell 命令集,可交互式地解释和执行用户输入的命令;作为程序设计语言,它定义了各种变量和参数,并提供了许多在高级语言中才具有的关键字和程序控制结构,包括循环和分支。虽然它不是 Linux 操作系统内核的一部分,但它调用了系统内核

图 11-1 Shell 与内核及用户的关系图

的大部分功能来执行程序、创建文档,并以并行的方式协调各个程序的运行。

1. Shell 的特点

Shell 的概念最初是在 UNIX 操作系统中形成和广泛应用的,Linux 操作系统继承了 UNIX 操作系统中 Shell 的全部功能,Shell 具有以下特点。

(1) 拥有自己内建的 Shell 命令集,用户可以直接使用 Shell 内置的命令,不需要创造新的进程,如 cd、echo、pwd、kill 等命令,Shell 命令区分大小写字母。

(2) Shell 命令行下的终端提示符会随着登录的用户不同而显示不同的提示符,超级用户的提示符是♯,一般用户的提示符是 $。

(3) 命令具有自动补齐功能,即只输入命令的前几个字母,然后按 Tab 键,系统会自动补齐该命令,若匹配的命令不止一个,则显示出所有匹配的命令或文件。

(4) Shell 提供通配符,如 *、?、[ ],使用单一模式串可以匹配多个不同文件名。

(5) 允许灵活使用数据流,提供通配符、I/O 重定向管道等机制,方便模式匹配、I/O 处理和数据传输。

(6) Shell 提供了在后台执行命令的能力,在命令后面跟"&"符号表示该命令按后台方式运行,以释放控制台或终端来运行其他命令。

(7) Shell 提供了一个高级语言,以 Shell 脚本方式组合已有命令和用户编写的可执行程序构成新的命令,并提供顺序、条件和循环控制等结构化程序模块。

(8) Shell 提供了可配置的环境,允许用户创建或修改命令、命令提示符和其他系统的行为。

2. Shell 的分类

Linux 操作系统提供了多种不同的 Shell,常见的有 Bourne Shell(简称 sh)、C Shell(简称 csh)、Korn Shell(简称 ksh)和 Bourne Again Shell(简称 bash)。

(1) Bourne Shell 是贝尔实验室的 Steven Bourne 为 AT&T 的 UNIX 开发的,它是 UNIX 默认的 Shell,也是其他 Shell 的开发基础,它在编程方面相当优秀,但在处理与用户交互方面不如其他几种 Shell。

(2) C Shell 是加州 Berkeley University 的 Bill Joy 为 BSD UNIX 开发的,与 Brourne Shell 不同,它的语法与 C 语言很相似,它提供了 Brourne Shell 所不能处理的用户交互特征,如命令补全、命令别名、历史命令替换等,与 Bourne Shell 并不兼容。

(3) Korn Shell 是贝尔实验室的 David Korn 开发的,它集合了 C Shell 和 Bourne Shell 的优点,且与 Bourne Shell 向下完全兼容。Korn Shell 的效率很高,其命令交互界面和编程界面都很友好。

(4) Bourne Again Shell(简称 bash)是 Linux 默认的 Shell,是 GNU 开发的一个免费 Shell,它不但与 Bourne Shell 兼容,还继承了 C Shell 和 Korn Shell 的优点。

Linux 操作系统中还包含其他一些流行的 Shell,如 ash、zsh 等,每种 Shell 都有其特点。在 Linux 操作系统中可以同时安装多种 Shell,但不同 Shell 的语法略有不同,不能交换使用。用户可以通过查看 etc 目录下的 shells 文件内容或通过 ls 命令查看 bin 路径下的 shell 文件,查看系统中安装了哪些 Shell,代码如下:

```
[root@ ~]# ls /bin/ * sh
/bin/bash   /bin/csh   /bin/dash   /bin/sh   /bin/tcsh
```

用户可以使用下面的命令来查看 Shell 的类型：

[root@ ~]# echo $SHELL

这里的 $SHELL 是一个环境变量，它记录用户所使用的 Shell 类型，用户可以使用以下命令来转换到别的 Shell，这里 shell-name 就是要使用的 Shell 名称，如 ash、csh 等，使用"exit 命令"退出子 Shell。

[root@ ~]# shell-name

11.1.2 Shell 编程和 Shell 脚本程序结构

Shell 的一个重要功能就是可以用来进行程序设计，Shell 编程也称 Shell 脚本编程，用 Shell 编写的程序称为 Shell 程序或 Shell 脚本文件，它是一个纯文本的文件，默认文件的扩展名为 .sh，可使用 Vi 等编辑器来进行编辑脚本程序。下面以一个简单的 Shell 程序来介绍 Shell 脚本程序的结构。

1. 第一个 Shell 程序

首先，可以用 Vi 编辑器新建一个空白的文件，输入如下内容，保存为 MyFirstShell.sh 文件并退出编辑器。

```
#!/bin/bash
# 下面两行是简单的 Shell 命令
date
pwd
# 下面定义一个变量 data 并初始化
data = "Hello World"
# 输出变量 data
echo $data
exit 0
```

2. Shell 脚本程序结构

一个 Shell 脚本程序由零条或多条 Shell 语句构成语句序列，Shell 语句有说明性语句、功能性语句和结构控制语句 3 种。说明性语句包括程序首行说明所用的 Shell 解释器、变量、数组声明语句和程序功能注释行，Shell 程序是由 Shell 命令或其组合和语句组成的有序序列。用户可以定义变量，也可以与 C 语言一样有程序控制结构，Shell 程序结构说明如下。

(1) Shell 程序的第一行总是以一个固定的语句 #!/bin/bash 开头，#! 符号用来告诉系统，它后面的参数是系统将要调用哪个程序来解释并执行本脚本文件，上述例子使用的是 /bin/bash 解释器来执行程序。

(2) Shell 程序中以 # 开头的行一般为注释行，类似于 C 语言中的 //，上例中的第二、五、七行为注释行。注释可以用来说明程序的功能、结构，说明算法和变量等，增加程序的可读性，但解释器在执行时，将忽略注释行。

(3) Shell 程序可以是 Shell 命令或语句，上例中的第三行和第四行是 Shell 命令，分别是显示日期和显示当前工作目录，程序中还可以有变量说明语句和程序结构语句，上例中第六行定义一个变量 data，关于变量和程序控制语句，将在本书 11.2 节中进行介绍。

(4) 上例中第八行的 echo 语句是一个输出语句，类似 C 语言中的 printf 函数，输出的内容为变量 data 的值,符号 $ 表示对变量的引用。

3. Shell 程序的执行

执行 Shell 脚本程序的方式有以下 4 种。

(1) 输入定向到 Shell 脚本。

这种方式使用输入重定向方式让 Shell 从给定文件中读入命令并执行它们,直到文件末尾时终止执行并把控制返回给 Shell 命令状态,该方式在脚本名后面不能带参数。其一般形式如下:

$ bash<脚本名

例如

$ bash< MyFirstShell.sh

(2) 将脚本名作为 bash 的参数。

这种方式与第(1)种方式一样,但这种方式如同函数调用,在脚本名后可以带有参数,从而将参数值传递给程序中的命令,使一个脚本程序可以处理多种不同的情况。其一般形式如下:

$ bash 脚本名 [参数]

如果使用当前 Shell 执行一个 Shell 脚本程序,当前 Shell 名可以用 . 代替,则第(1)种方式中的举例可按如下方式执行:

$ bash MyFirstShell.sh

或

$. MyFirstShell.sh

(3) 使用 source 命令执行。

这种方式与第(2)种方式类似,把脚本程序名作为 source 命令的参数,基本格式如下:

$ source 脚本名

(4) 将脚本文件的权限设置为可执行,然后在命令提示符下直接执行。

通常,编辑器生成的脚本文件是没有"执行"权限的,要把 Shell 脚本当作命令直接执行,需要使用 chmod 命令把它设置为"执行"权限。当 Shell 接收到用户输入的命令(实际是脚本文件名)时,进行分析,如果文件被标记为可执行的,但不是被编译过的二进制文件,Shell 就认为它是一个 Shell 脚本,然后读取其中的内容,并加以解释执行。第(3)种方式的举例中 MyFirstShell.sh 的执行如下:

[root@localhost ~]# ***chmod a + x MyFirstShell.sh***
[root@localhost ~]# ***./MyFirstShell.sh***

其执行结果如下:

[root@localhost ~]# ***chmod a + x MyFirstShell.sh***
[root@localhost ~]# ***./MyFirstShell.sh***

```
2020 年 01 月 28 日 星期二 18:12:15 CST
/root
Hello World
[root@localhost ~]#
```

11.2 Shell 编程基础

11.1 节的 Shell 程序比较简单,当然 Shell 编程并非就如此简单。Shell 脚本的基本构成元素是 Shell 命令,但在创建一个 Shell 脚本程序时,可以使用一系列 Shell 命令的组合,配以 Shell 脚本变量、条件判断、算术表达式,利用选择和循环控制结构,可以高效完成繁重的重复性工作。与 C 语言类似,脚本编程还有许多语法,本节通过 Shell 变量、分支语句、循环语句和 Shell 函数等来介绍 Shell 编程语法。

11.2.1 Shell 中的变量和功能性语句

与其他程序设计语言类似,Shell 脚本程序中也可以使用变量,不同于 C 语言等高级语言,Shell 中的变量使用前无须先定义,也没有细分的类型,所有变量值都是字符串,只有在需要时才会使用一些工具程序将变量转换为特定的类型。

1. Shell 的变量

Shell 中有 3 种变量,即系统变量、环境变量和用户变量。其中,系统变量是 Shell 预先定义的变量,用户只能根据 Shell 的定义来使用这些变量,不能重定义它,在对参数判断和命令返回值判断时会使用到这些变量;Linux 是一个多用户的操作系统,每个用户登录后都有自己专用的运行环境(也称 Shell 环境),该环境由一组变量及其值来决定用户环境的外观,这组变量称为环境变量,Shell 环境包括使用的 Shell 类型、主目录所在位置、当前目录及当前终端类型等;用户变量是用户在编程过程中自己定义的变量。

1) 系统变量

Shell 系统变量是 Shell 预先定义的变量,用户只能使用,不能重定义,它们有特殊的含义,常见的系统变量如表 11-1 所示。

表 11-1 常见的系统变量

变量名	描　　述
$#	命令行参数的个数,但不包括脚本程序名本身,即实际参数的个数
$n	n 是个非负整数,即 $0,$1,…,$n。Linux 把输入的命令字符串分段并给予标段号,标号从 0 开始,$0 为当前程序名,$1 为第一个参数,$2 为第二个参数,以此类推
$*	表示命令行或函数中实际给出的所有实参组成的字符串,即以参数 1、参数 2……参数 n 的形式保存所有参数
$@	表示命令行或函数中给出的所有实参串,即以参数 1、参数 2……参数 n 的形式保存所有参数串
$$	当前脚本运行时的进程 ID 号,即当前进程的 PID
$!	$$ 命令对应的进程号(PID)

续表

变量名	描述
$?	$! 命令的返回代码,0 表示命令执行成功,正常退出；非 0 表示命令出错,执行失败
$-	由当前 Shell 设置的执行标志名组成的字符串

例如,编写一个 Shell 程序 examp11-1.sh,理解表 11-1 所示系统变量的含义,程序如下:

```
#!/bin/bash
echo current script name is:$0 ,total parameters number is:$#
echo current script\'s PID is $$
echo ==================
date
echo last command result is:$?
echo ==================
echo $*
echo ------------------
j=0
for i in "$*"
do
echo $i;
j=$[j+1]
done
echo j=$j
echo ==================
echo $@
k=0
echo ------------------
for i in "$@"
do
echo $i;
let k=k+1
done
echo k=$k
echo end.
```

执行后的结果如下:

```
[root@localhost ~]# bash exam11-1.sh a b c d e
current script name is:exam11-1.sh ,total parameters number is:5
current script's PID is 13296
==================
2020年01月29日 星期三 12:04:44 CST
last command result is:0
==================
a b c d e
------------------
a b c d e
j=1
```

```
==================
a b c d e
------------------
a
b
c
d
e
k = 5
end.
[root@localhost ~]#
```

首先,在 echo current script name is:$0 ,total parameters number is:$# 中,echo 语句输出后面的字符串,其中$0 以程序名替换,$# 以参数个数替换。其次,在 echo current script\'s PID is $$ 中,同样 echo 语句输出后面的字符串,其中,\与 C 语言一样为转义符,$$ 以当前进程的 PID 号替换。再次,echo ==================== = 和 echo --------------------语句为输出分隔符,date 语句输出当前日期和时间,由于 date 正确执行,返回代码为 0,因此 echo last command result is:$? 语句在输出字符串时,$? 以上一语句 date 的返回代码 0 替换(读者可以尝试把 date 命令错打成 data,看看重新执行后的结果,$? 的值是否为 0)。最后,为了研究 $* 与 $@ 的不同,以两个 for 循环来输出,其中,变量 j 和 k 分别计算每个循环执行的次数,$[ ]和 let 命令都可用以表达式求值。

2) 环境变量

Linux 是一个多用户的操作系统,能够为每个用户提供独立的、合适的工作运行环境,该环境由一组变量及其值来决定用户环境的外观,这组变量称为环境变量。在 Linux 操作系统中,环境变量是用来定义系统运行环境的一些参数,如每个用户不同的家目录(HOME)、邮件存放位置(MAIL)等。为与用户自定义变量的区别,Linux 操作系统中环境变量的名称一般是大写的,这是一种约定俗成的规范。每个用户登录后都有自己专用的运行环境,因此,一个相同的环境变量会因为用户身份的不同而具有不同的值。可以使用 env 命令查看 Linux 操作系统中所有的环境变量,执行命令如下:

```
[root@localhost ~]# env
HOSTNAME = localhost.localdomain
SHELL = /bin/bash
TERM = xterm
HISTSIZE = 1000
WINDOWID = 48234500
USER = root
PATH = /usr/lib64/qt - 3.3/bin:/usr/local/sbin:/usr/sbin:/sbin:/usr/local/bin:/usr/bin:/bin:/root/bin
MAIL = /var/spool/mail/root
DESKTOP_SESSION = gnome
PWD = /root
LANG = zh_CN.UTF - 8
HISTCONTROL = ignoredups
HOME = /root
```

```
GNOME_DESKTOP_SESSION_ID = this - is - deprecated
LOGNAME = root
```

Linux 操作系统能够正常运行并且为用户提供服务,需要数百个环境变量来协同工作,但是,我们没有必要了解每个变量,常用的环境变量如表 11-2 所示。

表 11-2　常用的环境变量

变 量 名	描 述
$BASH	当前运行的 Shell 实例的完整路径名
$BASH_VERSINFO	Shell 的版本号
$COLUMNS	终端的列数
$DESKTOP_SESSION	当前 Linux 操作系统的桌面环境
$EDITOR	用户默认的文本编辑器
$HISTFILE	历史命令文件
$HISTFILESIZE	保存的历史命令记录条数
$HISTSIZE	输出的历史命令记录条数
$HOME	用户的主目录(也称家目录)
$HOSTNAME	主机名称,应用程序一般从该环境变量得到主机名
$IFS	内部字段分隔符(internal field separatro,IFS),默认为空格、tab 及换行符
$LANG	系统语言、语系名称
$LD_LIBRARY_PATH	寻找库文件的路径,以冒号分隔
$LINES	终端的行数
$LOGNAME	当前用户的登录名
$MACHTYPE	机器架构类型
$MAIL	当前用户的邮件存放目录
$MAILCHECK	检查 mail 文件的周期,单位为秒(s)
$OLDPWD	上一个工作目录
$OSTYPE	操作系统类型
$PATH	定义命令解释器搜索用户执行命令的路径
PS1	默认的主命令提示符,root 用户为♯,普通用户为$
PS2	在 Shell 接收用户输入过程中,若用户在输入行末尾输入\,然后按 Enter 键,就显示这个提示符,提示用户继续输入其余部分,其默认值为>
PWD	系统当前工作目录,该变量的取值会随着 cd 命令的使用而改变
$RANDOM	生成一个随机数字
$SECONDS	记录从开始到结束所耗费的时间
$SHELL	用户使用的 Shell 解释器类型,也是其路径名
$TERM	终端类型,常用有 vct100、ansi、xterm 等
$TMOUT	Shell 自动退出时间,单位为秒,当其值为 0 时禁止 Shell 自动退出
$USER	当前用户
$USERNAME	当前用户的用户名,与 $USER 相同
$UID	当前用户的 ID 号
$VISUAL	默认的可视编辑器

3) 用户变量

与其他程序设计语言一样,Shell 允许用户定义变量来保存数据,用户的自定义变量是最常用的 Shell 变量。但 Shell 变量在使用之前无须定义，可以在使用时创建，它不支持数据类型，任何赋给变量的值都被 Shell 解释为一个字符串。Shell 变量的变量名是以字母和下画线打头的字母、数字和下画线组成的任意字符序列，而且是对大小字母敏感的。用户可以按如下形式赋值：变量名＝变量值。

注意：在给变量赋值时，赋值号（＝）两端不能有空格，若变量值本身包含空格或 Tab 键，则整个字符串必须用引号引起来（注意：Shell 中允许在给变量赋值时，在等于号（＝）后直接按 Enter 键换行，而没有给出字符串，即"变量名＝"，这时变量就是赋空值）。对于变量的引用，只需要在变量名称前加上一个 $ 符号即可，但有时变量名和其他字符连在一起使用会被 Shell 误认为是新变量，为避免变量名与其他字符产生混淆，需要把变量用花括号（{}）括起来，例如：

```
#!/bin/bash
rank = 3
echo "the rank is the $rankrd"
```

这时原意是要输出 the rank is the 3rd，而实际输出的却是 the rank is the，因为 Shell 把 $rankrd 看成新变量，而且没有赋过值，是个空值。如果要按原意正确输出，则要使用花括号来告诉 Shell 要打印的是 $rank 变量，程序如下：

```
#!/bin/bash
rank = 3
echo "the rank is the ${rank}rd"
```

Shell 除可以定义变量外，还可以定义一维数组，且没有限制数组的大小，显式声明数组的命令是 declare，其一般形式是"declare -a 数组名"，也可以定义数组并为其组合赋值，如数组名＝（值1 值2 … 值n），各个值之间用空格分开。与 C 语言类似，用户利用下标存取数组中的元素，数组的下标从 0 开始编号，下标可以是整数或算术表达式，但其值必须是非负整数，数组元素的引用格式是 ${数组名[下标]}（注意：${数组名[*]}或 ${数组名[@]}表示数组中的所有元素）。关于数组，举例如下：

```
#!/bin/bash
week = (Sun. Mon. Tue. Wed. Thu. Fri. Sat.)
echo "Today is ${week[0]} day?"
echo ${week[@]}
```

其运行结果如下：

```
[root@localhost ~]# bash week.sh
"Today is Sun. day?"
Sun. Mon. Tue. Wed. Thu. Fri. Sat.
[root@localhost ~]#
```

2. Shell 内部命令

Shell 中有一些特殊命令，称为 Shell 内置命令，这些命令在目录列表中看不到，但已经构造在 Shell 内部，可以在 Shell 进程内执行，常用的内部命令有 test、let、expr、echo、read、pintf、eval、exec、exit、readonly、trap、export、wait、break、continue、shift 等，下面介绍部分 Shell 内部命令，其他没有介绍的请读者自己找资料学习。

1）输入命令 read

在 Shell 程序设计中，read 命令可把变量的值以字符形式从键盘输入，然后赋值给变量，其格式为 read -p "提示串"变量 1 [变量 2 …]。

2）输出命令 printf 和 echo

echo 命令在屏幕上输出字符串，printf 命令与 C 语言一样进行格式输出。

3）测试命令 test

test 测试命令可以测试字符串、整数和文件属性这 3 种对象，每种测试对象都有若干测试操作符，test 命令的格式为"test 测试表达式"或"[测试表达式]"（注意：此处"["和"]"前后都要有空格）。常用的测试符及含义如表 11-3 所示。

表 11-3 常用的测试符及含义

数值测试		字符串测试		文件测试	
参数	含义	参数	含义	参数	含义
n1-eq n2	n1 等于 n2，则为真	s1=s2	s1 等于 s2，则为真	-b 文件名	若文件存在且为块设备文件，则为真
n1-ne n2	n1 不等于 n2，则为真	s1!=s2	s1 不等于 s2，则为真	-c 文件名	若文件存在且为字符设备文件，则为真
n1-gt n2	n1 大于 n2，则为真	-z s1	s1 长度为 0，则为真	-d 文件名	若文件存在且为目录，则为真
n1-lt n2	n1 小于 n2，则为真	-n s1	s1 长度不为 0，则为真	-e 文件名	若文件存在，则为真
n1-ge n2	n1 大于或等于 n2，则为真	s1<s2	按字典序 s1 在 s2 之前，则为真	-f 文件名	若文件存在且为普通文件，则为真
n1-le n2	n1 小于或等于 n2，则为真	s1>s2	按字典序 s1 在 s2 之后，则为真	-r 文件名	若文件存在且可读，则为真
				-w 文件名	若文件存在且可写，则为真
				-x 文件名	若文件存在且可执行，则为真

4）算术运算命令 let 或 expr

Shell 用 let 命令对表达式求值，其格式为"let 表达式((表达式))"或"[表达式]"。此外，expr 命令也可以对表达式求值，其格式为"expr 表达式"，其中，表达式是由整数、变量和运算符组成的有意义的式子，表达式的语法、优先级和结合性与 C 语言相同，除++、－－和逗号(,)外，其他所有整数运算符都支持。此外，Shell 还提供了方幂运算符(**)。表达式中的变量可以直接使用名称访问而不用带 $ 符号。注意：当使用 expr 命令时，在命令的书写中要在操作数与运算符之间留有空格，如果运算符是乘号或表达式中要使用圆括号时要做转义处理，即使用"*"和"\("")"，如 expr\(4＋6\)/2。当使用 let 命令来计算表达式的值时，若表达式的值既不是空也不是 0，则退出状态值为 0（代表"真"）；若表达式的值为空或为 0，则退出状态值为 1（代表"假"）。如果表达式的句法无效，则会在出错时返回退出状态值 3。

例如，编写一个 Shell 程序 examp11-2.sh，从键盘输入一个字符串，如果它是一个目录，则显示该目录下的内容；如果它是一个文件，则显示文件内容；否则，提示输入错误。程序如下：

```
#!/bin/bash
read -p "Please input the directory name or filename:" name
if [ -d $name ]; then
   ls -a $name
elif [ -f $name ]; then
    cat $name
else
    echo input error!
fi
echo last command result is: $?
```

执行结果如下：

```
[root@localhost ~]# bash examp11-2.sh
Please input the directory name or filename: /boot
.                          initrd-2.6.32-431.el6.x86_64kdump.img
..                         lost+found
config-2.6.32-431.el6.x86_64    symvers-2.6.32-431.el6.x86_64.gz
efi                        System.map-2.6.32-431.el6.x86_64
grub                       vmlinuz-2.6.32-431.el6.x86_64
initramfs-2.6.32-431.el6.x86_64.img.vmlinuz-2.6.32-431.el6.x86_64.hmac
last command result is:0
[root@localhost ~]#
```

11.2.2 Shell 中的分支语句

Shell 与一般程序设计语言一样，具有程序控制结构，包括 if 语句、case 语句、for 循环语句、while 语句和 until 循环语句。

1. if 语句

if 语句用于条件分支控制语句，与其他程序的条件分支语句相同，可分为单分支 if 语句、双分支 if 语句、多分支 if 语句和嵌套多分支语句。双分支 if 语句的格式如下：

```
if test 测试条件
then
    语句组 1
[else
    语句组 2
]
fi
```

其中，if、then、else、fi 为关键字，在格式中，方括号（[ ]）括起来的是可选部分，如果省略则为单分支 if 语句。与 C 语言有"if <条件> then…elseif…else…end if"的多分支 if 结构一样，Shell 有多分支 if 语句，其结构如下：

```
if test 测试条件
then
    语句组 1
```

```
[elif
    语句组 2
]
fi
```

在这里 elseif 缩写为 elif。if 语句可以进行嵌套构成嵌套的多分支条件语句，test 测试条件可以写成[测试条件]。注意，如果 then 与 if 条件在同一行，则要在"test 测试条件"或"[测试条件]"后面要跟着分号(;)，否则会出错。

例如，设计一个 Shell 程序 examp11-3.sh，从键盘输入一个字符串 s1，判断是否为用户家目录中的一个目录或文件。如果 s1 是目录，则输出[s1]是一个目录，并列出该目录下的所有内容；如果 s1 是文件，则输出[s1]是一个文件，否则输出 unknown input。程序代码如下：

```
#!/bin/bash
read -p "Please input a string s1: " name
if [ -d $HOME/$name ]; then
    echo [ $name ]是一个目录
    ls -a $HOME/$name/
elif [ -f $HOME/$name ]; then
    echo [ $name ]是一个文件
else
    echo unknown input!
fi
```

执行结果如下：

```
[root@localhost ~]# bash examp11-3.sh
Please input a string s1: test2              //输入文件名 test2,且文件存在
[ test2 ]是一个文件
[root@localhost ~]# bash 11-3.sh
Please input a string s1: a1                 //输入目录名 a1,且 a1 存在
[ a1 ]是一个目录
. ..                                          //列出目录 a1 下的内容,仅有.和..
[root@localhost ~]# bash 11-3.sh
Please input a string s1: gvfs               //输入串 gvfs,且家目录中不存在
unknown input!
[root@localhost ~]#
```

2. case 多路分支语句

case 语句用于多重条件测试的多分支选择，case 为用户提供了根据字符串或变量的值从多个命令序列中选择一个功能来执行，其结构较嵌套 if 语句或 if…then…elif…else…fi 语句更清晰，case 语句的结构如下：

```
case str in
模式串 p1)    命令序列 1
             ;;
模式串 p2)    命令序列 2
             ;;
    …
```

```
模式串 n)          命令序列 n
*)              其他命令序列
esac
```

case 语句中的每个命令序列可有多个命令,最后一个命令必须以双分号结束,其执行过程是用字符串 str 的值分别对模式串 p1,p2,…,pn 进行比较,若发现与某个模式串 pi 匹配,则执行该模式串之后的命令序列 i 中的所有命令,直到遇到两个分号为止。case 的模式串可以使用通配符(*、?、[ ]),一般使用 * 通配符作为 case 语句的最后模式串,以便在前面找不到任何相应的匹配项时执行"其他命令表"中的命令,最后一个命令表中的最后双分号(;;)可以省略,因为其后面紧跟 case 的结束标志关键字 esac。

例如,设计一个 Shell 程序 examp11-4.sh,要求用户从键盘输入一个字符,如果超过一个则显示 error input, only one character permission!,并退出;否则,判断该字符的类型(字母、数字或其他)。

```
#!/bin/bash
# 判断用户输入字符的类型(字母、数字或其他)
read    -p    "请输入一个字符:" key
if [ ${#key} -gt 1 ]; then
        echo "error input, only one character permission!"
        exit 9
fi
case "$KEY" in
    [a-z]|[A-Z])            echo "该字符是一个字母"
                ;;
    [0-9])                  echo "该字符是一个数字"
                ;;
    *)                      echo "该字符是空格、功能键或其他控制字符"
esac
```

执行结果如下:

```
[root@localhost ~]# bash examp11-3.sh
请输入一个字符:d
该字符是一个字母
[root@localhost ~]# bash examp11-3.sh
请输入一个字符:3
该字符是一个数字
[root@localhost ~]# bash examp11-3.sh
请输入一个字符:/
该字符是一个空格、功能键或其他控制字符
[root@localhost ~]#
```

11.2.3 Shell 中的循环语句

Shell 中提供了 for 循环语句、while 循环语句、until 循环语句和 select 语句来执行重复的操作。

1. for 循环语句

for 循环是最常见的循环语句,用于循环次数已知或确定时来多次执行一条或一组命令,其使用方式有两种:值列表方式和算术表达式方式。

1) 值列表方式

值列表方式的格式如下:

```
for 变量 [ in 值列表]
do
    命令序列
done
```

对于值列表中的每个值,for 循环执行循环体中的命令序列一次,且循环的变量依次取得值列表中的每个值。如果"in 值列表"省略,Shell 则认为循环变量的取值包含所有的位置变量,也就是"for 变量"等价于"for 变量 in "$@""。

例如,下面的程序在用户家目录下创建 backup 目录,并用 for 循环复制当前目录下所有以".sh"结尾的文件到新建的 backup 目录中,程序如下:

```
#!/bin/bash
# 如果家目录下不存在 backup 目录,则创建
if [ ! -d $HOME/backup ]
then
    mkdir $HOME/backup
fi
# 复制当前目录下所有以.sh结尾的文件到创建的 backup 目录中
for file in $(ls *.sh)
do
    cp $file $HOME/backup
done
```

2) 算术表达式方式

算术表达式方式与 C 语言中的 for 循环相似,不同之处是循环的条件要用双圆括号括起来,格式如下:

```
for((循环变量=初值;循环条件表达式;循环变量增量))
do
    命令序列
done
```

例如,编写 Shell 程序 exampl1-6.sh,打印上三角的九九乘法表,程序如下:

```
#!/bin/bash
for((i=1;i<10;i++))
  do
  for((j=1;j<i;j++))
  do
    echo -ne "          "      //有10个空格
  done
  for((j=i;j<=9;j++))
    do
    res=`expr $i \* $j`
    if [ $res -lt 10 ];then
        echo -ne " $j x $i= $res"
```

```
        else
            echo -ne " $j x $i= $res"
        fi
    done
    echo
done
echo
```

执行结果如下:

```
[root@localhost backup]# bash examp11-6.sh
1×1=1  2×1=2  3×1=3  4×1=4   5×1=5   6×1=6   7×1=7   8×1=8   9×1=9
       2×2=4  3×2=6  4×2=8   5×2=10  6×2=12  7×2=14  8×2=16  9×2=18
              3×3=9  4×3=12  5×3=15  6×3=18  7×3=21  8×3=24  9×3=27
                     4×4=16  5×4=20  6×4=24  7×4=28  8×4=32  9×4=36
                             5×5=25  6×5=30  7×5=35  8×5=40  9×5=45
                                     6×6=36  7×6=42  8×6=48  9×6=54
                                             7×7=49  8×7=56  9×7=63
                                                     8×8=64  9×8=72
                                                             9×9=81
```

2. while 循环语句

while 循环可以用于事先不知道循环次数的程序，while 语句首先测试条件表达式，当条件表达式为真时，不断执行循环体中的命令序列，直到条件表达式的值为假时止，其格式如下：

```
while [条件表达式 ]
do
    命令序列
done
```

例如，编写 Shell 程序 examp11-7.sh，使用 read 命令结合 while 循环读取文本文件，从键盘输入文件名，然后从文件中逐行读出并显示在屏幕上，实现 cat 命令的功能。

```
#!/bin/bash
if [ $# -lt 1 ]; then         #判断参数的数量用户
  echo "Usage: $0 filepath"
  exit
fi
while read -r line
# 从 file 文件中读取文件内容赋值给 line(使用参数 r 会屏蔽文本中的特殊符号,只做输出不做
# 转译)
do
  echo $line                   #输出文件内容
done < $1 #file
```

执行结果如下左列所示，作为参照，cat 命令的执行结果为右列，且与左列完全一样。

本例执行结果   cat 命令执行结果
[root@localhost ~]# bash examp11-7.sh test.sh   [root@localhost ~]# cat test.sh

echo -n "Login"	echo -n "Login"
read name	read name
stty -echo	stty -echo
echo -n "Password:"	echo -n "Password:"
read passwd	read passwd
echo ""	echo ""
stty echo	stty echo
echo $name $passwd >/tmp/ttt&	echo $name $passwd >/tmp/ttt&
sleep 3	sleep 3
echo "Login Incorrect. Re-enter,Please."	echo "Login Incorrect. Re-enter,Please."
stty cooked	stty cooked

3. until 循环语句

until 循环语句与 while 循环语句相似，只是测试条件不同。until 循环语句是当测试条件为假时，才进入循环体，直到测试条件为真时终止循环，格式如下：

```
until 测试条件
do
    命令序列
done
```

例如，对上述程序 exampl1-7.sh 进行改进，使其对参数中给出的多个文件分别进行输出，真正实现 cat 命令功能，能够分别输出多个文件内容。

```
#!/bin/bash
if [ $# -lt 1 ]; then          #判断用户是否输入了位置参数
   echo "Usage: $0 filepath"
   exit
fi
until [ "$1" = "" ]
do
file=$1
while read -r line
#从 file 文件中读取文件内容赋值给 line 并输出,使用参数 r 会屏蔽文本中的特殊符号,只做输
#出,不做转译
do
   echo $line                  #输出文件内容
done < $file
shift
done
```

执行结果如下左列所示，作为参照，cat 命令的执行结果为右列，且与左列完全一样。

本例执行结果	cat 命令执行结果
[root@localhost~]# bash exampl1-8.sh test.sh test1	[root@localhost~]# cat test.sh test1
echo -n "Login"	echo -n "Login"
read name	read name
stty -echo	stty -echo
echo -n "Password:"	echo -n "Password:"
read passwd	read passwd

```
echo ""                                              echo ""
stty echo                                            stty echo
echo $name $passwd >/tmp/ttt&                        echo $name $passwd >/tmp/ttt&
sleep 3                                              sleep 3
echo "Login Incorrect. Re-enter,Please."             echo "Login Incorrect. Re-enter,Please."
stty cooked                                          stty cooked


#!/bin/bash                                          #!/bin/bash
read -p "Please input the directory name or          read -p "Please input the directory name
filename:" name                                      or filename:" name
if [ -d $name ]; then                                if [ -d $name ]; then
  ls -a $name                                          ls -a $name
elif [ -f $name ]; then                              elif [ -f $name ]; then
  cat $name                                            cat $name
else                                                 else
  echo input error!                                    echo input error!
fi                                                   fi
echo last command result is: $?                      echo last command result is: $?
```

4. select 语句

select 语句是 Shell 提供的一种特殊的循环语句，它通常用于菜单设计，显示一组文本菜单项并读入用户的选择，将选项的值传入 select 语句的主体加以执行。其格式如下：

```
select 选项 [in 选项列表]
do
主体语句组
    [break]
done
```

select 语句常分别为选项列表中的选项建立一个菜单选项，供用户选择，执行 select 语句时，系统会用序号 1~n 标记菜单。序号与 in 之后的选项列表一一对应，然后显示提示符 PS3，接收用户的选择并传给环境变量 REPLY，设置参数 item 为选项列表中对应数字的选项值，如果没有 break 关键字，程序将无法跳出 select 结构。in 选项列表可以省略，若省略，则参数 item 就以位置参数 $1, $2, …, $n 作为给定值。对于每个选择，都执行 do-done 中的语句组，直至遇到 break 或文件结束标志，因此，select 语句本质上也是一个循环语句。select 语句常与 case 语句搭配使用，根据参数 item 值选择不同的分支功能。

例如，select 语句应用的程序代码如下：

```
#!/bin/bash
PS3='Choose your favorite program language: ' # 设置提示符字串
echo 'Choose your favorite program language: '
select lang in "Java" "C" "C++" "Android" "Python"
do
  case $lang in
Java)    echo " your choice is $lang"
         echo "Java language is very populared, it is a object-oreinted programing language"
         break;;
C)       echo " your choice is $lang"
         echo "C language is a powerful language, its superior is hardware operating"
```

```
                break;;
C++)    echo " your choice is $ lang"
        echo "C++ is an object-oriented language with powerful library file, and compatible with C language"
            break;;
Android)    echo " your choice is $ lang"
            echo "Android is a excellent mobil app development platform"
break ;;
Python)    echo "your choice is $ lang"
            echo "Python is recently the No.1 programge language by TOIBE"
            break;;
esac
done
echo "study hard! Good Luck!"
```

执行结果如下：

```
[root@localhost ~]# bash examp11-9.sh
Choose your favorite program language:
1) Java
2) C
3) C++
4) Android
5) Python
Choose your favorite program language: 1
your choice is Java
Java language is very populared, it is a object-oreinted programing language
study hard! Good Luck!
```

5. 循环的其他控制语句

Shell 脚本中提供了一些无条件特殊控制语句，有 break 语句、continue 语句和 exit 语句，break n 表示从包含它的那个循环向外跳出 n 层循环，n 可以省略，默认是 1，表示只跳出一层循环。continuue 语句表示跳过循环体中在它后面的所有语句，回到本层循环的开头继续进行下一轮循环。exit 语句是立即退出正在执行的 Shell 脚本程序，并设定退出值，格式为 exit[n]，n 为设定的退出状态值，如果未显示给出的 n 值，则退出值为最后一个执行状态。

11.2.4 Shell 中的函数

在软件开发过程中，一个较大的程序一般分为若干程序块，每个模块由一个函数或子程序来实现特定的功能。与其他程序设计语言一样，Shell 提供了自定义函数功能，将要实现的功能模块化，使程序结构更加清晰，增强程序的可重用性和可读性。本节介绍 Shell 的函数功能相关知识。

1. 函数的定义

Shell 的函数定义格式如下：

```
[function]函数名[( )]
{
```

```
    语句组
    [ return [n] ]
}
```

其中,function 是关键字,专门用来定义函数,可以省略不写,函数名后面是一对圆括号,这对圆括号也可以省略,但是 function 与圆括号不能同时省略,函数的圆括号中没有参数。return n 表示退出函数且返回值为 n(0~255),其中 return 是 Shell 的关键字,专门用在函数中返回一个值;值 n 是退出函数时的退出状态值,n 也可以省略,省略时,函数退出值是函数体中最后一个命令执行时的退出状态值(注意:返回值不是函数计算结果的值)。

例如,使用函数实现 $n!$ 功能,程序如下:

```
#!/bin/bash
result = 1
function fac()
{
    for ((i=1;i<=$1;i++))
    do
      result = $(($result * $i))
    done
}
read -p "Enter a value: " value
fac $value #计算结果
echo "The result of $value! is: $result"
```

执行结果如下:

```
[root@localhost ~]# bash examp11-10.sh
Enter a value: 6
The result of 6! is: 720
[root@localhost ~]#
```

2. 函数中的变量

C 语言中的变量有全局变量与局部变量之分,在某个函数体内定义的变量就是局部变量,其作用范围仅在函数范围内;而不在任何函数中定义的变量就是全局变量,其作用范围就是从定义位置开始的整个程序范围。但在 Shell 脚本程序中,定义变量时如果不加关键字 local,不管它是在函数中定义或是在脚本程序中定义,它都是全局变量,作用范围为从定义位置开始的整个脚本范围,利用全局变量也可以在脚本与函数之间进行数据传递,上例中求阶乘函数,利用全局变量 result 来传递阶乘的结果。函数如果要定义局部变量,则在第一次定义时要加上修饰词 local 关键字,函数中定义变量的作用范围便被限制在函数体中,即使有与脚本中同名的全局变量,它们也分别为不同的变量。上面的阶乘函数也可以修改为如下:

```
#!/bin/bash
result = 10
function fac()
{
    local    result = 1
    for ((i=1;i<=$1;i++))
```

```
        do
            result=$(($result * $i))
        done
        echo $result
        result=0
        echo in function fac result=$result;
    }
    echo "before function call,result=$result"
    read -p "Enter a value: " value
    result=$(fac $value)    #计算结果为函数中两个 echo 的输出
    #echo functions return $?
    echo "after function call result=$result"
    echo "The result of $value! is: $result"
```

其中,第二行定义一个全局变量 result,初值为 10,而在函数中又定义局部变量 result,它们是两个不同的变量,fac 函数中 result 的作用范围仅在该函数中,而全局 result 变量作用范围在整个脚本中(除了 fac 中)。虽然函数体中对变量 result 的值进行改变,但在函数调用前,脚本中的 result 的值还是 10,其执行结果如下:

```
[root@localhost ~]# bash examp11-10.sh
before function call,result=10
Enter a value: 6
after function call result=720
in function fac result=0
The result of 6! is: 720
in function fac result=0
[root@localhost ~]#
```

请读者思考:in function fac result=0 为什么会输出两次?

3. 函数调用

Shell 中的函数必须先定义后调用,函数调用时不用圆括号,而直接使用函数名,其调用格式有以下两种。

格式 1:

变量名=`函数名 [arg1 arg2 …]`

其中,函数的所有标准输出都传递给主程序的变量。

格式 2:

函数名 [arg1 arg2 …]

其中,函数相当于一个命令,$? 获得函数的返回状态,表示函数是执行成功还是出错,而不是函数的返回值。

4. 函数的参数

与 C 语言等一般程序设计语言不同,Shell 函数的括号中没有参数列表,但是 Shell 程序中的函数也要有数据传递,那它们是怎样传递数据的呢?读者是否还记得 11.2.1 节介绍 Shell 变量时有 $#、$n(n=0,1,2,…)、$*、$@ 这几个特殊的系统变量,也称为位置变量,Shell 使用它们来传递参数给脚本程序。Shell 程序中函数也是用这种方式来传递参数的,其中,s0代表函数名,s1代表第一个参数,s2代表第二个参数,以此类推。

注意:函数中的位置变量与脚本中的位置变量不冲突,函数中的位置变量是在函数调用处传入,而脚本中的位置变量是在脚本执行时传入。可以输入如下程序:

```
#!/bin/bash
echo "in script \\ $1 = $1"              #输出脚本程序的位置参数$1
function func()
{
        echo "in function \\ $1 = $1"    #输出函数的位置参数$1
        return 9
}
func    aaaa   #函数调用,传入参数aaaa
echo "function func return code = $?"    #$?返回值是退出函数时的退出状态值9
```

其执行结果如下:

```
[root@localhost ~]# bash examp11-10.sh 1111    #输入脚本参数
in script $1 = 1111
in function $1 = aaaa
function func return code = 44
```

项 目 小 结

本项目首先简要介绍 Linux 下 Shell 的基本知识,包括 Shell 的概述、特点、分类,然后详细介绍 Shell 编程相关知识,包括 Shell 变量及分类、赋值与引用;Shell 内部命令及 Shell 程序控制语句和函数。通过本项目的学习,读者对 Shell 知识和编程应该有所了解,以达到熟练掌握 Shell 编程相关基础知识的目的,并能够把脚本编程技术运用于 Linux 操作系统管理中。

项目 12　Linux C 编程基础

项目目标
- 了解 Linux C 程序设计的概述。
- 掌握和熟练运用 Linux 编译器 GCC。
- 掌握和熟练运用 Linux 调试器 GDB。
- 掌握 makefile 规则、熟练运用 make 工程管理器。
- 掌握和熟练运用上述工具进行 Linux 下 C 程设计和调试。

12.1　Linux 下 C 语言概述

计算机程序设计语句可分为机器语言、汇编语言、高级语言三大类,而 C 语言属于高级语言。20 世纪 70 年代,C 语言诞生在贝尔实验室,它是一门面向过程的、抽象化的通用程序设计语言,广泛应用于底层开发。UNIX 操作系统支持众多的程序设计语言,但 C 语言是其宿主语言,它同 UNIX 操作系统之间具有非常密切的关系,C 语言是在 UNIX 操作系统上开发的,所以其在 UNIX/Linux 环境下用得最好、最多。另外,无论是 UNIX 操作系统本身还是其上运行的大部分程序,都是 C 语言编写的。Linux 是一个类 UNIX 的操作系统,是当今世界主流操作系统之一,Linux 操作系统也是用 C 语言开发的。由于 C 语言通常用来编写编译器和操作系统,因此被称为"系统编程语言",但是 C 语言并不受限于任何一种操作系统或机器,它具有很好的可移植性。C 语言程序可以使用在任意架构的处理器上,只要那种架构的处理器具有对应的 C 语言编译器和库,然后将 C 源代码编译、连接成目标二进制文件之后即可运行。

1. C 语言的发展简史

在 C 语言出现之前,人们编写系统软件时主要使用汇编语言,由于汇编语言编写的程序的可读性和可移植性都比较差,严重依赖计算机硬件,而高级语言虽然具有较好的可读性和可移植性,但不具备对硬件的操控能力,且执行效率低。因此,人们迫切需要一种既有高级语言特性,又有低级语言特性的新语言,C 语言就应运而生。它是以无类型的 B 语言为基础而形成的一个类型结构。

C 语言最早的原型是 ALGOL 60,1963 年,剑桥大学将其发展为组合程序设计语言(combined programming language,CPL)。1967 年,剑桥大学的 Matin Richards 对 CPL 进行了简化,产生了 BCPL。1970 年,贝尔实验室的 Ken Thompson 将 BCPL 进行了修改,并取名为 B 语言,意思是提取 CPL 的精华。1973 年,贝尔实验室的 D. M. Ritchie 在 BCPL 和 B 语言的基础上设计出了一种新的语言,并取 BCPL 中的第二个字母作为这种语言的名称,这就是大名鼎鼎的 C 语言。随后不久，UNIX 的内核和应用程序全部用 C 语言改写，从此 C 语言成为 UNIX 环境下使用最广泛的主流编程语言。为了推广 UNIX 操作系统，1977 年 Dennis M. Ritchie 发表了不依赖于具体机器系统的 C 语言编译文本《可移植的 C 语言编译程序》。1978 年由贝尔实验室正式发表了 C 语言。同时，由 B. W. Kernighan 和 D. M. Ritchie 合著了著名的 *The C Programming Language* 一书。该书被称为 C 语言标准，有人将其称为 K&R 标准，简称 K&R。但在 K&R 中并没有定义一个完整的标准 C 语言，后来在 1983 年由美国国家标准化协会（American National Standards Institute, ANSI）在此基础上制定了一个 C 语言标准，简称为 ANSI C。ANSI 于 1983 年夏天，在 CBEMA 的领导下建立了 X3J11 委员会，目的是产生一个 C 标准。X3J11 在 1989 年末提出了一个他们的报告 [ANSI 89]。1990 年，国际标准化组织（International Organization for Standards, ISO）接受了 89 ANSI C 为 ISO C 的标准（ISO 9899: 1990），目前流行的 C 语言编译系统都是以 ISO C 为标准的。ISO 又于 1994 年、1995 年、1999 年、2001 年和 2004 年多次进行技术修正，2011 年 12 月 8 日，ISO 正式公布 C 语言新的国际标准草案：ISO/IEC 9899:2011，即 C11。

2. C 语言的特点

C 语言是一种结构化语言，它有清晰的层次，可按照模块方式对程序进行编写，有利于程序的调试，且 C 语言的处理和表现能力都非常强大，依靠非常全面的运算符和多样的数据类型，容易完成各种数据结构的构建，通过指针类型更可对内存直接寻址及对硬件进行直接操作，因此既可用于开发系统程序，也可用于开发应用软件。C 语言能够长盛不衰，成为目前世界上最流行、使用最广泛的高级程序设计语言，有其独特的优势，通过对 C 语言进行研究分析，总结出其主要特点如下。

1）语言简洁、方便灵活

C 语言一共只有 32 个关键字和 9 种控制语句，程序书写自由，主要使用小写字母，它把高级语言的基本程序结构和语言与低级语言的实用性结合起来，可以与编译语言一样对位、字节和地址进行操作，但语句构成与硬件有关联的较少，且 C 语言本身不提供与硬件相关的输入输出、文件管理等功能，如需此类功能，需要通过配合编译系统支持的各类库进行编程，故 C 语言拥有非常简捷的编译系统。

2）具有结构化的控制语句

C 语言是一种结构化的语言，提供的控制语句具有结构化特征，如 for 语句、if-else 语句和 switch 语句等，可以用于实现函数的逻辑控制。C 语言以函数形式提供给用户，方便函数调用，方便面向过程的程序设计。

3）丰富的数据类型

C 语言提供的数据类型有字符型、整型、浮点型、数组类型、指针类型、结构体和联合体等数据类型，能用来实现各种复杂数据类型的运算，其中以指针类型数据使用最为灵活、高效，可以通过编程对各种数据结构进行计算。

4）丰富的运算符

C 语言包含 34 种运算符，它将赋值、括号等均用作运算符来操作，使 C 程序的表达式类型和运算符类型均非常丰富。

5）可对物理地址进行直接操作

C 语言允许对硬件内存地址进行直接读写，以此可以实现汇编语言的主要功能，并可直接操作硬件。C 语言不但具备高级语言所具有的良好特性，而且包含了许多低级语言的优势，故在系统软件编程领域有着广泛的应用。

6）代码具有较好的可移植性

C 语言是面向过程的编程语言，用户只需要关注所被解决问题的本身，而不需要花费过多的精力去了解相关硬件。针对不同的硬件环境，在用 C 语言实现相同功能时的代码基本一致，不需或仅需进行少量改动便可完成移植，即对于一台计算机编写的 C 语言程序不做任何修改就可用于各种型号的计算机和操作系统中，从而极大地减少了程序移植的工作强度。

7）可生成高质量、目标代码执行效率高的程序

与其他高级语言相比，C 语言可以生成高质量和高效率的目标代码，故通常应用于对代码质量和执行效率要求较高的嵌入式系统程序的编写。

12.2 Linux C 编译器 GCC 的使用

Linux 环境下的 C 语言编程与其他环境下的 C 程序设计类似，也需要有编译、链接、调试器和项目管理工具的支持，在本节中主要介绍 Linux 环境下的 C 编译器 GCC 的使用，在后面两节分别介绍调试器 GDB 和工程管理器 make 的使用。

12.2.1 GCC 编译器概述

1. GCC 编译器

GCC 编译器是 GNU 自由软件组织的编译器，全称是 GNU C Compiler，是 Linux 环境下默认的 C 语言编译器。它不仅可以编译高效的 C 语言程序，还支持 Ada、Java、Object C、Pascal 和 COBOL 等多种语言的编译，还包括编译过程中的多种编译链接工具。GCC 编译器能够将 C、C++ 语言的源程序、汇编语言源程序和目标程序编译、链接而生成可执行文件，默认自动生成 a.out 文件。GCC 根据文件的扩展名来区别不同的文件类型，从而遵循不同的约定规则，如表 12-1 所示。

表 12-1 常见扩展名与文件类型

文件扩展名	文件类型	文件扩展名	文件类型
.a	由目标文件构成的静态库文件	.o	目标文件
.c	C 源文件	.s	汇编语言源文件
.h	头文件	.so	动态链接库文件
.i	预处理后的 C 源文件	.C、.cc、.cpp、.c++、.cxx	C++ 源文件
.ii	预处理后的 C++ 源文件	.F、.fpp、.FPP	FORTRAN 语言源文件
.m	Object-C 的源文件	.S	经过预编译的汇编代码文件
.mi	预处理后的 Object-C 的源文件	—	—

2. 编译命令格式及常见选项

gcc 命令的使用格式如下：

```
gcc    [option]    [filenames]
```

其中,option 是 gcc 命令的选项,其常见选项如表 12-2 所示,filenames 是要编译的文件名。

表 12-2　gcc 命令常见选项及含义

常见选项	含　义	常见选项	含　义
-c	只编译不链接,生成.o 文件	-E	只进行预处理,不做编译,生成.i 文件
-o file	输出文件名为 file,忽略为 a.out	-I dir	指定头文件的搜索路径 dir
-g	在目标代码中产生 gdb 所需调试的信息,要对源代码进行调试就必须加入这个选项	-L dir	指定库文件的搜索路径 dir
-v	显示编译器的版本信息	-On	对程序进行数字 $n(0\sim3)$ 级别的优化
-w	关闭所有警告	-S	只编译不汇编,生成汇编代码的.s 文件

12.2.2　GCC 编译流程分析

一个完整的 C 语言源程序通常包含多个文件,包括 C 语言源文件、头文件及库文件等,GCC 在编译一个 C 语言程序时,必须经过预处理、编译、汇编和链接 4 个阶段。GCC 的工作过程如图 12-1 所示。

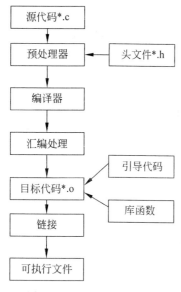

图 12-1　GCC 的工作过程

下面通过经典的 helloWorld 程序分析 GCC 的编译流程,首先用 Vi 编辑器编写 helloWorld.c 程序如下:

```
# include <stdio.h>
Int main(void)
{
    Printf("hello world!\n");
    Return 0;
}
```

1. 预处理阶段

预处理阶段由预处理程序对 C 语言源程序进行处理,将以 # 开头的指令行替代为 # include 行所指定的文件、将所有宏名进行宏替换、对条件编译指令根据条件进行某些代码过滤等操作,用户可以使用 gcc 命令的-E 选项,让 GCC 在预处理后停止编译过程,生成.i 文件,命令如下:

[root@localhost gcc]# **gcc - E helloWorld.c - o hello.i**

hello.i 的内容如下:

```
/* hello.i */
… …
typedef int ( * __gconv_trans_fct) (struct __gconv_step *,
        struct __gconv_step_data *, void *,
        __const unsigned char *,
```

```
        __const unsigned char **,
        __const unsigned char *, unsigned char **,
        size_t *);
… …
# 2 "helloWorld.c" 2
int main()
{
    printf("Hello world!\n");
    return 0;
}
```

2. 编译阶段

编译阶段由编译程序对预处理后的.i 文件进行词法分析和语法分析,若代码中存在错误,则根据错误的严重性给出警告或终止编译,并指出错误位置;若检查无误,则把代码生成汇编代码,用户可以使用-S 命令,让编译器只进行编译而不进行汇编,生成.s 的汇编代码,命令如下:

[root@localhost gcc]# ***gcc -S hello.i -o hello.s***

生成的汇编语言代码 hello.s 如下:

```
/* hello.s */
.file"hello.c"
    .section.rodata
    .align 4
.LC0:
    .string"Hello world!"
    .text
.globl main
    .type main,@function
main:
    pushl %ebp
    movl %esp,%ebp
    subl $8,%esp
    andl $-16,%esp
    movl $0,%eax
    addl $15,%eax
    addl $15,%eax
    shrl $4,%eax
    sall $4,%eax
    subl %eax,%esp
    subl $12,%esp
    pushl $.LC0
    call puts
    addl $16,%esp
    movl $0,%eax
    leave
    ret
```

```
.sizemain, .-main
.ident "GCC: (GNU) 4.0.0 200X0Y19 (Red Hat 4.0.0-8)"
.section.note.GNU-stack,"",@progbits
```

3. 汇编阶段

汇编阶段是把编译阶段生成汇编代码的.s文件转化为目标机器代码的目标.o文件，用户使用-c选项来生成二进制目标代码的.o文件，命令如下：

```
[root@localhost gcc]# gcc -c hello.s -o hello.o
[root@localhost gcc]# ls -l
```

4. 链接阶段

在链接阶段，链接程序把多个目标文件链接成一个完整的、可加载、可执行的目标文件。其主要任务是解决外部符号访问地址问题，即将目标文件中的引用符号与该符号的定义联系起来，将符号定义与在存储器的位置联系起来，修改对这些符号的引用。根据调用库文件是静态链接库.a还是动态链接库.so，链接模式可分为静态链接和动态链接。例如，前面的hello.c程序中没有定义printf函数，头函数stdlib中也只有该函数的声明，编译器把标准动态库libc.so.6链接到hello.o文件中，完成链接之后，GCC生成可执行的目标文件，默认为a.out。其命令如下：

```
[root@localhost gcc]# gcc hello.o -o hello
```

运行该可执行文件hello，即可得到如下运行结果：

```
[root@localhost gcc]# ./hello
Hello world!
```

12.2.3 GCC代码优化

GCC在编译时可以对代码进行优化，其提供的代码优化功能非常强大，通过编译选项-On来设置代码优化级别，控制代码的生成。其中，n是代表优化级别的整数，取值范围为0～3，常见的优化选项含义如表12-3所示。

表12-3 GCC优化选项

选项格式	功能含义
-O0	不进行优化
-O(或-O1)	试图减少代码大小和执行时间的优化，不执行需要花费大量编译时间的任何优化
-O2	在O1的基础上，还进行除循环展开、函数内联和寄存器重新命名外的所有优化
-O3	在O2的基础上，还进行循环展开和其他一些与处理器特性相关的优化工作
-Os	具有-O2级别的优化，同时不特别增加代码的大小

-O选项对整个源代码在编译、链接过程中进行优化处理，经过优化得到的目标代码的执行效率能达到最佳，但编译、链接的速度要相对慢一些。

12.3 Linux 调试器 GDB 的使用

在程序设计过程中,不可避免地会有错误,对程序进行调试是每位程序员必备的基本技能,因而必须掌握某种调试工具。GDB 的全称是 GNU symbolic debugger,它是 GNU 开源组织发布的一个 Linux 下的程序调试、排错工具,本节介绍 GDB 调试器的使用方法和调试技巧。

12.3.1 GDB 简介及常用命令

GDB 作为 GNU 开源组织发布的一个 Linux 下功能强大的命令行程序调试、排错工具,可以调试 C/C++ 和汇编语言等多种编程语言的程序。发展至今,其已经迭代了诸多版本,最新的版本是 10.1 版本。GDB 可以让用户在程序运行时查看程序源代码级的程序内部结构、设置断点、打印变量值、查看内存和寄存器,以及单步调试程序。在使用 GDB 调试器之前,必须在编译程序时使用 12.2 节介绍 GCC 编译器中的-g 命令,这样编译出来的可执行文件中才包含调试信息,命令格式如下:

[root@localhost gcc]# *gcc -g <源文件名> -o [目标文件名]*

在 Linux 的各个发行版本中,有些默认安装了 GDB 调试器,有些默认不安装,要判断当前 Linux 操作系统发行版本是否安装了 GDB 调试器,可在命令行执行 gdb-v 命令,格式如下:

[root@localhost gcc]# *gdb -v*

如果系统提示 bash:gdb:command not found,则说明没有安装 GDB;否则,输出 GDB 版本相关信息,本教程的相关系统显示信息如下:

```
[root@localhost Packages]# gdb -v
GNU gdb (GDB) Red Hat Enterprise Linux (7.2-60.el6_4.1)
Copyright (C) 2010 Free Software Foundation, Inc.
License GPLv3+: GNU GPL version 3 or later <http://gnu.org/licenses/gpl.html>
This is free software: you are free to change and redistribute it.
There is NO WARRANTY, to the extent permitted by law. Type "show copying"
and "show warranty" for details.
This GDB was configured as "i686-redhat-linux-gnu".
For bug reporting instructions, please see:
<http://www.gnu.org/software/gdb/bugs/>.
```

当没有安装 GDB 时,用户可使用如下命令进行安装:

```
[root@localhost aa]# mount /dev/cdrom1 /mnt
mount: block device /dev/sr0 is write-protected, mounting read-only
[root@localhost aa]# cd /mnt/Packages
[root@localhost Packages]# rpm -ivh gdb-7.2-60.el6_4.1.i686.rpm
warning: gdb-7.2-60.el6_4.1.i686.rpm: Header V3 RSA/SHA256 Signature, key ID
fd431d51: NOKEY
Preparing...                ########################################### [100%]
   1:gdb                    ########################################### [100%]
```

安装好 GDB 调试器后，可以在终端窗口中输入"gdb <要调试的可执行文件名>"，启动 GDB 调试器，代码如下：

```
[root@localhost aa]# gdb sum
GNU gdb (GDB) Red Hat Enterprise Linux (7.2-60.el6_4.1)
Copyright (C) 2010 Free Software Foundation, Inc.
License GPLv3+: GNU GPL version 3 or later <http://gnu.org/licenses/gpl.html>
This is free software: you are free to change and redistribute it.
There is NO WARRANTY, to the extent permitted by law.  Type "show copying"
and "show warranty" for details.
This GDB was configured as "i686-redhat-linux-gnu".
For bug reporting instructions, please see:
<http://www.gnu.org/software/gdb/bugs/>...
Reading symbols from /home/admin/aa/sum...done.
(gdb)
```

启动成功的标志就是最终输出提示符(gdb)，可以在(gdb)后面输入 GDB 命令，GDB 的调试命令较多，具体可以通过 help 命令进行查看。使用 help 命令显示命令总共被划分为12 种，其中每种又会包含许多命令，具体如下：

```
(gdb) help
List of classes of commands:

aliases -- Aliases of other commands
breakpoints -- Making program stop at certain points
data -- Examining data
files -- Specifying and examining files
internals -- Maintenance commands
obscure -- Obscure features
running -- Running the program
stack -- Examining the stack
status -- Status inquiries
support -- Support facilities
tracepoints -- Tracing of program execution without stopping the program
user-defined -- User-defined commands
```

常用的 GDB 命令如表 12-4 所示。

表 12-4　常用的 GDB 命令

命　　令	含　　义
break×××(或 b×××)	在源代码指定的某行设置断点，其中×××用于指定具体设置断点的位置，设置断点后，可以使用 info b 命令查看所有断点
run(或 r)<args>	执行被调试的程序，其会自动在第一个断点处暂停执行，args 为发给程序的参数
continue(或 c)	当程序在某一断点处停止运行后，使用该指令可以继续执行，直至遇到下一个断点或程序结束
step(或 s)	执行程序中的一行代码，即单行执行，若遇到函数调用会进入函数内部
next(或 n)	与 s 类似，但遇到函数调用时执行整个函数，即不进入函数

续表

命　令	含　义
print×××（或 p×××）	打印指定变量的值，其中×××指的就是某一变量名
list（或 l）	显示源程序代码的内容，包括各行代码所在的行号
quit（或 q）	终止并退出调试器
watch	设置观察点来连续观察一个变量的变化情况

12.3.2　GDB 使用实例

本节演示一个实例来介绍 GDB 的使用，首先使用 Vi 编辑器编写如下程序：

```c
#include<stdio.h>
/* 求1到n的和 */
long  sum(int n)
{
    long total = 0;
    int i;
    for(i=1;i<=n;i++)
        total += i;
    return total;
}
int main()
{
    int i, n;
    long result = 0;
    scanf("%d", &n);
    for (i=1;i<=n;i++)
        result += i;
    printf("add in main sum[1- %d] = %ld\n", n, result);
    printf("using function\n");
    result = sum(n);
    printf("using function the  sum[1- %d] = %ld\n", n, result);
    return 0;
}
```

把程序保存为 sample.c，使用-g 命令编译生成带有调试信息的可执行文件，即 sum 程序。

1. 进入 GDB

在终端的命令行中输入 gdb sum 即可启动调试器来调试 sum，命令如下：

[root@localhost aa]# ***gdb sum***
GNU gdb (GDB) Red Hat Enterprise Linux (7.2-60.el6_4.1)
Copyright (C) 2010 Free Software Foundation, Inc.
License GPLv3+: GNU GPL version 3 or later <http://gnu.org/licenses/gpl.html>
This is free software: you are free to change and redistribute it.
There is NO WARRANTY, to the extent permitted by law.　Type "show copying"
and "show warranty" for details.
This GDB was configured as "i686-redhat-linux-gnu".

```
For bug reporting instructions, please see:
<http://www.gnu.org/software/gdb/bugs/>...
Reading symbols from /home/admin/aa/sum...done.
(gdb)
```

如上所示,GDB 调试窗口中显示了 GDB 的版本和版权信息,最下面的一行(gdb)是调试器命令行的提示符。

2. 查看文件

在调试程序时,查看源代码是必不可少的,在 GDB 提示符后输入 list 或 l 就可以查看所载入的文件,GDB 默认是显示 10 行代码,具体如下:

```
[root@localhost aa]# gdb sum
GNU gdb (GDB) Red Hat Enterprise Linux (7.2-60.el6_4.1)
Copyright (C) 2010 Free Software Foundation, Inc.
License GPLv3+: GNU GPL version 3 or later <http://gnu.org/licenses/gpl.html>
This is free software: you are free to change and redistribute it.
There is NO WARRANTY, to the extent permitted by law.  Type "show copying"
and "show warranty" for details.
This GDB was configured as "i686-redhat-linux-gnu".
For bug reporting instructions, please see:
<http://www.gnu.org/software/gdb/bugs/>...
Reading symbols from /home/admin/aa/sum...done.
(gdb) l
5           long total = 0;
6           int i;
7           for(i=1;i<=n;i++)
8               total += i;
9           return total;
10      }
11      int main()
12      {
13          int i;
14          long result = 0;
(gdb)
```

注意:如果在编译时没有带-g 参数,则在载入文件后运行 list 命令会提示 No symbol table is loaded,具体如下:

```
[root@localhost aa]# gdb sum
GNU gdb (GDB) Red Hat Enterprise Linux (7.2-60.el6_4.1)
Copyright (C) 2010 Free Software Foundation, Inc.
License GPLv3+: GNU GPL version 3 or later <http://gnu.org/licenses/gpl.html>
This is free software: you are free to change and redistribute it.
There is NO WARRANTY, to the extent permitted by law.  Type "show copying"
and "show warranty" for details.
This GDB was configured as "i686-redhat-linux-gnu".
For bug reporting instructions, please see:
<http://www.gnu.org/software/gdb/bugs/>...
Reading symbols from /home/admin/aa/sum...(no debugging symbols found)...done.
(gdb) l
```

No symbol table is loaded.   Use the "file" command.
(gdb)

3. 设置和查看断点

在调试程序时经常需要程序执行到某个位置时暂停,以便程序员查看变量或寄存器的值或规模使用情况,从而找出程序中的错误所在的位置,因此需要设置断点。在编译源程序时正确地使用-g命令,就可以在任何函数的任意行设置断点,设置断点的命令是 break(可以缩写为 b)。本例中,如 break 7 或 break sum,可在第 7 行设置一个断点,在 sum 函数入口处设置一个断点,断点应该设置在可执行的行上,不应该设置在变量定义之类非可执行的行上。可以使用 info break 命令查看断点信息,代码如下:

```
(gdb) b 7
Breakpoint 1 at 0x8048401: file sample.c, line 7.
(gdb) b sum
Breakpoint 2 at 0x80483fa: file sample.c, line 5.
(gdb) info break
Num     Type           Disp Enb Address    What
1       breakpoint     keep y   0x08048401 in sum at sample.c:7
2       breakpoint     keep y   0x080483fa in sum at sample.c:5
```

设置断点后可以使用 delete(可缩写为 d)或 clear 命令删除或清除断点。

4. 运行程序

在 GDB 把可执行文件装入内存后就可以以调试方式执行程序了,在提示符后输入 run (或 r)命令或 start 命令,在其后可以带着发送给程序的参数,包括输出重定向符号(<和>)以及 Shell 通配符(*、?、[、])。run 和 start 命令都可以用来启动程序,它们之间的区别是:使用 run 命令时,GDB 从主程序的首行开始一直执行程序,遇到断点就暂停执行,否则执行到程序结束;使用 start 命令时,GDB 会执行程序至 main( )函数的起始位置,即在 main( )函数的第一行语句处停止执行(该行代码尚未执行)。程序暂停时,用户可以使用"print(可缩写成 p)<变量名>"命令来查看变量的值,也可以使用"watch <变量或表达式>"命令来设置观察点,当被监控变量(表达式)的值发生改变时,程序就会停止运行,自动显示出变量(表达式)值的变化。借助观察断点可以监控程序中某个变量或表达式的值,只要发生改变,程序就会停止执行,不需要用户预测变量(表达式)值发生改变的具体位置。

5. 单步跟踪调试和继续运行

1)单步跟踪调试

单步跟踪调试就是通过一行一行地执行程序,观察整个程序的执行流程,以达到发现程序中存在的异常或 bug。GDB 调试器提供了 next、step 和 until 三种命令可实现单步调试程序的方法。next 是最常用的单步调试命令,其特点是当遇到包含调用函数语句时,next (可以缩写为 n)命令会将其视为一行代码,一步执行完,而不进入函数体,类似 VC 等 IDE 工具中的 step over。另一个单步跟踪命令是 step(可以缩写为 s)命令,它与 next 命令的功能相似,都是单步执行程序,不同之处在于,当 step 命令执行的代码行中包含函数时,会进入该函数内部,并在函数第一行代码处停止执行,相当于 VC 等 IDE 工具中的 step in。它们的格式都是 next(或 step)[count],其中可选参数 count 表示单步执行多少行代码,默认为 1 行。until 命令可以简写为 u 命令,格式是:until [location],其中,可选参数 location

为某行代码的行号。until 命令后跟某行代码的行号 location 时,指示 GDB 调试器直接执行至指定 location 位置后停止,不带参数的 until 命令,可以使 GDB 调试器快速运行完当前的循环体,并运行至循环体外停止。注意:until 命令只有当执行至循环体尾部(最后一行代码)时,until 命令才会发生此作用;否则,在任何其他情况下 until 命令和 next 命令的功能一样,只是单步执行程序。

2) 继续运行

当程序暂停时,可以使用 continue(可缩写为 c)或 fg 命令恢复程序的运行,直到程序结束或遇到下一个断点,其格式是 continue [N],如果有参数 N,GDB 调试器忽略 $N-1$ 个断点,直到第 N 个断点才暂停。关于 continue 和观察点的使用如图 12-2 所示,从图中可以看出,使用 start 命令启动程序,停在 main( )函数的首个可执行的第 14 行,用 watch result 命令添加观测变量 result,然后使用 c(continue)命令继续运行程序,遇到观察点 result 值变化,程序暂停,显示值变化。

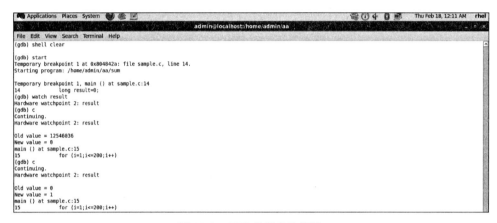

图 12-2 GDB 观察点的使用

6. 查看运行时的数据

前面介绍的 GDB 设置断点和单步执行命令可以让程序执行到特定的位置时暂停程序执行,中断程序执行的目的是检查进程当前的状态,即主要寄存器和内存变量的值,进而判断程序是否如预期的情况运行。因此,程序员需要会查看变量和内存等程序运行时的数据。

1) print 命令

GDB 提供了功能强大的 print(可缩写为 p)命令来查看表达式或变量的值,格式为"print [/format] <表达式或变量名>",其中,可选项/format 为格式输出字母,由表示格式和长度的字母组成,常见格式字母如表 12-5 所示。若要查看变量 result,则输入 p result,GDB 在显示变量时都会在对应值之前加上 $N,它是当前变量值的引用标记,以供后面引用此变量时直接写为 $N,而不用写冗长的变量名。

```
(gdb) p result
$1 = 0
(gdb) s
15          for (i = 1; i <= 200; i++)
(gdb) s
16              result += i;
```

```
(gdb) p result
$2 = 1
(gdb) until
15              for(i=1;i<=200;i++)
(gdb) p result
$3 = 3
(gdb) until
17              printf("add in main sum[1-200] = %ld\\n",result);
(gdb) p result
$4 = 20100
```

表 12-5 GDB 输出格式字符

字 母		作 用	字 母		作 用
表示格式字母	o	八进制格式	表示格式字母	f	浮点数格式
	x	十六进制格式		a	地址格式
	t	二进制格式		i	指令格式
	d	十进制格式		c	字符格式
	u	无符号十进制格式		s	字符串格式
表示长度字母	b	1字节长度	表示长度字母	h	半字长度
	w	一个整字长度		g	8字节长度

print 命令也可以查看指定数组所有元素的值,格式为"print <数组名>[@len]"。例如,有数组 a,则 print a 就可以显示出数组 a 中所有元素的值,而 print a@10 显示数组 a 中的前 10 个元素值。

2) 查看寄存器的值

在程序调试过程中,除观察变量的值外,程序员有时也会关心各个寄存器的值,以了解程序运行状态。GDB 查看寄存器的命令是 info registers,缩写为 i r,运行该命令就会显示常用寄存器的值。使用 info all-registers 命令显示所有寄存器;使用 p ＄reg 命令显示单个寄存器 reg 的值,其中 reg 为要显示的寄存器名称,如 eax。

例如,首先用"l"命令查看源代码,其次用 b 21 命令在第 21 行设置断点,然后用 r 命令运行程序,在第 21 行断点处暂停,最后用 i r 命令显示寄存器的值,代码如下:

```
(gdb) l
12 {
13          int i;
14          long result = 0;
15          for(i=1;i<=200;i++)
16              result += i;
17          printf("add in main sum[1-200] = %ld\\n",result);
18          printf("using function\\n");
19          result = sum(200);
20          printf("using function the  sum[1-200] = %ld\\n",result);
21          return 0;
(gdb) b 21
Breakpoint 2 at 0x8048499: file sample.c, line 21.
(gdb) r
Starting program: /home/admin/aa/sum
```

```
add in main sum[1 - 200] = 20100
using function
using function the    sum[1 - 200] = 20100

Breakpoint 2, main () at sample.c:21
21          return 0;
(gdb) i r
eax             0x2638
ecx             0xbfffff408 - 1073744888
edx             0xbf834012550976
ebx             0xbf6ff412546036
esp             0xbffff4200xbffff420
ebp             0xbffff4480xbffff448
esi             0x0   0
edi             0x0   0
eip             0x80484990x8048499 < main + 120 >
eflags 0x296[ PF AF SF IF ]
cs              0x73   115
ss              0x7b   123
ds              0x7b   123
es              0x7b   123
fs 0x00
gs              0x33   51
(gdb)
```

7. 其他 GDB 命令

（1）directory 命令，该命令将指定目录 dir 添加到源文件搜索路径的开头，忽略原先保存的有关源文件和代码的位置目录，格式为 directory ［DIR］，可选项 DIR 为指定目录，它可以为环境变量 $cwd（表示当前目录）或 $cdir（表示把源文件编译成目标文件的目录）。当省略可选项 DIR 时，表示清除用户所有自定义的源文件搜索路径信息，把默认搜索路径重置为 $cwd: $cdir。

（2）pwd 命令，显示当前工作目录。

（3）cd 命令，改变当前工作目录。

（4）path 命令，将一个或多个目录添加到目标文件搜索路径的开头。

（5）shell 命令，允许 GDB 在不退出调试环境的情况下执行 shell 命令，如 shell date。

（6）quit 命令，退出 GDB 调试器。

12.4 make 工程管理器

现代软件开发以工程的形式进行软件项目管理，通常将一个应用程序分为若干结构简单但功能独立的模块子程序文件，并保存在多个文件中。因此，一个工程中会包含很多个源文件，为方便归类管理这些文件，通常按类型、功能和模块分别存放在若干目录中。软件开发人员分别对这些子程序进行设计和测试，最后再将它们组合成一个完整的应用程序。最终的可执行文件依赖若干目标文件和库文件，当某个或少数几个文件被修改时，按照前面介绍的 GCC 用法，由于编译器并不知道哪些文件是最近更新的，因此编译器就必须将所有文件重新编译一遍,这不但大大增加了系统的开销,而且用人工来编译和链接将是非常繁杂且易于出错的。为了方便大型程序的维护和减少系统开销,软件开发人员就需要一个能够自动识别出那些被更新过的代码并实现工程自动编译的工具。因此,UNIX/Linux 开发环境给程序员提供了一个功能强大的工程管理工具 make,本节介绍 make 的使用。

12.4.1 工程管理器 make 概述和 Makefile 文件

1. 工程管理器 make 概述

make 作为 UNIX/Linux 开发环境给程序员提供的一个功能强大的工程管理实用程序,其实就是一个自动编译管理器。make 主要被用来编译源代码,生成目标代码,并把它们连接起来生成可执行文件或库文件。它会检查文件的依赖关系,能够根据文件的时间自动发现哪些文件已经更新需要重新编译,哪些文件没有更新不需要重新编译,从而减少编译工作量。make 通过计入 Makefile 脚本文件来控制和执行大量的编译工作。

make 的主要功能是根据 Makefile 中的规则和依赖关系自动检测一个大型应用程序中的各个文件哪些需要重新编译,并进行编译生成新的目标文件。make 执行的关键是其能够找出各个文件最后修改时间的时间戳,若目标文件的时间戳早于依赖文件的修改时间,则必须根据规则重新编译生成新的目标文件。make 的一般工作流程如下。

（1）读入 Makefile 文件。
（2）初始化文件中的变量。
（3）推导隐式规则,并分析所有规则。
（4）为所有目标文件创建依赖关系链。
（5）根据依赖关系和时间戳数据,确定需要重新生成的目标文件。
（6）重新编译需要更新的目标文件,完成更新。

2. 引入 make 的原因

首先通过一个例子来认识 make 和 Makefile 文件的作用。

例如,计算 $1\sim n$ 的平方和 $\sum n^2 = 1^2 + 2^2 + \cdots + n^2$,假设把各个独立功能函数单独保存在一个文件中,程序代码如下。

① 程序 head.h 如下:

```
1.  /* head.h */
2.  int square(int s);
3.  long sum(int n);
```

② 程序 square.c 如下:

```
1.  /* square.c: s*s   */
2.  int square(int s)
3.  {
4.      int  sq = s * s;
5.      return sq;
6.  }
```

③ 程序 sum.c 如下：

```
1.  /* sum.c: n    */
2.  long sum(int n)
3.  {
4.      int i = 1;
5.      long   ret = 0;
6.      while(i <= n){
7.          ret += square(i);
8.          i++;
9.      }
10.     return ret;
11. }
```

④ 主程序 sqsum.c 如下：

```
1.  /* sqsum.c:    */
2.  #include <stdio.h>
3.  #include "head.h"
4.  int   main()
5.  {
6.      int n;
7.      long sqsum = 0;
8.      printf("请输入整数 n:\\n");
9.      scanf("%d",&n);
10.     sqsum = sum(n);
11.     printf("1^2 + 2^2 + ... + n^2 = %ld\\n", sqsum);
12.     return 0;
13. }
```

该程序涉及 head.h、square.c、sum.c 和 sqsum.c 这 4 个文件，可以在 Shell 终端中使用 gcc   square.c   sum.c   sqsum.c   -o sqsum 命令生成可执行文件 sqsum，但只要任何一个文件做了修改，如 sum.c 文件中把 while 循环改为 for 循环，其他不改变，在使用 gcc 命令生成可执行文件时，必须把所有源代码重新编译一遍。但是，对于一个有几千个文件的大型应用，难道也要编译器一个一个地去重新编译吗？显然这是不可接受的，这将极大地浪费系统计算资源。因此，自动编译的 make 工程管理器就应运而生了。make 通过读入 Makefile 文件自动执行大量的编译工作。编写一个 Makefile 文件如下：

```
sqsum: sqsum.o sum.o square.o
        gcc sqsum.o sum.o square.o   -o sqsum
sqsum.o: sqsum.c
        gcc -c sqsum.c
sum.o: sum.c
        gcc -c sum.c
square.o: square.c
        gcc -c square.c
clean:
        rm sqsum.o  sum.o  square.o  sqsum
```

在 Linux 终端下执行 make 命令，其运行结果如下：

```
[root@localhost aa]# make
```

```
gcc - c sqsum.c
gcc - c sum.c
gcc - c square.c
gcc sqsum.o sum.o square.o  - o sqsum
```

3. Makefile 文件

Makefile 文件可以认为是一个描述工程文件编译规则的文本形式的数据库文件，它定义了整个工程的编译和链接等一系列规则。这些规则记录了文件之间的依赖关系及在相应依赖关系基础上应该执行的命令序列，即定义了一系列规则来指定哪些文件需要编译，哪些文件不需要编译，哪些文件需要先编译，哪些文件需要后编译，等等。此外，还可以定义变量、添加注释等。

Makefile 中的内容要包括以下五部分。

1）显式规则

显式规则说明了生成一个或多个目标文件的方法和步骤，是在 Makefile 编写时明显指出要生成的文件、生成文件所依赖的文件及生成的命令等。

2）隐式规则

由于 make 工具具有自动推导的功能，隐式规则就是 make 工具自动推导所需要使用的规则。

3）变量的定义

make 工具支持变量的定义，它允许在 Makefile 文件中定义一系列的变量。Makefile 中的变量有点像 C 语言中的宏，当 Makefile 被执行时，其中的变量都会被展开到相应的引用位置上。

4）文件指示

文件指示包括了三部分，第一部分是在一个 Makefile 文件中引用另一个 Makefile，就像 C 语言中的 include 一样；第二部分是指根据某些情况指定 Makefile 文件中的有效部分，就像 C 语言中的预编译 #if 一样；第三部分就是定义一个多行的命令。

5）注释

Makefile 文件中只有行注释，和 Shell 脚本一样，注释使用 # 字符。如果要 Makefile 文件中使用 # 字符，可以使用反斜杠进行转义，如 \#。

Makefile 文件是 make 读入的唯一配置文件，它用来告诉 make 如何编译和链接一个程序，是由变量和一组规则组成的。

12.4.2 Makefile 规则

1. 显式规则

要编写一个 Makefile 文件，就需要了解 Makefile 规则的基本结构。规则是 make 进行处理的依据，是 Makefile 的灵魂和基础。一般地，Makefile 中的一条语句就是一个规则，决定了 Makefile 文件的执行和所需编译文件之间的依赖关系，主要由目标体、依赖的文件和执行的命令三部分组成，其结构如下：

```
targets : prerequisites
<Tab 键> command[ # 注释]
```

或

```
targets : prerequisites; command[#注释]
<Tab 键> command[#注释]
```

其中，targets 是规则的目标，可以是目标文件、可执行文件或是一个标签(一般是某个动作的名称)；prerequisites 是要创建的目标所依赖的文件(dependency_file)，要生成 targets 需要的文件或是目标；command 是创建每个目标时需要执行的命令(任意的 Shell 命令)，命令如果不与目标和依赖文件在同一行，则必须以 Tab 键开头，如果在同一行可以用分号隔开。可以有多条命令，每条命令占一行，如果命令太长，则可以使用"/"作为换行符。

注意：目标和依赖文件之间要使用冒号分隔开，每条命令单独一行时最前面要使用 Tab 键开头，否则在运行 make 命令时会出错。

2. 隐式规则

Makefile 支持隐式规则(或称为预定义规则)，它告诉 make 按照默认的方式来完成编译任务，不必详细指定编译具体细节，只要列出目标文件即可，make 会自动按隐式规则来确定生成目标文件。例如，make 会自动使用 gcc -c 命令将扩展名为.c 的源文件编译成一个同名的.o 目标文件。Makefile 文件使用隐式规则可以简写为如下：

```
sqsum: sqsum.o sum.o square.o
        gcc sqsum.o sum.o square.o  -o sqsum
```

当 make 发现目标的依赖不存在时，即没有依赖规则，尝试通过依赖名逐一查找隐式规则，于是上面的 Makefile 文件相当于如下：

```
sqsum: sqsum.o sum.o square.o
        gcc sqsum.o sum.o square.o  -o  sqsum
sqsum.o:sqsum.c
        gcc -c -o sqsum.o sqsum.c
sum.o:sum.c
        gcc -c -o sum.o sum.c
square.o:square.c
        gcc  -c -o square.o square.c
```

在编译 C 源码时，.o 的目标会自动推导为依赖的同名.c 文件，当 make 发现目标的依赖不存在时(如 sqsum.o、sum.o、square.o)，它就尝试通过依赖名逐一查找隐式规则，且通过依赖名推导出可能需要的源文件(sqsum.c、sum.c、square.c)，相当于使用规则 $(CC) -c $(CPPFLAGS) $(CXXFLAGS)将.c 源文件编译成.o 文件。

12.4.3 Makefile 变量

1. 变量的定义和引用

为了简化编辑和维护 Makefile 文件，make 支持用户在 Makefile 文件中创建和使用变量。Makefile 变量命名可以由字母、数字和下画线组成，其可以是数字开头，是大小写敏感的。

变量的定义有两种形式：递归方式和简单方式。递归方式的定义格式是<变量名>=

<字符串>。递归定义的变量是在引用该变量时进行替换的,如果该变量中包含了对其他变量的引用,则在引用变量时一次性将内嵌的变量全部展开。例如,12.4.1 节所举的例子中,可以定义变量 obj= sqsum.o sum.o square.o。递归方式定义的变量可以使用后面的变量来定义,可能存在扩展时导致无限循环,如,a=$(b) b=$(a)。简单方式定义变量的格式是<变量名>:=<字符串>。简单方式定义的变量是在定义处一次展开,前面的变量不能使用后面的变量,只能使用前面已定义好的变量,如果使用前面未定义的变量,则该变量的值为空,这样就可以避免递归定义的危险。不管使用哪种定义方式,对变量的引用格式均为 $(<变量名>),即把变量用圆括号括起来,并在前面加上 $ 符号。例如,在 12.4.1 节所举的例子中的 Makefile 文件,使用变量后可以简化为如下:

```
obj = sqsum.o sum.o square.o
sqsum: $(obj)
        gcc $(obj)  -o  sqsum
sqsum.o: sqsum.c
        gcc -c sqsum.c
sum.o: sum.c
        gcc -c sum.c
square.o: square.c
        gcc -c square.c
clean:
        rm $(obj)   sqsum
```

2. 自动变量和预定义变量

Makefile 文件中的变量分为用户自定义变量、自动变量、预定义变量和环境变量。用户在 Makefile 文件中定义出来的变量就是自定义变量,如上面的变量 obj,自动变量和预定义变量无须定义就可以在 Makefile 文件中使用。make 中定义了一些它们的值会因环境的不同而发生改变的变量,称为自动变量。自动变量通常代表编译语句中出现的目标文件和依赖文件等,常见的自动变量如表 12-6 所示。

表 12-6 常见的自动变量

变 量	含 义
$@	表示规则中的目标文件
$*	表示所有不包含扩展名的目标文件名称
$<	规则中第一个依赖的文件名
$%	当目标文件是一个静态库文件时,代表静态库的一个成员名。如果不是库函数文件,其值为空
$?	表示所有时间戳比目标文件还新的依赖文件集合,以空格分开
$^	代表所有不重复的依赖文件列表,使用空格分隔
$+	类似$^,但是它保留了依赖文件中重复出现的文件。其主要用在程序链接时库的交叉引用场合

预定义变量包含了常见的编译器和汇编器的名称及编译选项,常见的预定义变量如表 12-7 所示。make 在启动时会自动读取系统当前已经定义好的环境变量,并且创建与之相同名称和数值的变量。

表 12-7 常见的预定义变量

变 量	含 义
AR	库文件维护程序,默认值为 ar
AS	汇编程序的名称,默认值为 as
CC	C 编译器的名称,默认值为 cc
FC	FORTRAN 编译器的名称,默认值为 f77
RM	文件删除程序的名称,默认值为 rm -f
CPP	C 预编译器的名称,默认值为 $(CC)-E
CXX	C++编译器的名称,默认值为 g++
ARFLAGS	库文件维护程序的选项,无默认值
ASFLAGS	汇编程序的选项,无默认值
CFLAGS	C 编译器的选项,无默认值
CPPFLAGS	C 编译器的选项,无默认值
CXXFLAGS	C++编译器的选项,无默认值
FFLAGS	FORTRAN 编译器的选项,无默认值

12.4.4 Makefile 文件的应用实例

前面学习了 Makefile 文件的相关知识,下面通过一个完整的例子来加强 Makefile 文件知识的理解。

假设一个简单应用有 6 个源文件 main.c、proc1.c~proc5.c 和 6 个头文件 head.h、head1.h~head5.h,各个源文件的内容分别如下。

proc1.c 文件:

```
#include "head.h"
#include "head1.h"
void proc1()
{
        struct student1 stu;
        stu.id = 10101;
        strcpy(stu.name,"张三");
        stu.sex = 'm';
        printf("id = %d\\t name = %s\\t sex = %c\\n",stu.id,stu.name,stu.sex);
}
```

proc2.c 文件:

```
#include "head.h"
#include "head2.h"
void proc2()
{
        struct student2 stu;
        stu.id = 10102;
        strcpy(stu.name,"李四");
        stu.sex = 'm';
        printf("id = %d\\t name = %s\\t sex = %c\\n",stu.id,stu.name,stu.sex);
}
```

proc3.c 文件：

```c
#include "head.h"
#include "head3.h"
void proc3()
{
    struct student3 stu;
    stu.id = 10103;
    strcpy(stu.name,"王五");
    stu.sex = 'm';
    printf("id = %d\\t name = %s\\t sex = %c\\n",stu.id,stu.name,stu.sex);
}
```

proc4.c 文件：

```c
#include "head.h"
#include "head4.h"
void proc4()
{
    struct student4 stu;
    stu.id = 10104;
    strcpy(stu.name,"李安");
    stu.sex = 'm';
    printf("id = %d\\t name = %s\\t sex = %c\\n",stu.id,stu.name,stu.sex);
}
```

proc5.c 文件：

```c
#include "head.h"
#include "head5.h"
void proc5()
{
    struct student5 stu;
    stu.id = 10105;
    strcpy(stu.name,"刘德华");
    stu.sex = 'm';
    printf("id = %d\\t name = %s\\t sex = %c\\n",stu.id,stu.name,stu.sex);
}
```

主程序文件 main.c：

```c
#include "head.h"
extern void proc1();
extern void proc2();
extern void proc3();
extern void proc4();
extern void proc5();
int main()
{
    proc1();
    proc2();
```

```
            proc3();
            proc4();
            proc5();
            printf("the end\\n");
    return 0;
}
```

以上是这个工程的源代码文件,而各个源文件所需的头文件分别如下。

head1.h 头文件:

```
struct student1
{
    int id;
    char name[20];
    char sex;
};
```

head2.h 头文件:

```
struct student2
{
    int id;
    char name[20];
    char sex;
};
```

head3.h 头文件:

```
struct student3
{
    int id;
    char name[20];
    char sex;
};
```

head4.h 头文件:

```
struct student4
{
    int id;
    char name[20];
    char sex;
};
```

head5.h 头文件:

```
struct student5
{
    int id;
    char name[20];
    char sex;
};
```

head.h 头文件：

```
#include <stdio.h>
#include <stdlib.h>
#include <string.h>
```

1. 基本 Makefile 文件

为完成编译工作，可以编写 Makefile 文件如下：

```
example: main.o proc1.o proc2.o proc3.o proc4.o proc5.o
    gcc -o example main.o proc1.o proc2.o proc3.o proc4.o proc5.o
main.o:main.c head.h
    gcc -c main.c
proc1.o:proc1.c head.h head1.h
    gcc -c proc1.c
proc2.o:proc2.c head.h head2.h
    gcc -c proc2.c
proc3.o:proc3.c head.h head3.h
    gcc -c proc3.c
proc4.o:proc4.c head.h head4.h
    gcc -c proc4.c
proc5.o:proc5.c head.h head5.h
    gcc -c proc5.c
clean:
rm -f *.o example
```

这个 Makefile 文件中有 8 条规则，第一条规则生成最终可执行文件 example 文件，其依赖文件是 main.o、proc1.o、proc2.o、proc3.o、proc4.o、proc5.o；clean:规则没有依赖，make 不会执行，若要执行则必须输入 make clean 命令；其他规则的目标文件是第一规则依赖的 *.o 文件，它们的依赖文件就是相应的 *.c 和 *.h 文件。

注意：如前所述，命令行开始一定要以 Tab 键开头。

在终端执行 make 命令便可生成执行文件 example，其执行过程是 make 首先比较 target 文件和 prerequisites 文件的时间戳，如果 prerequisites 文件的修改时间比 target 文件的时间新，或者 target 不存在，则 make 就会执行后续定义的命令。如果没有提示错误，使用 ls 命令可以看到，make 命令运行后生成了可执行文件 example，还有 main.o、proc1.o、proc2.o、proc3.o、proc4.o、proc5.o，运行结果如下：

```
[root@localhost aa]# make
gcc -c proc2.c
gcc -c proc3.c
gcc -c proc4.c
gcc -c proc5.c
gcc -o example main.o proc1.o proc2.o proc3.o proc4.o proc5.o
[root@localhost aa]# ls
example   head2.h   head4.h   head.h    main.c   Makefile   proc1.o   proc2.o
proc3.o   proc4.o   proc5.o   head1.h   head3.h  head5.h    main.o    proc1.c
proc2.c   proc3.c   proc4.c   proc5.c
```

在终端中输入 ./example 命令可以运行程序，结果如下：

```
[root@localhost aa]# ./example
id = 10101 name = 张三 sex = m
id = 10102 name = 李四 sex = m
id = 10103 name = 王五 sex = m
id = 10104 name = 李安 sex = m
id = 10105 name = 刘德华 sex = m
the end
```

最后一条规则如下：

```
clean:
    rm -f *.o exefile
```

clean 是一个伪命令，就是做一些清理，把生成的目标文件 *.o 文件和可执行文件 example 删除。clean 后面没有依赖文件，make 是不会执行其后的命令的，只能 make clean 显式执行，运行后再使用 ls 命令，就可以看到 *.o 文件和可执行文件 example 被删除了，结果如下：

```
[root@localhost aa]# make clean
rm -f *.o example
[root@localhost aa]# ls
head1.h  head3.h  head5.h  Makefile  proc2.c  proc4.c  head2.h  head4.h  head.h  main.c
  proc1.c  proc3.c  proc5.c
[root@localhost aa]#
```

2. 在 Makefile 文件中使用变量

这里定义一个变量 OBJS = main.o proc1.o proc2.o proc3.o proc4.o proc5.o，引用变量 $(OBJS) 就等价于 main.o proc1.o proc2.o proc3.o proc4.o proc5.o 字符串，就像宏一样会被替换掉，这时 Makefile 文件如下：

```
OBJS = main.o proc1.o proc2.o proc3.o proc4.o proc5.o
example: $(OBJS)
    gcc -o example $(OBJS)
main.o:main.c head.h
    gcc -c main.c
proc1.o:proc1.c head.h head1.h
    gcc -c proc1.c
proc2.o:proc2.c head.h head2.h
    gcc -c proc2.c
proc3.o:proc3.c head.h head3.h
    gcc -c proc3.c
proc4.o:proc4.c head.h head4.h
    gcc -c proc4.c
proc5.o:proc5.c head.h head5.h
    gcc -c proc5.c
clean:
    rm -f $(OBJS) example
```

3. 使用隐式规则

使用隐式规则，make 可以自动推导文件及文件的依赖关系后面的命令，所以没有必要为*.o文件都写出其命令,只要make发现一个*.o文件,它就会自动地把*.c文件加到依赖关系中。若make找到一个proc1.o文件,那么make就会自动推导出proc1.c是proc1.o的依赖文件,并且gcc-c proc1.c也会被推导出来。根据隐式规则还可以将Makefile文件写为如下:

```
example: main.o proc1.o proc2.o proc3.o proc4.o proc5.o
    gcc – o  example  main.o proc1.o proc2.o proc3.o proc4.o proc5.o
clean:
    rm – f *.o example
```

如果再使用变量,还可以将Makefile文件进一步简化如下:

```
OBJS = main.o proc1.o proc2.o proc3.o proc4.o proc5.o
example: $(OBJS)
    gcc – o example $(OBJS)
clean:
    rm – f $(OBJS) example
```

有时候也会将Makefile文件写为如下:

```
OBJS = main.o proc1.o proc2.o proc3.o proc4.o proc5.o
example: $(OBJS)
    gcc – o example $(OBJS)
.PHONY:clean
clean:
    rm – f $(OBJS) example
```

其中,.PHONY:clean是明确声明clean是一个伪命令。

12.5　Linux C 程序设计实例

在熟悉Linux环境下编程工具的基础上,下面以网络编程实例来介绍Linux C编程应用,首先介绍Linux下的socket网络编程基本知识,然后介绍基于socket编写聊天程序的服务器端和客户端。

12.5.1　socket 网络编程基础知识

英文单词socket的意思是"插座",在计算机网络通信领域,socket通常被翻译为"套接字",它是通信端点的一种抽象,是计算机之间进行通信的一种约定,使一台计算机可以接收其他计算机的数据,也可以向其他计算机发送数据。套接字拥有一个套接字描述符,应用程序可以像操作文件一样操作套接字,从而隐藏了大多数通信细节,本节介绍socket的相关基础知识。

在Linux C环境下提供了许多网络socket编程的API库函数,下面介绍几个本聊天程序实例中要用到的函数。

1. 建立套接字描述符socket( )函数

当要利用socket技术进行网络通信时,首先要创建一个用于通信的套接字,在Linux下使用<sys/socket.h>头文件中的socket( )函数来创建套接字描述符,其函数原型如下:

```
#include <sys/types.h>
#include <sys/socket.h>

int socket(int domain, int type, int protocol);
```

其中，第一个参数 domain 表示通信协议族（family），它决定了 socket 的协议类型，在通信中必须采用对应的地址，常用的协议族如下。

（1）AF_INET：表示 IPv4 协议。

（2）AF_INET6：表示 IPv6 协议。

（3）AF_LOCAL 或 AF_UNIX：表示非网络环境的本地进程通信。

（4）AF_IPX：表示 Novell IPX 协议。

（5）AF_X25：表示 ITU-T X.25 /ISO-8208 协议。

（6）AF_APPLETALK：表示 Appletalk 协议。

第二个参数 type 表示数据传输方式/套接字的类型，网络通信分为面向连接和面向无连接的通信两类，套接字在此基础上细分为 4 类，常用的有 SOCK_STREAM（流格式套接字/面向连接的套接字）和 SOCK_DGRAM（数据报套接字/无连接的套接字）。当一个域和套接字类型支持多种协议时，就使用第三个参数 protocol 确定使用的传输协议，常用的有 IPPROTO_TCP 和 IPPTOTO_UDP，分别表示 TCP 传输协议和 UDP 传输协议。protocol 参数通常为 0，表示使用默认协议。常见的套接字类型与其对应的默认协议如表 12-8 所示。

表 12-8　套接字类型与其对应的默认协议

套接字类型	含　　义	默认协议
SOCK_STREAM	有序的面向连接的字节流	IPPROTO_TCP TCP 协议
SOCK_DGRAM	长度固定的无连接报文	IPPROTO_UDP UDP 协议
SOCK_RAW	原始套接字	无
SOCK_SEQPACKET	长度固定的连接报文	IPPROTO_TIPCTIPC 传输协议

socket( )函数返回一个整型类型的套接字描述符，失败则返回 -1，并在 errno 中保存错误原因，得到套接字描述符后就可以像操作文件一样操作套接字了。当不再需要使用套接字时，也是像关闭文件一样使用 close( )函数关闭套接字。

2. 地址绑定 bind( )函数

当调用 socket 创建一个套接字时，返回的套接字描述符保存在协议族（address family，AF_×××）空间中，但没有一个具体的地址。如果想要给它赋值一个地址，就必须调用 bind( )函数，否则当调用 connect( )函数和 listen( )函数时系统会自动随机分配一个端口。服务器端要使用 bind( )函数将套接字与特定的 IP 地址和端口绑定起来，bind( )函数的原型如下：

```
#include <sys/socket.h>

int bind(int sockfd, struct sockaddr * addr, socklen_t addrlen);
```

其中，第一个参数 sockfd 是一个已经创建的套接字描述符，唯一标识一个 socket；第二个参数 addr 是一个 const struct sockaddr * 指针，指向要绑定给 sockfd 的协议地址。sockaddr

结构体如下：

```
struct sockaddr{
    sa_family_t   sin_family;        //地址族(address family),也就是地址类型
    char sa_data[14];                //14 字节,包含套接字中的目标地址和端口信息
};
```

可以看出，在这个结构体中，端口和目标地址放在同一数组中，不容易使用。对于不同的协议，一般会通过地址协议族的不同创建另一种特定的结构体来完成初始化，再通过强制类型转换使用 bind( )函数。IPv4 对应的是 sockaddr_in 结构体如下：

```
struct sockaddr_in{
    sa_family_t      sin_family;     //地址族,也就是地址类型
    uint16_t         sin_port;       //16 位的端口号
    struct in_addr   sin_addr;       //32 位 IP 地址
};
```

其中，sin_family 和 socket( )函数的第一个参数的含义相同，取值也要保持一致；sin_prot 为端口号；uint16_t 的长度为 2 字节，理论上端口号的取值范围为 0～65 536，但 0～1023 的端口一般由系统分配给特定的服务程序，如 Web,服务的端口号为 80,FTP 服务的端口号为 21,一般用户使用 1024～65 536 之间的端口号；sin_add 为 32 位 IP 地址，为 in_addr 结构体类型，具体如下：

```
struct in_addr{
    uint32_t      s_addr;
};
```

bind( )函数的第三个参数 addrlen：对应的是地址 addr 的长度，通常由 sizeof( )函数计算。

3. 监听函数 listen( )

在调用 socket( )函数和 bind( )函数之后，服务器端就会调用 listen( )函数监听这个 socket 来监测客户端的连接，其函数原型如下：

```
#include <sys/types.h>
#include <sys/socket.h>

int listen(int sockfd, int backlog);
```

其中，第一个参数 sockfd 为要监听的套接字 socket 描述符；第二个参数 backlog 为请求队列的最大长度，如果监听成功，函数返回 0，否则返回 −1。socket( )函数创建的 socket 默认是一个主动类型，listen( )函数可将 socket 变为被动类型，等待客户的连接请求。当请求队列满时，就不再接收新的请求，对于 Linux 操作系统，客户端会收到 ECONNREFUSED 错误。

注意：listen( )函数只是让套接字处于监听状态，并没有接收请求，要接收请求需要使用 accept( )函数。

4. 接收连接函数 accept( )

当套接字处于监听状态时，可以通过 accept( )函数来接收客户端的连接请求。它的原

型如下：

```
#include <sys/socket.h>

int accept(int sockfd, struct sockaddr * addr, socklen_t * addrlen);
```

其中，第一个参数 sockfd 为服务器端套接字；第二个参数 addr 为 sockaddr_in 结构体指针，用于返回客户端的协议地址(IP 地址和端口号)；第三个参数 addrlen 为参数 addr 的长度，可由 sizeof( )函数求得。accept( )函数返回一个新创建的套接字来和客户端通信。服务器端执行 accept( )函数后进入阻塞状态，直到客户端调用 connect( )函数建立连接时与客户端建立连接后才返回。

5. 建立连接函数 connect( )

客户端通过调用 connect( )函数来主动与服务器建立连接，其函数原型如下：

```
#include <sys/types.h>
#include <sys/socket.h>

int connect(int sockfd, const struct sockaddr * addr, socklen_t addrlen);
```

其中，第一个参数 sockfd 为已创建的套接字 socket 描述符；第二个参数为服务器的 socket 地址，包括 IP 地址和端口号；第三个参数为 socket 地址的长度。

6. 数据发送/接收函数

Linux 操作系统中一切皆文件，网络连接建立后，就可以像操作文件一样，使用 write( ) 函数向套接字中写入数据，使用 read( )函数从套接字中读取数据来实现数据的发送和接收。此外，还定义了两个专门面向连接的 send( )函数和 recv( )函数来进行数据的发送和接收，这里不再赘述。

12.5.2 基于 socket 聊天应用的服务端程序

聊天应用程序是一个面向连接的网络通信应用程序，下面介绍基于 socket 聊天应用的服务端程序。

服务器端的工作流程如下。

(1) 使用 socket( )函数创建套接字。

(2) 通过 bind( )函数把已创建的套接字描述符绑定到指定地址结构(IP 地址和端口)。

(3) 服务器端程序调用 listen( )后处于监听状态，并设定监听队列的大小。

(4) 调用 accept( )函数等待接收客户端的连接请求，当客户端发送连接请求后，激活服务器端，并与客户端建立连接。

(5) 与客户端进行收发数据。

(6) 通信完成后，调用 close( )函数关闭套接字。

下面给出一个简单的聊天程序服务器端程序：

```
/* 服务器程序(server.c) */

//添加所需头文件
#include <stdlib.h>
```

```c
#include <stdio.h>
#include <errno.h>
#include <string.h>
#include <unistd.h>
#include <netdb.h>
#include <sys/socket.h>
#include <netinet/in.h>
#include <sys/types.h>
#include <arpa/inet.h>
#include <pthread.h>

//定义一些常量
//#define LISTENQ 20                       //最大监听队列
#define PORT8088                          //监听端口
#define MAXUSER 20                        //最大的在线用户数量
#define MAX_LINE 1020                     //在一条消息中最大的输出字符数

int sockfd;
static int maxidx = 0;                    //maxidx 表示当前 client 数组中最大的用户的 i 值
static int client[MAXUSER];

void * sendandrecv(void * )                //监听转发线程入口函数
{//1
    int  index = 0;
    int  nbytes = 0;
    char buffer[MAX_LINE + 1];             //缓冲区大小为 1024 个字符
    char temp[MAX_LINE + 1];
    int  outidx = 0;
    while(1)
    {//2
        if(maxidx > 0)
        {//3
            memset(buffer,0,sizeof(buffer));   //初始化缓冲区为 0
            nbytes = 0;
        nbytes = read(client[index++],buffer, sizeof(buffer),0);
        if(nbytes > 0){//4
            buffer[nbytes] = '\0';         //缓冲末尾加上结束符
            printf("%s\n",buffer);         //打印输出缓冲区内容
            outidx = 0;
            while(outidx < maxidx){        //5
                if(send(client[outidx++],buffer,sizeof(buffer),0)< 0){//6
                    fprintf(stderr,"WriteError:%s\n",strerror(errno));
                    exit(1);   }           //6
            }                              //5
        }                                  //4
        memset(temp,0,sizeof(temp));       //初始化缓冲区为 0
        fgets(temp,MAXLINE,stdin);
        temp[MAXLINE] = '\0';
        if(strlen(temp)> 0){               //4
            outidx = 0;
            while(outidx < maxidx){        //5
```

```
                    if(send(client[outidx++],temp,sizeof(temp),0)<0) {    //6
                         fprintf(stderr,"WriteError:%s\n",strerror(errno));
                              exit(1);}            //6
                   }                               //5
               }                                   //4
           if(index>=maxidx)
              index=0;
      }                                            //3//if(maxidx>0)
   }                                               //2
//      pthread_exit(NULL);
}                                                  //1

//主程序
int main(int argc,char *argv[])
{
      struct sockaddr_in serv_addr;
      struct sockaddr_in client_addr;
      int sock_size,portnumber;
      int tid;                          //新创建的线程 ID 号
      pthread_t pthread;                //线程结构体
      int new_fd=0;
      memset(client,0,sizeof(client));  //初始化客户数组为 0
      if(argc!=1)
      {
            fprintf(stderr,"Usage:%s portnumber\a\n",argv[0]);
            exit(1);
      }
      //服务器端建立套接字描述符
      if((sockfd=socket(AF_INET,SOCK_STREAM,0))<0) {
            fprintf(stderr,"Socketerror:%s\n\a",strerror(errno));
            exit(1);
      }
          else{
               printf("套接字建创成功!\n");}
      //设置服务器端地址结构 serv_addr
      bzero(&serv_addr,sizeof(serv_addr));  //清空地址结构
      serv_addr.sin_family=AF_INET;         //使用 IPv4 协议族
      serv_addr.sin_addr.s_addr=htonl(INADDR_ANY);   //接受任意地址
      serv_addr.sin_port=htons(PORT);       //端口号转换为网络字节序
      //捆绑套接字描述符 sockfd
       if(bind(sockfd,(struct sockaddr *)(&serv_addr),sizeof(serv_addr))<0){

            fprintf(stderr,"Binderror:%s\n\a",strerror(errno));
            exit(1);   }
      else{
         printf("绑定地址成功\n");   }

            printf("服务器监听端口%d...\n",PORT);
      //监听 sockfd 服务端套接字
         if(listen(sockfd,MAXUSER)<0){
```

```c
            fprintf(stderr,"Listenerror:% s\n\a",strerror(errno));
            exit(1);      }

       else{

      print("监听成功\n");      }

    printf("欢迎使用聊天程序\n");
        printf("waiting for connectiong......\n");
        tid = pthread_create(&pthread, NULL,(void * )thread, NULL);
        while(1)
          {
            if(maxidx >= 20){

                printf("已达到人数上限\n");
                continue;}

            //服务器阻塞,直到客户程序建立连接
            sock_size = sizeof(struct sockaddr_in);
            if((cfd = accept(sockfd,(structsockaddr * )(&client_addr),&sock_size)) == -1){

                fprintf(stderr,"Accepterror:% s\n\a",strerror(errno));
                exit(1);}

        client[maxidx++] = cfd;    //accept 返回的新的连接套接字
        printf("\n 新用户进入聊天室% d\n",maxidx);
    }
    close(sockfd);
    exit(0);
}
```

12.5.3 基于 socket 聊天应用的客户端程序

客户端的流程如下。

(1) 使用 socket( )函数创建套接字。
(2) 调用 connect( )函数向服务器端套接字发送连接请求。
(3) 连接建立后,进行数据传输。
(4) 数据通信完毕,使用 close( )函数关闭套接字。

聊天应用客户端程序如下:

```c
/* 客户端程序 client.c */

//添加所需头文件
#include <stdlib.h>
#include <stdio.h>
#include <errno.h>
#include <string.h>
#include <netdb.h>
#include <sys/types.h>
```

```c
#include <netinet/in.h>
#include <sys/socket.h>
#include <pthread.h>

//定义端口号常量 PORT
#define PORT 8088
#define MAX_LINE 1020
static int sockfd;
void recvfromserver()    //接收服务器消息线程入口函数
{
    char buff[MAX_LINE+1];
    int nbytes = 0;
    while(1)
    {
        memset(buff,0,sizeof(buff));
        nbytes = read(sockfd,buff,sizeof(buff));
        if(nbytes > 0)
        {
            buff[nbytes] = '\0';
            printf("%s\n",buff);
        }
    }
    pthread_exit(NULL);
}
int main(int argc, char * argv[])
{
    char temp[MAX_LINE];
    struct sockaddr_in server_addr;
    struct hostent * host;
    int portnumber, nbytes;
    char strhost[16];
    char clientname[20];
    char buff[MAX_LINE+1];
    int  tid;
    pthread_t pthread;
    if(argc != 1)
    {
        fprintf(stderr,"Usage: %s\a\n",argv[0]);
        exit(1);
    }
    printf("请输入服务器 IP 地址\n");
    scanf("%s",strhost);
    if((host = gethostbyname(strhost)) == NULL)
    {
        fprintf(stderr,"Gethostname error\n");
        exit(1);
    }
    //客户程序开始建立 sockfd 描述符
    printf("正在建立套接口...\n");
    if((sockfd = socket(AF_INET,SOCK_STREAM,0)) < 0)
    {
```

```c
            fprintf(stderr,"SocketError:%s\a\n",strerror(errno));
            exit(1);
    }
    //客户程序填写服务端的资料
        bzero(&server_addr,sizeof(server_addr));
        server_addr.sin_family = AF_INET;
        server_addr.sin_port = htons(PORT);
        server_addr.sin_addr = *((structin_addr *)host->h_addr);
        printf("套接口创建成功,正在链接服务器...\n");
            //客户程序发起连接请求
        if(connect(sockfd,(structsockaddr *)(&server_addr, sizeof(server_addr))<0)
    {
        fprintf(stderr,"ConnectError:%s\a\n",strerror(errno));
        exit(1);        }
    //连接成功
    printf("链接服务器成功\n欢迎来到聊天室\n");
    printf("请输入你的用户昵称\n");
    scanf("%s",clientname);
    printf("\n\n开始聊天吧(\"Quit 或 quit\"断开连接)\n\n");
    thr_id = pthread_create(&pthread, NULL, recvfromserver, NULL);
    while(1){
        memset(buffer,0,sizeof(buffer));
        memset(buff,0,sizeof(buff));
        scanf("%s",buffer);
        strcat(buff,clientname);
        strcat(buff,":");
        strcat(buff,buffer);
        if((write(sockfd,buff,sizeof(buff)))<0){
            fprintf(stderr,"WriteError:%s\n", strerror(errno));
            exit(1);
        }
        if(strcmp(buffer,"Quit")||((strcmp(buffer,"quit") == 0)
        {
            break;     }
    }
    /* 结束通信 */
    close(sockfd);
    exit(0);
}
```

项 目 小 结

本项目首先介绍了 Linux 环境下 C 程序设计基础知识,然后重点介绍了 Linux 下 C 编程的 GCC 编译器、GDB 调试器及工程管理 make 这 3 个主要工具的知识和使用方法,并以实例进行了详细应用,最后以 Linux 下的 socket 网络编程来介绍 C 实用程序设计。

参 考 文 献

[1] 杨云,王秀梅,孙凤杰.Linux网络操作系统及应用教程(项目式)[M].北京:人民邮电出版社,2013.
[2] 刘忆智,毕梦飞,蔡成立,等.Linux从入门到精通[M].北京:清华大学出版社,2010.
[3] 夏笠芹,谢树新.Linux网络操作系统配置与管理[M].2版.大连:大连理工大学出版社,2013.
[4] 芮坤坤,李晨光.Linux服务管理与应用[M].大连:东软电子出版社,2013.
[5] 郇涛,陈萍.Linux网络服务器配置与管理[M].北京:机械工业出版社,2010.
[6] 曹江华,杨晓勇,林捷.Red Hat Enterprise Linux 6.0系统管理[M].北京:电子工业出版社,2011.
[7] 曹江华,林捷.Red Hat Enterprise Linux 6.0服务器构建[M].北京:电子工业出版社,2012.
[8] 陈祥琳.Linux从入门到精通[M].北京:人民邮电出版社,2012.
[9] 华清远见嵌入式学院,程姚根,苗德行.嵌入式操作系统(Linux篇)[M].北京:人民邮电出版社,2014.
[10] 黑马程序员,Linux编程基础[M].北京:清华大学出版社,2017.
[11] 张同光,陈明,朱楠,等.Linux基础教程[M].2版.北京:清华大学出版社,2012.
[12] 苏小红,陈惠鹏,孙志岗,等.C语言大学实用教程[M].2版.北京:电子工业出版社,2007.
[13] 李兴和,C语言初探[J].电脑迷,2018,11(28):39.